科学研究中的
数学和统计学基础

◎ 王志华　梅步俊　著

中国农业科学技术出版社

图书在版编目(CIP)数据

科学研究中的数学和统计学基础 / 王志华,梅步俊著. --北京:
中国农业科学技术出版社,2022.11
ISBN 978-7-5116-5994-1

Ⅰ.①科… Ⅱ.①王…②梅… Ⅲ.①统计学-应用-畜禽育种-
研究 Ⅳ.①S813.2

中国版本图书馆 CIP 数据核字(2022)第 205963 号

责任编辑 张国锋
责任校对 李向荣
责任印制 姜义伟 王思文

出 版 者 中国农业科学技术出版社
          北京市中关村南大街 12 号   邮编:100081
电   话 (010) 82106625 (编辑室)   (010) 82109702 (发行部)
          (010) 82109709 (读者服务部)
网   址 https://castp.caas.cn
经 销 者 各地新华书店
印 刷 者 北京建宏印刷有限公司
开   本 185 mm×260 mm   1/16
印   张 18.5
字   数 436 千字
版   次 2022 年 11 月第 1 版   2022 年 11 月第 1 次印刷
定   价 98.00 元

前　言

数学是自然科学皇冠上的一颗明珠，而数学和统计学是两个一级学科。数学和统计学的思维方式有本质的不同。在某种意义上，数学追求的是绝对的对错，但是统计学追求的是对现实的刻画和预测。从这一点上来说统计学更像是物理，甚至于可以说它像是哲学，而不是数学。数学和统计学又有很多相通的地方，例如数学系也会花一年时间去学概率论和数理统计，同样在统计学的培养方案中，也有非常多的数学内容。

许多领域的科研工作者都需要有良好的数学基础。世界上大多数著名科学家也是优秀的数学家，比如牛顿、爱因斯坦和钱学森等。课题设计本身就可以看作一个排列组合问题。不管是物理学、化学，还是生物学，研究工作中都需要运用数字或统计学知识进行计算或处理数据。科研工作的核心过程就是观察和采集数据，对数据进行逻辑推理，并把数据绘制成图或者归纳总结为数据表。

许多理工科专业都在大学一二年级开设有《高等数学》《线性代数》《概率论》和《统计学》课程，但一般与后续专业知识结合不紧密，多数学生不知道如何在实践中应用这些较为抽象的知识。另外，多数学生只学会通过纸笔演算，并不知道如何用计算机解决数学或统计学问题。本书从以上四门课程中抽取科学研究中常用的数学和统计学知识点，并配合 R 语言代码（有较为详细的注释）。本书共分两大部分，第一部分为理论部分，第二部分为在具体学科中的应用。笔者希望通过这种方式加快大学人才培养的效率。本书共分七章，内容包括高等数学、线性代数、概率论、统计学、数量遗传学简介、基因频率变化以及表型值和变异的剖分，其中王志华主要负责前四章内容撰写，梅步俊主要负责后三章内容，二位作者贡献相同，分别撰写本书总字数的 1/2。

本书的出版发行得到巴彦淖尔市院士工作站"基于模拟–优化耦合模型的水质目标管理研究——以乌梁素海为例"（项目编号：2019HYYSZX）；内蒙古自治区科学技术厅项目"巴彦淖尔市肉羊遗传评估云平台构建"（项目编号：2020GG0201）等项目资助。

由于作者知识水平有限，书中难免存在疏漏与不足，敬请读者批评指正。

著　者
2022 年 10 月

目　录

第一章　高等数学

一、数列

斐波那契数列（Fibonacci sequence），又称黄金分割数列，因数学家莱昂纳多·斐波那契（Leonardoda Fibonacci）以兔子繁殖为例子而引入，故又称为"兔子数列"，指的是这样一个数列：0、1、1、2、3、5、8、13、21、34、……。在数学上，斐波那契数列以如下递推的方法定义：

$$F(0) = 0$$
$$F(1) = 1$$
$$\cdots$$
$$F(n) = F(n-1) + F(n-2) \quad (n \geqslant 2, \, n \in N^*)$$

R 语言代码：

```
fibonacci <- function (n) {
    if (n == 0)
        return (0)
    if (n == 1)
        return (1)
    return (fibonacci (n - 1) + fibonacci (n - 2))
}
> fibonacci (10)
[1] 55
```

二、多项式求值

多项式求值是一个允许多个解的问题，定义多项式：

$$f(x) = a_n x^n + a_{n-1} x^{n-1} + \cdots + a_1 x + a_0$$

1. 多项式求值的代数方法

通过创建与输入值 x 长度相同的向量 y，并将每个元素设置为 0。这允许 naivepoly 函数接受并返回 x 位置向量处多项式的求值。然后函数按顺序在系数向量的每个元素上循环，从第一个元素到第 n 个元素。对于循环中的每一次，即函数中的变量 i，算法执行一次加法和 i 次乘法。i 次乘法由 $i-1$ 次幂次乘法和一次系数乘法组成。对于 n 次多项式有 n 次加法和 $\sum_{i=0}^{n} i = (n^2 + n)/2$ 次乘法。乘法的次数与多项式次数的平方成正比。

```
naivepoly <- function (x, coefs) {
```

```
y <- rep (0, length (x))
for (i in 1: length (coefs)) {
    y <- y + coefs [i] * (x ^ (i - 1))
}
return (y)
}
```

2. 多项式求值的一种较好的代数方法

提高多项式求值的效率。例如，通过每次循环发现 x 的幂。但对于每个系数 a_i，指数的相关值 x_i 是乘积级数：

$$x^i = \prod_{j=0}^{i} x$$

对于 x_i，有 x 的 i 个实例相乘在一起。但是对于 $x_i - 1$，减少一个 x，以此类推，直到 $x_0 = 1$。可以通过缓存每个乘法的值并将其存储到下一次迭代中来使用它。使用一个 cached. x 变量来保持乘积系列的计算值在循环的下一次迭代中可用。与 naivepoly 函数相比，循环中的每一次都有两次乘法和一次加法。对于 n 次多项式，有 $2n$ 次乘法。对于 10 次多项式，naivepoly 执行 55 次乘法，betterpoly 只执行 20 次乘法。如果在循环的最终执行中去除 cached. x 的计算，则 betterpoly 中的乘法数可以减少 1。

```
betterpoly <- function (x, coefs) {
    y <- rep (0, length (x))
    cached. x <- 1
    for (i in 1: length (coefs)) {
        y <- y + coefs [i] * cached. x
        cached. x <- cached. x * x
    }
    return (y)
}
```

3. 多项式求值的 Horner 准则

$$f(x) = a_n x^n + a_{n-1} x^{n-1} + \cdots + a_1 x + a_0$$
$$= a_0 + a_1 x + \cdots + a_{n-1} x^{n-1} + a_n x^n$$
$$= a_0 + x(a_1 + \cdots + a_{n-1} x^{n-2} + a_n x^{n-1})$$
$$= a_0 + x(a_1 + \cdots + x(a_{n-1} + x(a_n)) \cdots)$$

它将多项式代数化为 n 次乘法和 n 次加法。计算效率比 betterpoly 算法高。对于 10 次多项式，它只有 10 次乘法。这种算法被称为 Horner 方法，William Horner 在 18 世纪初发明。

```
horner <- function (x, coefs) {
    y <- rep (0, length (x))
    for (i in length (coefs): 1) {
        y <- coefs [i] + x * y
    }
    return (y)
}
```

2

例如

$$f(x) = x^4 + 3x^3 - 15x^2 - 19x + 30$$

求 $f(-1)$，$f(0)$，$f(1)$。

```
> f <- c (30, -19, -15, 3, 1)
> x <- c (-1, 0, 1)
> naivepoly (x, f)
[1] 32 30  0
> betterpoly (x, f)
[1] 32 30  0
> horner (x, f)
[1] 32 30  0
```

舍入误差和机器 ϵ，发现计算机双精度类型支持的最小可能数字，使用 R 函数：

```
>. Machine $ double. eps
[1] 2. 220446e-16
> print (1 + . Machine $ double. eps, digits = 20)
[1] 1.0000000000000002
```

R 提供了 . Machine $ double. neg. eps 测量浮点实现的精度，求满足下式的最小 ϵ

$$1 - \epsilon < 1$$

```
>. Machine $ double. neg. eps
[1] 1. 110223e-16
> print (1 - . Machine $ double. neg. eps, digits = 20)
[1] 0.99999999999999989
```

有效数字丢失：当至少有一个不能完美地用二进制表示的数时，将任何两个"接近"的数字相减时就会失去有效数字。在数学上，随着 δ 趋近于 x 的任何值，舍入误差在减去 $x - (x - \delta)$ 形式时变得更加显著。如果减法是乘法之前的中间值，则此错误会加剧，因为中间结果将按原来形式相乘，并且误差会增加：

```
> 1 - 0.999999999999
[1] 9.999779e-13
> (1 - 0.999999999999) * 1000
[1] 9.999779e-10
```

在其他情况下，舍入误差会改变中间结果。例如，一个简单的减法问题，20.55 - 1.35 - 19.2，在浮点运算中是如何不可交换的：

```
> 20.55 - 19.2 - 1.35
[1] 1.332268e-15
> 20.55 - 1.35 - 19.2
[1] 0
```

三、微分

函数 f 的微分由下式给出：

$$df = \frac{\partial f}{\partial x_1}dx_1 + \frac{\partial f}{\partial x_2}dx_2 + \cdots + \frac{\partial f}{\partial x_i}dx_i + \cdots + \frac{\partial f}{\partial x_n}dx_n$$

用∇f表示的函数f的梯度，在笛卡尔坐标系中定义如下：

$$\nabla f = \frac{\partial f}{\partial x_1}e_1 + \frac{\partial f}{\partial x_2}e_2 + \cdots + \frac{\partial f}{\partial x_i}e_i + \cdots + \frac{\partial f}{\partial x_n}e_n$$

此处e_k，$k = 1, 2, \cdots, n$，是指向坐标方向的正交单位向量，$\|x\|_2 = \sqrt{\langle x, x \rangle}$是欧几里得范数，$f$的梯度可以改写如下：

$$\nabla f = df^T \left(\frac{\partial f}{\partial x_1}, \frac{\partial f}{\partial x_2}, \cdots, \frac{\partial f}{\partial x_n} \right)^T$$

当f是单个变量的函数时，如$n = 1$，$\nabla f = f'$，正交单位向量e_i由下式明确给出：

$$e'_i = (0 \quad 0 \quad \cdots \quad 0 \quad 1 \quad 0 \quad \cdots \quad 0)'$$

第i个元素为1，其他元素为0。

f函数的黑塞矩阵（Hessian Matrix）表示为$\nabla^2 f$，是f二阶偏导数的$n \times n$矩阵（如果存在），表示如下：

$$\nabla^2 f = \begin{bmatrix} \dfrac{\partial^2 f}{\partial x_1 \partial x_1} & \dfrac{\partial^2 f}{\partial x_1 \partial x_2} & \cdots & \dfrac{\partial^2 f}{\partial x_1 \partial x_n} \\ \dfrac{\partial^2 f}{\partial x_2 \partial x_1} & \dfrac{\partial^2 f}{\partial x_2 \partial x_2} & \cdots & \dfrac{\partial^2 f}{\partial x_2 \partial x_n} \\ \vdots & \vdots & \ddots & \vdots \\ \dfrac{\partial^2 f}{\partial x_n \partial x_1} & \dfrac{\partial^2 f}{\partial x_n \partial x_2} & \cdots & \dfrac{\partial^2 f}{\partial x_n \partial x_n} \end{bmatrix}$$

Hessian 矩阵描述了函数f的局部曲率。

设f是一个多值函数，例如$f: R^n \rightarrow R^m$，f的雅可比矩阵，记为J_f，是f的m个实值分量函数（$f_1, f_2, \cdots, f_m$）的$m \times n$一阶偏导数矩阵，表示如下：

$$J_f = \begin{bmatrix} \dfrac{\partial f_1}{\partial x_1} & \dfrac{\partial f_1}{\partial x_2} & \cdots & \dfrac{\partial f_1}{\partial x_n} \\ \dfrac{\partial f_2}{\partial x_1} & \dfrac{\partial f_2}{\partial x_2} & \cdots & \dfrac{\partial f_2}{\partial x_n} \\ \vdots & \vdots & \ddots & \vdots \\ \dfrac{\partial f_m}{\partial x_1} & \dfrac{\partial f_m}{\partial x_2} & \cdots & \dfrac{\partial f_m}{\partial x_n} \end{bmatrix}$$

雅可比矩阵将几个变量的标量值函数的梯度推广到m个实值分量函数。因此，标量值多变量函数的雅可比矩阵，即当$m = 1$时，就是梯度。

```
> library (numDeriv)
> f<-function (x) {x [1] ^2 * x [2] +sin (x [3] ) }
> grad (f, c (2, 2, 5) )
[1] 8.0000000 4.0000000 0.2836622
> hessian (f, c (2, 2, 5) )
```

	[, 1]	[, 2]	[, 3]
[1,]	4.000000e+00	4.000000e+00	−1.800931e−16
[2,]	4.000000e+00	1.684171e−13	−3.068900e−17
[3,]	−1.800931e−16	−3.068900e−17	9.589243e−01

> jacobian (f, c (2, 2, 5))

	[, 1]	[, 2]	[, 3]
[1,]	8	4	0.2836622

四、积分

$$\int_0^\infty \frac{1}{(x+1)\sqrt{x}}dx$$

R 语言定义积分函数

> *integrand <- function (x) {1/ ((x+1) * sqrt (x)) }*

将函数从 0 积分到无穷大

> *integrate (integrand, lower = 0, upper = Inf)*

3.141593 with absolute error < 2.7e−05

$$\int_{-1.96}^{1.96} \frac{1}{\sqrt{2\pi}}e^{-\frac{x^2}{2}dx}$$

> *f <- function (x) {1/sqrt (2 * pi) * exp (−x^2/2) }*

> *integrate (f, lower = −1.96, upper = 1.96)*

0.9500042 with absolute error < 1e−11

$$\int_{-\infty}^{+\infty} \frac{1}{\sqrt{2\pi}}e^{-\frac{(x-5)^2}{2}}dx$$

> *f <- function (x) {1/sqrt (2 * pi) * exp (− (x−5) ^2/2) }*

> *integrate (f, lower = −Inf, upper = Inf)*

1 with absolute error < 2e−06

要进行多重积分，需要使用 R 函数 adaptIntegrate，需要先安装 R 包 cubature。

$$\int_0^{\frac{1}{2}}\int_0^{\frac{1}{2}}\int_0^{\frac{1}{2}} \frac{2}{3}(x_1 + x_2 + x_3)dx_1dx_2dx_3$$

> *install. packages("cubature")*

> *library(cubature)*

> *f <- function(x){ 2/3 * (x[1] + x[2] + x[3])}*

> *adaptIntegrate(f, lowerLimit = c(0, 0, 0), upperLimit = c(0.5, 0.5, 0.5))*

$ integral

[1] 0.0625

$ error

[1] 1.387779e−17

$ functionEvaluations

[1] 33

$ returnCode

[1] 0

$$\int_0^3 \int_1^5 \int_{-2}^{-1} \frac{5}{2} sin(x) cos(yz)\, dx\, dy\, dz$$

> #The package "cubature" is required here

> library(cubature)

> #Let us pose "x[1] = x", "x[2] = y", "x[3] = z"

> f <- function(x){5/2 * sin(x[1]) * cos(x[2] * x[3])}

> #Lower limits of the integral

> lb <- c(0, 1, 2)

> #Upper limits of the integral

> ub <- c(3, 5, 1)

> adaptIntegrate(f, lowerLimit = lb, upperLimit = ub)

$ integral

[1] 2.740785

$ error

[1] 2.732541e-05

$ functionEvaluations

[1] 12243

$ returnCode

[1] 0

五、极值函数

函数的极值是指函数的最大值和最小值，无论是在其整个域（全局或绝对极值）还是在给定范围内（局部极值）。因此，我们可以区分四种类型的极值：全局最大值、全局最小值、局部最大值和局部最小值。

下面，我们提供四个极值的数学定义。

全局最大值：让 D 表示函数 f 的域，一个点 $x* \in D$，如果对于所有 $x \in D$，$f(x*) \geqslant f(x)$，那么 $f(x*)$ 被称为 D 中 f 的全局最大值。

全局最小值：让 D 表示函数 f 的域，一个点 $x* \in D$，如果对于所有 $x \in D$，$f(x*) \leqslant f(x)$，那么 $f(x*)$ 被称为 D 中 f 的全局最小值。

局部最大值：令 D 表示函数 f 的定义域，令 $J \subset D$。如果对所有 $x \in J$，$f(x*) \geqslant f(x)$，那么 $f(x*)$ 被称为局部最大值。

局部最小值：令 D 表示函数 f 的定义域，令 $J \subset D$。如果对所有 $x \in J$，$f(x*) \leqslant f(x)$，那么 $f(x*)$ 被称为局部最小值。

为了表征连续函数的极值，我们介绍著名的 Weierstrass 极值定理。

令 D 表示函数 f 的定义域，令 $J = [a, b] \subset D$。如果 f 在 J 上是连续的，则达到其最大值（用 M 表示）和最小值（用 m 表示）。换句话说，在 J 中存在 x_M^* 和 x_m^*，使得 $f(x_M^*) = M$ 和 $f(x_m^*) = m$，其中 $m \leqslant f(x) \leqslant M$。

需要强调的是，函数的极值为函数的水平切线，可以使用基本微积分进行计算。假设我们在定义域 D 上有一个实连续函数，$x \in D$，利用 $f'(x) = 0$ 可以求极值（最大值或最小值）。函数在 x 点的一阶导数对应于 x 处切线的斜率。因此，在求解方程 $f'(x) = 0$ 并计算出 $f''(x)$ 后，需要区分以下情况：

（1）$f''(x_0) > 0 \Rightarrow f(x)$ 在 $x_0 \in D$ 处有最小值；

（2）$f''(x_0) < 0 \Rightarrow f(x)$ 在 $x_0 \in D$ 处有最大值；

（3）$f'(x_0) = 0, f''(x_0) = 0$，和 $f'''(x_0) \neq 0 \Rightarrow f(x)$ 在 $x_0 \in D$ 处有鞍点。

对于这个问题的数值解，R 中的 ggpmisc 包可用于查找函数的极值，如以下代码所示，其中彩色点对应于函数的不同极值。

$$f(x) = 23.279 - 29.3598 exp(-0.00093393x) sin(0.00917552x + 20.515), x \in [0, 1500]$$

R 代码如下：

```
> #找到极值
> library（ggpmisc）
> set.seed（10）
> x <- 1：1500
> f <- function（x）{
     23.279 - 29.3598 * exp（-0.00093393 * x）* sin（0.00917552 * x + 20.515）
}
> fx = f（x）
> #找到 f（x）的最大值
> x［ggpmisc ::: find_peaks（fx）］
[1]    321 1006
> fx［ggpmisc ::: find_peaks（fx）］
[1] 44.92162 34.69629
> #找到 f（x）的最小值
> x［ggpmisc ::: find_peaks（-fx）］
[1]    663 1348
> fx［ggpmisc ::: find_peaks（-fx）］
[1]  7.559681 14.986411
 > #绘制 f(x) 和它的极值
> p <- ggplot（data = data.frame（x, fx）, aes（x = x, y = fx））+ geom_line（）
> p + scale_x_continuous（'x'）+
    scale_y_continuous（'f(x)'）+
    stat_peaks（col = "red"）+
    stat_valleys（col = "blue"）
```

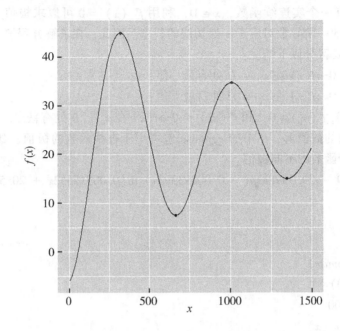

六、泰勒级数展开

泰勒级数展开式是在某个点 $x = x_0$ 的邻域中近似平滑函数 $f(x)$ 的表达式。简单来说，这种近似将函数的非线性分解为多项式分量，产生比 $f(x)$ 更线性化的函数。最简单但最常用的近似是函数的线性化。泰勒级数展开在数学、物理学和工程学中有许多应用。例如，它们用于逼近微分方程的解，否则很难直接求解。

无限可微函数 $f(x)$ 在点 $x = x_0$ 的一维泰勒级数展开式由下式给出：

$$f(x) = \sum_{n=0}^{\infty} \frac{f^{(n)}(x_0)}{n!}(x - x_0)^n$$

$$= f(x_0) + \frac{f'(x_0)}{1!}(x - x_0) + \frac{f''(x_0)}{2!}(x - x_0)^2 + \frac{f^{(3)}(x_0)}{3!}(x - x_0)^3 + \cdots$$

此处，$f^{(n)}$ 表示 f 的 n 阶导数。如果 $x_0 = 0$，则也可称为麦克劳林级数。下面为一些常见函数在 $x = x_0$ 处泰勒级数展开的例子：

$$exp(x) = exp(x_0)\left[1 + (x - x_0) + \frac{1}{2}(x - x_0)^2 + \frac{1}{6}(x - x_0)^3 + \cdots\right]$$

$$\ln(x) = \ln(x_0) + \frac{x - x_0}{x_0} - \frac{(x - x_0)^2}{2x_0^2} + \frac{(x - x_0)^3}{3x_0^3} - \cdots$$

$$\cos(x) = \cos(x_0) - \sin(x_0)(x - x_0) - \frac{1}{2}\cos(x_0)(x - x_0)^2 + \frac{1}{6}\sin(x_0)(x - x_0)^3 + \cdots$$

$$\sin(x) = \sin(x_0) + \cos(x_0)(x - x_0) - \frac{1}{2}\sin(x_0)(x - x_0)^2 - \frac{1}{6}\cos(x_0)(x - x_0)^3 + \cdots$$

泰勒级数展开的准确性取决于要逼近的函数、进行逼近的点以及逼近中使用的项数。R 中的几个包可用于获得函数的泰勒级数展开式。例如，Ryacas 包可用于获得函数的泰勒级数展开式的表达式，然后可以对其进行评估。Pracma 包使用其相应的泰勒级数展开在给定点提供函数的近似值。下面的 R 代码说明这两个包的用法。

```
> library(Ryacas)
> yac("texp := Taylor(x, 0, 5) Exp(x)")
[1] " x+x^2/2+x^3/6+x^4/24+x^5/120+1"
> expression (x + x^2/2+x^3/6+x^4/24+x^5/120+1)
> yac("texp := Taylor(x, 0, 5) Cos(x)")
[1] " 1−x^2/2+x^4/24"
> expression (1 − x^2/2+x^4/24)
> yac("texp := Taylor(x, 0, 5) Sin(x)")
[1] " x−x^3/6+x^5/120"
> expression (x − x^3/6+x^5/120)
```

泰勒级数近似

```
> # 使用 pracma 包进行泰勒级数展开
> library(pracma)
> library(ggplot2)
> fx <- function(x){
    e <- exp(1)
    return(e^x)
}
> fxts <- taylor(fx, 0, 5)
> x <- seq(−1.0, 1.0, length.out = 100)
> fxval <- fx(x)
> fxapprox <- polyval(fxts, x)
> pdata <- data.frame(x, fxval, fxapprox)
> ggplot(data = pdata, aes(x = x)) +
    geom_line(aes(y = fxval, colour = "blue"), size = 1) +
    geom_line(aes(y = fxapprox, colour = "red")) +
    labs(y = "f(x)") +
    scale_color_discrete(name = " ", labels = c("f(x) = exp(x)",
        "Taylor series approximation of f(x)")) +
    theme(legend.position = "top")
```

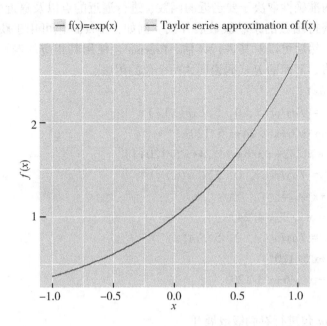

上图显示了函数在 $x \in [-1, 1]$ 时 $f(x) = \exp(x)$ 的图形及其对应的 $n = 5$ 阶泰勒近似。函数 $f(x)$ 泰勒级数近似对 $x \in [-1, 1]$ 是非常准确的，因为这两个函数的图形在这个区间高度匹配。

使用如下 R 代码生成下图，显示了 $x \in [-1, 1]$，函数 $f(x) = \dfrac{1}{1 - x}$ 及其对应的 $n = 5$ 阶泰勒展开近似图。函数 $f(x)$ 的泰勒级数近似在大部分 $x \in [-1, 1]$ 区间上都是准确的，但在 "1" 附近，函数 $f(x)$ 与其泰勒近似偏差较大。实际上，当 x 趋于 1 时，$f(x)$ 趋近于无穷，随 x 增加，相应地泰勒级数近似就没有函数 $f(x)$ 增长快。

```
> #使用 pracma 包进行泰勒级数展开
> library(pracma)
> library(ggplot2)
> fx <- function(x)(1/(1 - x))
> fxts <- taylor(fx, 0, 5)
> x <- seq(-1.0, 1.0, length.out = 100)
> fxval <- fx(x)
> fxapprox <- polyval(fxts, x)
> pdata <- data.frame(x, fxval, fxapprox)
> ggplot(data = pdata, aes(x = x)) +
  geom_line(aes(y = fxval, colour = "blue"), size = 1) +
  geom_line(aes(y = fxapprox, colour = "red")) +
  labs(y = "f(x)") +
  scale_color_discrete(name = " ", labels = c("f(x) = exp(x)",
        "Taylor series approximation of  f(x)")) +
  theme(legend.position = "top")
```

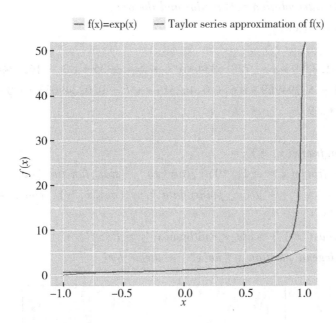

七、多项式插值

在许多应用中，实验测量的结果为离散数据集。然而，有效利用这些数据需要通过连续函数对其进行数据拟合，通常用多项式函数，其函数图形通过给定的数据点。

给定数据对，令 (x_i, y_i)，$i = 0, \cdots, m$。然后，找到一个 n 次多项式函数，$P_n(x)$，使得 $P_n(x_i) = y_i$，$i = 0, \cdots, m$。例如，

$$P_n(x_i) = a_n x_i^n + a_{n-1} x_i^{n-1} + \cdots + a_1 x_i + a_0 = y_i, \quad i = 0, \cdots, m$$

这种方法是由拉格朗日发明的，由此产生的插值多项式称为拉格朗日多项式。当 $n = 1$ 和 $n = 2$ 时，分别称为线性插值和二次插值。让我们考虑以下数据点：

x_i	1	2	3	4	5	6	7	8	9	10
y_i	−1.05	0.25	1.08	−0.02	−0.27	0.79	−1.02	−0.17	0.97	2.06

使用 R 语言，可以使用如下代码执行上述数据点对 (x, y) 的拉格朗日多项式插值。插值点用点表示，而相应的拉格朗日多项式则用实线表示。

```
> #The packages "polynom", and"ggplot2" are required here
> library(polynom)
> library(ggplot2)
> x <- 1:10
> y <- c(-1.05, 0.25, 1.08, -0.02, -0.27, 0.79, -1.02, -0.17,
0.97, 2.02)
> poly.calc(x, y)
-228.96 + 641.8299*x - 728.6334*x^2 + 444.9335*x^3 - 162.3441*x^4 +
36.97863*x^5 - 5.294969*x^6 + 0.462519*x^7 - 0.02249033*x^8 +
0.0004661321*x^9
```

> #PIotting the interpolation polynomial and the data
> Px < − function(x)
{
− 228. 96 + 641. 8299 * x − 728. 6334 * x^2 + 444. 9335 * x^3 − 162. 3441 * x^4 +
36. 97863 * x^5 − 5. 294969 * x^6 + 0. 462519 * x^7 − 0. 02249033 * x^8 +
0. 0004661321 * x^9
}
> xy < − data. frame(x, y)
> ggplot(data. frame(x = c(1, 10)), aes(x)) + stat_function(fun = Px,
      colour = "red") + geom_point(data = xy, aes(x, y), colour = "blue",
      size = 3) +
scale_x_continuous('x') + scale_y_continuous('y = P(x)') +
      theme(legend. position = "none") + theme_bw()

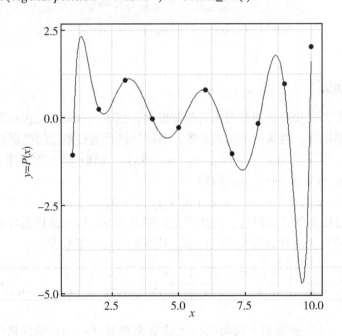

八、求根

给定一个函数 f, f 的根是 x 的值，使得 $f(x) = 0$。

$$f(x) = a_n x^n + a_{n-1} x^{n-1} + \cdots + a_1 x + a_0$$

是实数多项式，即，它的系数是实数，n 是多项式的次数。如果 $n = 2$，

$$f(x) = a_2 x^2 + a_1 x + a_0 = 0$$

$$x_{1,2} = \frac{-a_1 \pm \sqrt{a_1^2 - 4a_2 a_0}}{2a_2}$$

如果 $n = 3$,

$$f(x) = a_3 x^3 + a_2 x^2 + a_1 x + a_0 = 0$$

对于 $n = 4$ 的一些特殊情况，可以找到解析表达式。一般而言，$\deg(f(x)) \geqslant 5$ 的

一般多项式无法直接求根。

```
> #The packages "rootSolve" and "ggplot2" are required here
> library(rootSolve)
> library(ggplot2)
> fx <- function(x)
  {
   - 228.96 + 641.8299 * x - 728.6334 * x^2 + 444.9335 * x^3 - 162.3441 * x^4 +
  36.97863 * x^5 - 5.294969 * x^6 + 0.462519 * x^7 - 0.02249033 * x^8 +
  0.0004661321 * x^9
  }
> #Getting the roots of the function
> roots <- uniroot.all(fx, c(1, 10))
> roots
[1] 1.045044 3.989931 5.183003 6.559156 8.059581 9.108161 9.963772
> #The values of f evaluated at the roots rounds to zero
> froots <- round (fx (roots))
> froots
[1] 0 0 0 0 0 0 0
> #Plotting the function f and its roots in the interval[1, 10]
> rootsdata <- data.frame(roots, froots)
> ggplot(data.frame(x = c(1, 10)), aes(x)) + stat_function(fun = fx,
      colour = "purple") + geom_point(data = rootsdata, aes(roots,
      froots), colour = "sienna1", size = 3) + scale_x_continuous('x') +
      scale_y_continuous('f(x)') + theme(legend.position = "none") +
      theme_bw()
```

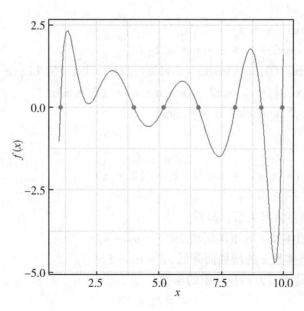

九、高等数学应用举例

1. 符号计算

又称计算机代数，通俗地说就是用计算机推导数学公式，如对表达式进行因式分解、化简、微分、积分、解代数方程、求解常微分方程等。

$$W = f(a, \ b, \ c, \ x) = a + bx + cx^2$$

$$\frac{\mathrm{d}W}{\mathrm{d}x} = b + 2cx$$

$$令 \frac{\mathrm{d}w}{\mathrm{d}x} = 0, \ \ 则 \ x = \frac{-b}{2c}$$

R 代码如下：

```
> y <- deriv( ~ a + b * x + c * x^2, "x")
> y
expression ( {
    . value <- a + b * x + c * x^2
    . grad <- array (0, c (length (. value), 1L), list (NULL, c (" x" ) ) )
    . grad [," x" ] <- b + c * (2 * x)
    attr (. value," gradient" ) <- . grad
    . value
} )
```

其导数为 "b + c * (2 * x)"。

$$f(x) = ae^{ax} + b + 2cx$$

R 代码如下：

```
> y <- deriv( ~ exp(a * x) + b * x + c * x^2, "x")
> y
expression ( {
    . expr2 <- exp (a * x)
    . value <- . expr2 + b * x + c * x^2
    . grad <- array (0, c (length (. value), 1L), list (NULL, c (" x" ) ) )
    . grad [," x" ] <- . expr2 * a + b + c * (2 * x)
    attr (. value," gradient" ) <- . grad
    . value
} )
```

其导数为 "exp (a * x) * a + b + c * (2 * x)"。

2. 求极值

体型与繁殖力和存活率关系，假设：

（1）繁殖力 F 随体型 x 的增加而增加，$F = a_F + b_F x$

（2）存活率 S 随体型 x 的增加而降低，$S = a_S - b_S x$

（3）适应度 W 是繁殖力和存活率的函数：

$$W = R_0 = FS$$

$$= (a_F + b_F x)(a_S - b_S x)$$
$$= a_F a_S - b_F b_S x^2 + (a_S b_F - a_F b_S)x$$

取经验值 $a_F = 0$, $b_F = 4$, $a_S = 1$, $b_S = 0.5$, 则

$$W = 0 \times 1 - 4 \times 0.5 x^2 + (1 \times 4 - 0 \times 0.5)x$$
$$= -2x^2 + 4x$$

```
> rm (list = ls ( )) # remove all objects from memory
> x <- seq (0, 2, length = 1000) # Create a vector of length 1000 btween 0, 2e
> W <- (-2 * x^2 + 4 * x) # Create a vector W using the fitness function
> # Plot the data using 'l' to designate a line
> # las = number orientation on axes, lwd = line width
> plot (x, W, type = 'l', xlab = 'Body size, x', ylab = 'Fitness, W', las = 1, lwd = 3)
```

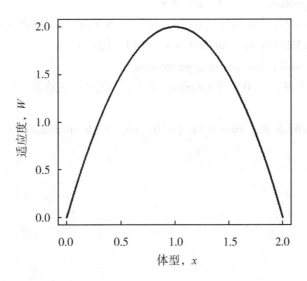

求 $f(x) = 4x - 2x^2$ 的极值

方法一

```
> FITNESS <- function (x) { W = 4 * x - 2 * x^2} # Fitness given x
> WDIFF <- function (x, Step) # W for x and xþStep
  {
  W1 <- FITNESS (x) # Fitness given x
  W2 <- FITNESS (x+Step) # Fitness given xþStep
  Wdiff2 <- W2-W1 # Diff between fitnesses
  return (Wdiff2) # x will eventually be the best x
  }
> # MAIN PROGRAM
> x <- 0 # Set initial x
> n<- 0
> Step <- 0.001 # Set Step length
```

```
> DIFF <- WDIFF (x, Step) # Calculate difference between W at two x
> while (DIFF>0) # If DIFF > 0 then W still increasing
 {
   x <- x + Step # Increment x
   DIFF <- WDIFF (x, Step) # Calculate difference in fitness
   n <- n +1
}
> # Out of loop and thus x is taken to be optimal
> print (c (n, x, DIFF) )
[1]    1e+03   1e+00  -2e-06
```

方法二

```
> MINUS. W <-function (x) {2 * x^2-4 * x}
> uniroot (MINUS. W, interval=c (-10, 10) ) $ root    #只可以求一次函数根
Error in uniroot (MINUS. W, interval = c (-10, 10) ):
   f ( ) values at end points not of opposite sign
> nlm (f=MINUS. W, p=0) $ estimate   #"p" 给定的初始值
[1] 0. 9999998
> optimize (f=MINUS. W, interval=c (-10, 10) ) $ minimum
[1] 1
```

第二章 线性代数

线性代数是数学中最重要和使用最广泛的学科之一。线性代数在数据科学中起着举足轻重的作用。本章简要介绍线性代数的基础，例如，向量和矩阵，然后讨论高级运算、变换和矩阵分解，包括 Cholesky 分解、QR 分解和奇异值分解等。

第一节 向量和矩阵

向量和矩阵可以用于研究许多领域的问题，包括数学、物理、工程和生物学。

1. 向量

向量定义了表征长度和方向的量。物理学中向量的例子有速度或力。因此，向量扩展了标量的定义，标量定义了一个完全由其大小描述的量。从代数的角度看，n 维实空间中的向量由 n 个实标量 x_1, x_2, $\cdots$, x_n 排列在数组中的有序列表定义。

如果一个向量的关联数组是水平排列的，则称该向量为行向量：

$$(x_1, \ x_2, \ \cdots, \ x_n)$$

而当一个向量的数组垂直排列时，它被称为列向量：

$$\begin{pmatrix} x_1 \\ x_2 \\ \vdots \\ x_n \end{pmatrix}$$

在几何上，向量可以看成是空间中两点之间的位移，通常用一个带箭头的符号表示：$\vec{V}$。令 $\vec{V} = (x_1, \ x_2, \ \cdots, \ x_n)$ 是 n 维实向量，$\vec{V}$ 的 p 范数，$\|\vec{V}\|_p$ 定义为

$$\|\vec{V}\|_p = \left(\sum_{i=1}^{n} |x_i|^p \right)^{\frac{1}{p}}$$

$|x_i|$ 表示 x_i 的模数或绝对值，特殊情况如下。

（1）向量 $\vec{V}$ 的 1 范数定义为

$$\|\vec{V}\|_1 = \sum_{i=1}^{n} |x_i|$$

（2）向量 $\vec{V}$ 的 2 范数定义为

$$\|\vec{V}\|_2 = \left(\sum_{i=1}^{n} |x_i|^2 \right)^{\frac{1}{2}}$$

（3）向量 $\vec{V}$ 的 ∞ 范数定义为

$$\|\vec{V}\|_\infty = \max_{i \in 1, \ 2 \cdots, \ n} |x_i|$$

```
> #Defining a 3-dimensional row vector from a given List of 3 numbers
> listnb   <- c (3, 2, 5)
> V <- matrix (listnb, nrow =1)
> V
     [, 1] [, 2] [, 3]
[1,]    3    2    5
> #Defining a 3-dimensional column vector from a given list of 3 numbers
> listnb   <-  c (12, 1, -3)
> W  <-  matrix (listnb, ncol = 1)
> W
     [, 1]
[1,]   12
[2,]    1
[3,]   -3
> #Norm of the nectar V
> NormV   <- sqrt (sum (V^2))
> NormV
[1] 6. 164414
> #Norm  of  the  vector  W
> NormW <- sqrt (sum (W^2))
> NormW
[1] 12. 40967
vecnorm <- function (b) {
    return (sqrt (sum (b^2)))
}
> (x <- c (4, 8, 7, 2))
[1] 4 8 7 2
> vecnorm (x)
[1] 11. 53256
```

2. 向量运算

```
> #定义二维行向量 V 和 W
> V <- matrix (c (2, -5), nrow=1)
> V
     [, 1] [, 2]
[1,]    2   -5
> W <- matrix (c (12, 1), nrow=1)
> W
     [, 1] [, 2]
[1,]   12    1
> #向量 V 旋转 90°
```

```
> theta <- pi/2
> xVp <- V [1, 1] * cos (theta) - V [1, 2] * sin (theta)
> yVp <- V [1, 1] * sin (theta) + V [1, 2] * cos (theta)
> Vprime <- matrix (c (xVp, yVp), nrow = 1)
> Vprime
     [, 1] [, 2]
[1,]    5    2
> #V 和 Vprime 的范数相同
> sqrt (sum (V^2))
[1] 5.385165
> sqrt (sum (Vprime^2))
[1] 5.385165
> #向量与标量 k 的乘积
> k <- 5
> U <- k * V
> U
     [, 1] [, 2]
[1,]   10  -25
> #向量 V 和 W 的和
> S <- V + W
> S
     [, 1] [, 2]
[1,]   14   -4
> #向量 V 和 W 的差
> D <- V - W
> D
     [, 1] [, 2]
[1,]  -10   -6
> #向量 V 和 W 的点积
> p <- sum (V * W)
> p
[1] 19
> #向量 V 和 W 的夹角
> NormV <- sqrt (sum (V^2))
> NormW <- sqrt (sum (W^2))
> theta <- acos (p/ (NormV * NormW))    #弧度表示
> theta
[1] 1.273431
> theta <- theta * 180/pi   #角度表示
> theta
```

```
[1] 72. 96223
> #向量 V 在 W 上的正交投影
> P <- (p/sum (W^2)) * W
> P
            [, 1]           [, 2]
[1,] 1. 572414 0. 1310345
> NormP <- sqrt (sum (P^2))
> p/NormW
[1] 1. 577864
> #定义 2 个三维向量 V 和 W
> V <- matrix (c (3, 1, 0), nrow = 1)
> W <- matrix (c (2, 4, 0), nrow = 1)
> xC <- V [1, 2] * W [1, 3] - W [1, 2] * V [1, 3]
> yC <- - (V [1, 1] * W [1, 3] - W [1, 1] * V [1, 3])
> zC <- V [1, 1] * W [1, 2] - W [1, 1] * V [1, 2]
> C <- matrix (c (xC, yC, zC), nrow = 1)
> C
     [, 1] [, 2] [, 3]
[1,]    0    0   10
> sum (C * V)    #C 和 V 正交, 因此点积为 0
[1] 0
> sum (C * W)     #C 和 W 正交, 因此点积为 0
[1] 0
> #向量 C 的范数
> NormC <- sqrt (sum (C^2))
> NormC
[1] 10
> #计算 V 和 W 围成的平行四边形面积 A
> NormV <- sqrt (sum (V^2))
> NormW <- sqrt (sum (W^2))
> p <- sum (V * W)
> theta <- acos (p/ (NormV * NormW))
> A <- NormV * NormW * sin (theta)
> A   #等于向量 C 的范数
[1] 10
```

第二节　其他坐标系中的矢量表示

对于各种问题需要，向量可能在不同的坐标系中描述。根据其空间的维度，向量可以用不同的方式表示。例如，在二维空间中，标准向量 $\vec{V} = OA$，其中 O 表示原点，可以通过以

20

下方式表示。

（1）(x_A, y_A)，其中 x_A 和 y_A 表示点 A 的坐标，即 $\vec{V}$ 的端点，在二维欧几里得空间中，对 (x_A, y_A) 定义了向量 $\vec{V}$ 在笛卡尔坐标中的表示。

（2）(r, θ)，其中 $r = \|\vec{V}\|$ 是 $\vec{V}$ 的大小，θ 是笛卡尔坐标系中矢量 $\vec{V}$ 和参考轴，例如 x 轴，之间的角度。

(ρ, θ) 定义了极坐标中的向量 $\vec{V}$。向量的极坐标表示可以和笛卡尔坐标相互转化。设 $\vec{V} = \overrightarrow{OA} = \begin{pmatrix} x_A \\ y_A \end{pmatrix}$ 为二维笛卡尔空间中的标准向量，可以如下获得 $\vec{V}$ 的极坐标。

$$r = \sqrt{x_A^2 + y_A^2}$$
$$\theta = \tan^{-1}\left(\frac{y_A}{x_A}\right)$$

转化为笛卡尔坐标可以通过以下方式：

$$x_A = r\cos(\theta)$$
$$y_A = r\sin(\theta)$$

```
#定义二维极坐标
> #定义二维极坐标
> V <- matrix (c (2, 5), nrow = 1)
> rV <- sqrt (sum (V^2))
> thetaV <- acos (V [1, 1] /rV) * 180/pi
> rV
[1] 5.385165
> thetaV
[1] 68.19859
> #恢复为笛卡尔坐标
> xV <- rV * cos (thetaV * pi/180)
> yV <- rV * sin (thetaV * pi/180)
> xV
[1] 2
> yV
[1] 5
```

在三维空间中，向量 $\vec{V} = \overrightarrow{OA}$，其中 O 表示原点，可以通过以下任一方式指定。

（1）在三维欧几里德空间中，其中 x_A，y_A，z_A 表示点 A 的坐标，即 V 的终点。三元组 (x_A, y_A, z_A) 定义了在笛卡尔坐标系中向量 $\vec{V}$。

（2）三元组 (ρ, θ, z_A)，其中 ρ 是 $\vec{V}$ 在 xy 平面上的投影大小，θ 是矢量 $\vec{V}$ 在 xy 平面上的投影与 x 轴之间的夹角，z_A 是点 A 在笛卡尔坐标系中的第三个坐标。三元组 (ρ, θ, z_A) 定义了圆柱坐标中的向量 $\vec{V}$。

（3）三元组 (r, θ, φ)，其中 $r = \|\vec{V}\|$ 是 $\vec{V}$ 的大小，θ 是向量 $\vec{V}$ 在 xy 平面上的投影与 x 轴

之间的夹角，φ 是向量 $\vec{V}$ 和 xz 平面之间的夹角。三元组 (r, θ, φ) 定义了球面坐标中的向量 $\vec{V}$。

笛卡尔坐标、圆柱坐标和球面坐标之间的相互关系：

$$\vec{V} = \overrightarrow{OA} = \begin{pmatrix} x_A \\ y_A \\ z_A \end{pmatrix}$$

上式是三维笛卡尔空间中的标准向量。不同坐标系之间有如下关系。

(1) $\vec{V}$ 的圆柱坐标为

$$\rho = \sqrt{x_A^2 + y_A^2}$$
$$\theta = \tan^{-1}\left(\frac{y_A}{x_A}\right)$$
$$z_A = z_A$$

相反，笛卡尔坐标可以恢复如下：

$$x_A = \rho\cos(\theta)$$
$$y_A = \rho\sin(\theta)$$
$$z_A = z_A$$

(2) $\vec{V}$ 的球面坐标为

$$r = \sqrt{x_A^2 + y_A^2 + z_A^2}$$
$$\theta = \tan^{-1}\left(\frac{y_A}{x_A}\right)$$
$$\varphi = \cos^{-1}\left(\frac{z_A}{r}\right)$$

相反，笛卡尔坐标可以恢复如下：

$$x_A = r\sin(\varphi)\cos(\theta)$$
$$y_A = r\sin(\varphi)\sin(\theta)$$
$$z_A = r\cos(\varphi)$$

圆柱坐标和球面坐标之间也存在关系。从圆柱坐标可以得到球面坐标如下：

$$r = \sqrt{\rho^2 + z_A^2}$$
$$\theta = \theta$$
$$\varphi = \tan^{-1}\left(\frac{\rho}{z_A}\right)$$

反之，圆柱坐标可以按如下方式恢复：

$$\rho = \sqrt{r^2 - z_A^2}$$
$$\theta = \theta$$
$$z_A = r\cos(\varphi)$$

在支持向量机中应用了向量的有关知识。R 语言中向量坐标系转换的例子如下：

```
> #在笛卡尔坐标中定义 3 维行向量 W
> W <- matrix (c (3, -2, 7), nrow = 1)
```

```
> #圆柱坐标
> rhoW <- sqrt （W [1, 1] ^2 + W [1, 2] ^2)
> thetaW <- atan （W [1, 2] / W [1, 1] ） * 180/pi
> zW <- W [1, 3]
> rhoW
[1] 3.605551
> thetaW
[1] -33.69007
> zW
[1] 7
> #恢复笛卡尔坐标
> xW <- rhoW * cos （thetaW * pi/180)
> yW <- rhoW * sin （thetaW * pi/180)
> xW
[1] 3
> yW
[1] -2
> zW
[1] 7
> #球面坐标
> rw <- sqrt （sum （W^2) ）
> thetaW <- atan （W [1, 2] / W [1, 1] ） * 180/pi
> phiW <- atan （sqrt （W [1, 1] ^2 + W [1, 2] ^2) / W [1, 3] ） * 180/pi
> rW
[1] 7.874008
> thetaW
[1] -33.69007
> phiW
[1] 27.25203
> #恢复笛卡尔坐标
> xW <- rW * sin （phiW * pi/180) * cos （thetaW * pi/180)
> yW <- rW * sin （phiW * pi/180) * sin （thetaW * pi/180)
> zW <- rW * cos （phiW * pi/180)
> xW
[1] 3
> yW
[1] -2
> zW
[1] 7
> #从圆柱坐标到球面坐标
```

```
> rW <- sqrt （rhoW^2 + zW^2）
> phiW <- atan （rhoW/zW） * 180/pi
> rW
[1] 7.874008
> thetaW
[1] -33.69007
> phiW
[1] 27.25203
> #从球面坐标到圆柱坐标
> rhoW <- sqrt （rW^2 - zW^2）
> zW = rW * cos （phiW * pi/180）
> rhoW
[1] 3.605551
> thetaW
[1] -33.69007
> zW
[1] 7
```

矩阵迹和行列式
```
> A <- matrix （c （3, 2, -5, 1, -3, 2, 5, -1, 4）, nrow = 3, ncol = 3, byrow = TRUE）
> #计算矩阵 A 的迹
> sum （diag （A））
[1] 4
> #计算矩阵 A 的行列式
> det （A）
[1] -88
```

第三节　R 语言基本行操作

1. 行缩放算法
```
scalerow <- function （m, row, k） {
    m [row,] <- m [row,] * k
    return （m）
}
```

2. 行交换算法
```
swaprows <- function （m, row1, row2） {
    row.tmp <- m [row1,]
    m [row1,] <- m [row2,]
    m [row2,] <- row.tmp
    return （m）
```

```
}
```

3. 行替换算法

```
replacerow <- function (m, row1, row2, k) {
    m [row2,] <- m [row2,] + m [row1,] * k
    return (m)
}
```

```
> A <- matrix (1:15, 5)
> scalerow (A, 2, 10)
     [,1] [,2] [,3]
[1,]    1    6   11
[2,]   20   70  120
[3,]    3    8   13
[4,]    4    9   14
[5,]    5   10   15
> swaprows (A, 1, 4)
     [,1] [,2] [,3]
[1,]    4    9   14
[2,]    2    7   12
[3,]    3    8   13
[4,]    1    6   11
[5,]    5   10   15
> replacerow (A, 1, 3, -3)
     [,1] [,2] [,3]
[1,]    1    6   11
[2,]    2    7   12
[3,]    0  -10  -20
[4,]    4    9   14
[5,]    5   10   15
```

4. 高斯消元法

行阶梯形矩阵

```
refmatrix <- function (m) {
    count.rows <- nrow (m)
    count.cols <- ncol (m)
    piv <- 1
    for (row.curr in 1: count.rows) {
        if (piv <= count.cols) {
            i <- row.curr
            while (m [i, piv] == 0 && i < count.rows) {
                i <- i + 1
                if (i > count.rows) {
```

$$i <- row.curr$$
$$piv <- piv + 1$$
$$if (piv > count.cols)$$
$$return (m)$$
$$\}$$
$$\}$$
$$if (i ! = row.curr)$$
$$m <- swaprows (m, i, row.curr)$$
$$for (j \ in \ row.curr : count.rows)$$
$$if (j ! = row.curr) \{$$
$$k <- m [j, piv] / m [row.curr, piv]$$
$$m <- replacerow (m, row.curr, j, -k)$$
$$\}$$
$$piv <- piv + 1$$
$$\}$$
$$\}$$
$$return (m)$$
$$\}$$

```
> (A <- matrix (c (5, 5, 5, 8, 2, 2, 6, 5, 4), 3) )
      [, 1] [, 2] [, 3]
[1,]    5    8    6
[2,]    5    2    5
[3,]    5    2    4
> refmatrix (A)
      [, 1] [, 2] [, 3]
[1,]    5    8    6
[2,]    0   -6   -1
[3,]    0    0   -1
```

化简后的行阶梯形矩阵

```
rrefmatrix <- function (m) {
    count.rows <- nrow (m)
    count.cols <- ncol (m)
    piv <- 1
    for ( row.curr in 1 : count.rows) {
        if (piv <= count.cols) {
            i <- row.curr
            while (m [i, piv] == 0 && i < count.rows) {
                i <- i + 1
                if (i > count.rows) {
                    i <- row.curr
```

$$piv <- piv + 1$$

$$if\ (\ piv > count.\,cols)$$

$$return\ (m)$$

$$\}$$

$$\}$$

$$if\ (i\ !\ =\ row.\,curr)$$

$$m <- swaprows\ (m,\ i,\ row.\,curr)$$

$$piv.\,val <- m\ [row.\,curr,\ piv]$$

$$m <- scalerow\ (m,\ row.\,curr,\ 1/piv.\,val)$$

$$for\ (j\ in\ 1:\,count.\,rows)\ \{$$

$$if\ (j\ !\ =\ row.\,curr)\ \{$$

$$k <- m\ [j,\ piv]\ /\ m\ [row.\,curr,\ piv]$$

$$m <- replacerow\ (m,\ row.\,curr,\ j,\ -k)$$

$$\}$$

$$\}$$

$$piv <- piv + 1$$

$$\}$$

$$\}$$

$$return\ (m)$$

$$\}$$

```
> A <- matrix (c (5, 5, 5, 8, 2, 2, 6, 5, 4), 3)
> rrefmatrix (A)
     [, 1] [, 2] [, 3]
[1,]   1    0    0
[2,]   0    1    0
[3,]   0    0    1
> A <- matrix (c (2, 4, 2, 4, 9, 4, 3, 6, 7, 7, 3, 9), 3)
> rrefmatrix (A)
     [, 1] [, 2] [, 3]   [, 4]
[1,]   1    0    0   24. 75
[2,]   0    1    0  -11. 00
[3,]   0    0    1    0. 50
```

例如求解方程：

$$\begin{cases} 2\,x_1 + x_2 - x_3 = 1 \\ 3\,x_1 + 2\,x_2 - 2\,x_3 = 1 \\ x_1 - 5\,x_2 + 4\,x_3 = 3 \end{cases}$$

以上方程可以用 $Ax = b$ 表示，可以写为 $[A\ \ b]$，可以通过化简后的行阶梯形矩阵求解。

```
> (A <- matrix (c (2, 3, 1, 1, 2, -5, -1, -2, 4), 3))
     [, 1] [, 2] [, 3]
```

```
[1,]      2     1    −1
[2,]      3     2    −2
[3,]      1    −5     4
> (b <- c (1, 1, 3))
[1] 1 1 3
> rrefmatrix (cbind (A, b))
           b
[1,] 1 0 0 1
[2,] 0 1 0 2
[3,] 0 0 1 3
```

最后一列即为解。使用缩减行梯形式求解线性方程 R 代码：

```
solvematrix <- function (A, b) {
    m <- cbind (A, b)
    m <- rrefmatrix (m)
    x <- m [, ncol (m)]
    return (x)
}
> solvematrix (A, b)
[1] 1 2 3
```

R 内置函数更安全，因为它提供错误检查和其他必要的支持，以确保算法的正常功能。此外，该函数不解决过定或欠定系统；矩阵 A 必须是方阵。solve 的底层实现使用了高速且非常强大的 lapack 库，它是许多数值和矩阵方程包的基础。

```
> solve (A, b)
[1] 1 2 3
```

5. 三对角矩阵

三对角矩阵由不全为 0 的主对角线和紧邻主对角线的对角线元素组成，所有其他元素都为 0。

$$
A = \begin{bmatrix}
d_1 & u_1 & 0 & 0 & 0 \\
l_2 & d_2 & u_2 & 0 & 0 \\
0 & l_3 & \ddots & \ddots & 0 \\
0 & 0 & \ddots & \ddots & u_{n-1} \\
0 & 0 & 0 & l_n & d_n
\end{bmatrix}
$$

三对角矩阵算法

```
tridiagmatrix <- function (L, D, U, b) {
    n <- length (D)
    L <- c (NA, L)
    ## The forward sweep
    U [1] <- U [1] / D [1]
    b [1] <- b [1] / D [1]
```

```
for (i in 2: ( n - 1 ) ) {
    U [i] <- U [i] / (D [i] - L [i] * U [i - 1] )
    b [i] <- (b [i] - L [i] * b [i - 1] ) / (D [i] - L [i] * U [i - 1] )
}
b [n] <- (b [n] - L [n] * b [n - 1] ) / (D [n] - L [n] * U [n - 1] )
## The backward sweep
x <- rep. int (0, n)
x [n] <- b [n]
for (i in (n - 1) : 1)
    x [i] <- b [i] - U [i] * x [i + 1]
return (x)
}
```

例如

$$A = \begin{bmatrix} 3 & 4 & 0 & 0 \\ 4 & 5 & 2 & 0 \\ 0 & 2 & 5 & 3 \\ 0 & 0 & 3 & 5 \end{bmatrix} \quad X = \begin{bmatrix} 20 \\ 28 \\ 18 \\ 18 \end{bmatrix}$$

```
> l <- u <- c (4, 2, 3); d <- c (3, 5, 5, 5)
> b <- c (20, 28, 18, 18)
> tridiagmatrix (l, d, u, b)
[1] 4 2 1 3
```

第四节　矩阵分解

一、LU 分解

LU 分解提供了一种使用矩阵求解方程组的更好方法。LU 分解以分解的两个分量命名，即下三角矩阵和上三角矩阵。选择矩阵 L 和 U 使得 A=LU。

$$Ax = b$$

$$L(Ux) = b$$

由于 U 是 m 行矩阵，x 是 m 个元素的向量，因此它们相乘的结果也是 m 个元素的向量。我们将该临时向量称为 t，使得

$$t = Ux$$

然后，用 t 代替 Ux，

$$Lt = b$$

首先，求出 t，然后求出 x，可以使用任何矩阵求解算法求解 t 和 x。然而，因为 L 是一个下三角矩阵，主对角线上方的所有元素都为 0，所以求解 t 需要相对较少的步骤。这与三对角矩阵一样，可以简化计算。下对角矩阵 L 将是一个大小为 m 的方阵，其中 m 是原始矩阵 A 中的行数。

LU 分解基于行操作。首先，找到对应于 A 的上三角矩阵，解有无穷多个，但最简单的

是矩阵的行梯形形式。其次，L 应该是一个下三角矩阵，通过遵循产生 U 的相同行操作来减少到 I。我们可以使用 Doolittle 算法来生成 L，其中下三角矩阵中每个元素的值是用于消除的乘数每行替换的相应元素。

实际上，用于获得 U 的高斯消元过程可能会在主元列中出现 0，因此需要对非 0 主元进行行交换。如果发生这种情况，则 A 可能是等价于 LU 的行，但不完全相同。lumatrix 的实现通过返回三个矩阵而不是两个矩阵来保留此信息。第三个矩阵 P 最初拥有一个大小为 m 的单位矩阵，但如果需要进行行交换，则在 P 上执行相同的交换。因此，实际上 A＝PLU 并且乘 P 会恢复行的顺序。

```
lumatrix <- function (m) {
    count.rows <- nrow (m)
    count.cols <- ncol (m)
    piv <- 1
    P <- L <- diag (count.cols)
    for ( row.curr in 1: count.rows) {
        if ( piv <= count.cols) {
            i <- row.curr
            while (m [i, piv] == 0 && i < count.rows) {
                i <- i + 1
                if (i > count.rows) {
                    i <- row.curr
                    piv <- piv + 1
                    if ( piv > count.cols)
                        return (list (P = P, L = L, U = m))
                }
            }
            if (i ! = row.curr) {
                m <- swaprows (m, i, row.curr)
                P <- swaprows (P, i, row.curr)
            }
            for (j in row.curr : count.rows) 
                if (j ! = row.curr) {
                    k <- m [j, piv] / m [row.curr, piv]
                    m <- replacerow (m, row.curr, j, -k)
                    L [j, piv] <- k
                }
            piv <- piv + 1
        }
    }
    return ( list (P = P, L = L, U = m))
}
```

```
> (A <- matrix (c (0, 1, 7, 1, 5, -1, -2, 9, -5), 3) )
     [, 1] [, 2] [, 3]
[1,]    0    1   -2
[2,]    1    5    9
[3,]    7   -1   -5
> (decomp <- lumatrix (A) )
$ P
     [, 1] [, 2] [, 3]
[1,]    0    1    0
[2,]    1    0    0
[3,]    0    0    1
$ L
     [, 1] [, 2] [, 3]
[1,]    1    0    0
[2,]    0    1    0
[3,]    7  -36    1
$ U
     [, 1] [, 2] [, 3]
[1,]    1    5    9
[2,]    0    1   -2
[3,]    0    0 -140
> decomp $ P % * % decomp $ L % * % decomp $ U
     [, 1] [, 2] [, 3]
[1,]    0    1   -2
[2,]    1    5    9
[3,]    7   -1   -5
```

产生 LU 分解所需的操作次数与将矩阵转换为行梯形形式所需的操作次数相同。从某种意义上说，计算时间仅限于生产 U 的成本。生成 P 所需的时间可以忽略不计，而 L 的生成来自存储用于生成 U 的值。因此，P 和 L 的计算时间可以忽略。

LU 分解的优点：假设必须针对许多不同的 b 值求解方程 $Ax = b$ 的问题，可以执行一次分解，并使用向前和向后替换来快速求解 t 和 x 的值；在化解到简化行阶梯形中不执行不必要的操作。R 软件 Matrix 包中的 lu 函数可以实现 LU 分解。

二、Cholesky 分解

矩阵的 Cholesky 分解提供了另一种矩阵分解，使得 A = LL *，其中 L * 是矩阵 L 的共轭转置。对于实矩阵，矩阵 L * 是矩阵 L 的转置。Cholesky 分解只能用于对称正定矩阵。正定意味着每个枢轴元素都是正的。此外，对于正定矩阵，所有向量 x 的 $xAx > 0$。这适用于曲线拟合和最小二乘近似。

$$\begin{bmatrix} a_{1,1} & a_{1,2} & \cdots & a_{1,m} \\ a_{2,1} & a_{2,2} & \cdots & a_{2,m} \\ \vdots & \vdots & \ddots & \vdots \\ a_{m,1} & a_{m,2} & \cdots & a_{m,n} \end{bmatrix} = \begin{bmatrix} l_{1,1} & 0 & \cdots & 0 \\ l_{2,1} & l_{2,2} & \cdots & 0 \\ \vdots & \vdots & \ddots & \vdots \\ l_{m,1} & l_{m,2} & \cdots & l_{m,m} \end{bmatrix} \begin{bmatrix} l_{1,1} & l_{2,1} & \cdots & l_{m,1} \\ 0 & l_{2,2} & \cdots & a_{m,2} \\ \vdots & \vdots & \ddots & \vdots \\ 0 & 0 & \cdots & a_{m,m} \end{bmatrix}$$

对于矩阵 A 的每个元素,

$$a_{i,j} = \sum_{k=1}^{m} L_{i,k} L_{k,j}^{*}$$

多数 $L_{i,k}$,$L_{k,j}^{*}$ 元素都为 0,定义主对角线上的元素。

$$l_{i,i} = \sqrt{\left(a_{i,i} - \sum_{k=1}^{i-1} l_{i,k}^{2} \right)}$$

对角线外的元素定义为

$$l_{i,j} = \frac{1}{l_{i,i}} \left(a_{i,j} - \sum_{k=1}^{i-1} l_{i,k} l_{j,k} \right)$$

Choleskymatrix 函数的结果实际上是上三角矩阵 L*。

```
choleskymatrix <- function (m) {
    count.rows <- nrow (m)
    count.cols <- ncol (m)
    L = diag (0, count.rows)
    for (i in 1: count.rows) {
        for (k in 1: i) {
            p.sum <- 0
            for (j in 1: k)
                p.sum <- p.sum + L [j, i] * L [j, k]
            if (i == k)
                L [k, i] <- sqrt (m [i, i] - p.sum)
            else
                L [k, i] <- (m [k, i] - p.sum) / L [k, k]
        }
    }
    return (L)
}
> (A <- matrix (c (5, 1, 2, 1, 9, 3, 2, 3, 7), 3) )
     [, 1] [, 2] [, 3]
[1,]   5    1    2
[2,]   1    9    3
[3,]   2    3    7
> (L <- choleskymatrix (A) )
        [, 1]       [, 2]       [, 3]
[1,] 2.236068 0.4472136 0.8944272
```

[2,] 0. 000000 2.9664794 0.8764598

[3,] 0. 000000 0. 0000000 2.3306261

> t （L）% * % L

```
    [, 1] [, 2] [, 3]
[1,]    5    1    2
[2,]    1    9    3
[3,]    2    3    7
```

在 choleskymatrix 返回值 L * 之后，它和转置矩阵可以像 LU 分解中的上三角矩阵和下三角矩阵一样使用。R 包含一个内置函数，称为 chol。

三、QR 分解

QR（正交三角）分解法是求一般矩阵全部特征值的最有效并广泛应用的方法。如果实（复）非奇异矩阵 A 能够化成正交（酉）矩阵 Q 与实（复）非奇异上三角矩阵 R 的乘积，即 A=QR，则称其为 A 的 QR 分解。对于超定（$m>n$）的线性最小二乘问题，因需要求 $A^T A$ 的逆矩阵，正规方程组是不稳定的，通常需要用 QR 分解来处理。

```
> #这里需要包 "Matrix"
> require （Matrix）
> A <-  matrix （c （1, -1, 4, 1, 4, -2, 1, 4, 2, 1,  -1, 0）, nrow = 4,
byrow = TRUE）
> QRfact <- qr （A）
> #获取矩阵 A 的秩
> QRfact $ rank
[1] 3
> #得到正交矩阵 Q
> Q <- qr. Q （QRfact）
> Q
    [, 1] [, 2] [, 3]
[1,] -0.5  0.5 -0.5
[2,] -0.5 -0.5  0.5
[3,] -0.5 -0.5 -0.5
[4,] -0.5  0.5  0.5
> #得到上三角矩阵 R
> R <- qr. R （QRfact）
> R
    [, 1] [, 2] [, 3]
[1,]   -2   -3   -2
[2,]    0   -5    2
[3,]    0    0   -4
> #如果没有进行任何置换，那么原始矩阵 A 可以通过 Q% * %R 完全恢复，否则这个乘
```

积将产生一个带有一些置换列的 A

```
> Q% * %R
      [, 1] [, 2] [, 3]
[1,]     1    -1     4
[2,]     1     4    -2
[3,]     1     4     2
[4,]     1    -1     0
```

四、奇异值分解

奇异值分解（SVD）是另一种矩阵分解，可将正则方矩阵的特征分解推广到任何矩阵。它在推荐系统和求伪逆方面具有广泛的应用。矩阵 A 是一个 $m×n$ 的矩阵，定义矩阵 A 的 SVD 为

$$A = U \sum V^T$$

其中 U 是一个 $m×m$ 的矩阵，$\sum$ 是一个 $m×n$ 的矩阵，除了主对角线上的元素以外全为 0，主对角线上的每个元素都称为奇异值，V 是一个 $n×n$ 的矩阵。U 和 V 都是酉矩阵，即满足 $U^T U = I$，$V^T V = I$。

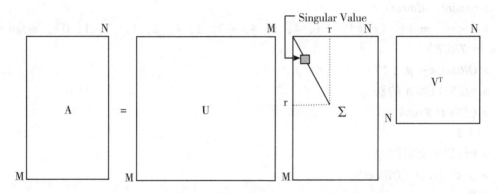

奇异值和特征值类似，在奇异值矩阵中也是按照从大到小排列，而且奇异值的减少特别快，在大多数情况下，前 10% 甚至 1% 奇异值的和就占了全部奇异值之和的 99% 以上的比例。因此，可以用最大的 k 个的奇异值和对应的左右奇异向量来近似描述矩阵。

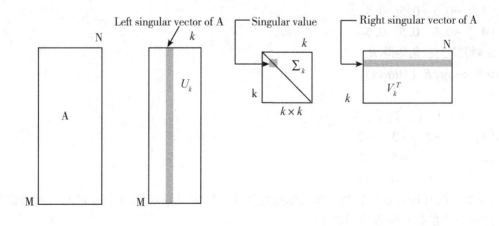

```
> #这里需要包 "Matrix"
> require (Matrix)
> A <- matrix (c (1, -1, 4, 1, 4, -2, 1, 4, 2, 1, -1, 0), nrow = 4, byrow =
TRUE)
> SVDA <- svd (A)
> #获取矩阵 U
> U <- SVDA $u
> U
            [, 1]         [, 2]        [, 3]
[1,] -0.3132791   0.771564156 -0.2377918
[2,]  0.7480871  -0.146888948 -0.4108397
[3,]  0.5693222   0.618934107  0.2068642
[4,] -0.1345142   0.005741101 -0.8554957
> #获取矩阵 V
> V <- SVDA $v
> V
            [, 1]        [, 2]        [, 3]
[1,]  0.1448567 0.2543877 -0.9561922
[2,]  0.9523837 0.2261920  0.2044564
[3,] -0.2682942 0.9402787  0.2095093
> #获取对角矩阵 D
> D <- diag (SVDA $d)
> #获取 A 的奇异值
> singv <- SVDA $d
> singv
[1] 6.003285 4.911206 1.356697
> #原始矩阵 A 可以恢复如下
> round (U% * %D% * %t (V))
     [, 1] [, 2] [, 3]
[1,]    1   -1    4
[2,]    1    4   -2
[3,]    1    4    2
[4,]    1   -1    0
```

五、迭代方法

1. 雅可比（Jacobi）迭代

将 A 矩阵分解为 $A = R + D$

$$Ax = b$$
$$Rx + Dx = b$$
$$Dx = b - Rx$$

$$x = D^{-1}(b - Rx)$$

改写为迭代形式 $x^{(n+1)} = D^{-1}(b - Rx^{(n)})$。很明显,至少在某些情况下,迭代会收敛到某个值 x。与求解线性方程的其他方法一样,Jacobi 方法依赖于对问题进行预处理以确保更快地求解。在这种情况下,矩阵 D 应该是一个严格对角矩阵,其元素对应于 A 的主对角线,可以快速找到矩阵的逆矩阵。严格对角矩阵求逆矩阵的开销是微不足道的,因为它的逆矩阵是一个对角矩阵等于 1 除以原始矩阵的相应元素。矩阵 R 与矩阵 A 相同,只是主对角线只有 0。例如,

```
> (A <- matrix (c (5, 2, 1, 2, 7, 3, 3, 4, 8), 3) )
     [, 1] [, 2] [, 3]
[1,]    5    2    3
[2,]    2    7    4
[3,]    1    3    8
> (D <- diag (1 / diag (A) ) )
     [, 1]       [, 2]    [, 3]
[1,]  0.2 0.0000000 0.000
[2,]  0.0 0.1428571 0.000
[3,]  0.0 0.0000000 0.125
> (R <- A - diag (diag (A) ) )
     [, 1] [, 2] [, 3]
[1,]    0    2    3
[2,]    2    0    4
[3,]    1    3    0
```

由于 $R = A - D$,则对角占优矩阵的 Jacobi 迭代:

```
jacobi <- function(A, b, tol = 10e - 7, maxiter = 100) {
    n <- length(b)
    iter <- 0
    Dinv <- diag(1 / diag(A) )
    R <- A - diag( diag(A) )
    x <- rep(0, n)
    newx <- rep( tol, n)
    while( vecnorm( newx - x) > tol) {
        if ( maxiter > iter) {
            warning(" iterations maximum exceeded" )
            break
        }
        x <- newx
        newx <- Dinv % * % ( b - R % * % x)
        iter <- iter + 1
    }
    return( as. vector( newx) )
```

```
}
```

成功完成迭代有一些要求，最重要的是，矩阵必须是对角占优的。这意味着对角线元素的绝对值必须大于给定列中所有其他条目的绝对值之和。由于除法错误，这些值都不能为0，否则 D 的逆运算将失败。如果这些属性成立，Jacobi 迭代将成功完成。此外，即使这些属性对给定矩阵不成立，雅可比迭代仍可能收敛，但不能保证总是收敛。

```
> jacobi (A, b)
[1] 1e-06 1e-06 1e-06
Warning message:
In jacobi (A, b) :    iterations maximum exceeded
> solvematrix (A, b)
[1] 4 1 6
```

2. 高斯-赛德尔（Gauss-Seidel）迭代

给定雅可比迭代等式中列出的参数，假设 $A\alpha + A\beta = A$，可以使用其他矩阵 $A\alpha$ 和 $A\beta$ 代替 R 和 D 是合理的。一般来说，这种假设受某些限制。首先，原始矩阵 A 具有某种特殊形式，例如对角线占优。其次，该假设仅在可以相对容易地找到 $A\alpha$ 和 $A\beta$ 时才有用。

Gauss-Seidel 迭代方法将矩阵分解为上三角矩阵 U 和下三角矩阵 L，不同于 LU 分解的上三角矩阵和下三角矩阵。对于 Gauss-Seidel，上三角矩阵是矩阵 A 在主对角线以上的元素。下三角矩阵是原始矩阵在主对角线以下并包括主对角线的元素。与 Jacobi 迭代过程一样，U 和 L 的未定义条目都设置为 0。Gauss-Seidel 的迭代方程在概念上与 Jacobi 方法的方程相同，因此，

$$x^{(n+1)} = L^{-1}(b - Ux^{(n)})$$

值得注意的是，此实现在可行的情况下采用与 jacobi 的实现相同的设计决策。

```
gaussseidel <- function(A, b, tol = 10e - 7, maxiter = 100) {
    n <- length(b)
    iter <- 0
    L <- U <- A
    L[upper.tri(A, diag = FALSE)] <- 0
    U[lower.tri(A, diag = TRUE)] <- 0
    Linv <- solve(L)
    x <- rep(0, n)
    newx <- rep(tol * 10, n)
    while(vecnorm(newx - x) > tol) {
        if (maxiter > iter) {
            warning(" iterations maximum exceeded")
            break
        }
        x <- newx
        newx <- Linv %*% (b - U %*% x)
        iter <- iter + 1
    }
```

return(*as.vector*(*newx*))

}

> gaussseidel（A，b）

［1］1e-05 1e-05 1e-05

Warning message：

In gaussseidel（A，b）： iterations maximum exceeded

> gaussseidel（A，b，maxiter = 5）

［1］1e-05 1e-05 1e-05

Warning message：

In gaussseidel（A，b，maxiter = 5）： iterations maximum exceeded

> gaussseidel（A，b，maxiter = 10）

［1］1e-05 1e-05 1e-05

Warning message：

In gaussseidel（A，b，maxiter = 10）： iterations maximum exceeded

> gaussseidel（A，b，maxiter = 15）

［1］1e-05 1e-05 1e-05

Warning message：

In gaussseidel（A，b，maxiter = 15）： iterations maximum exceeded

> gaussseidel（A，b，maxiter = 20）

［1］1e-05 1e-05 1e-05

Warning message：

In gaussseidel（A，b，maxiter = 20）： iterations maximum exceeded

Jacobi 和 Gauss-Seidel 迭代方法都提供了优于其他矩阵求解方法的一些优势。首先，两者都不需要求逆矩阵，这是一项计算量很大的任务。其次，在实践中，许多矩阵方程涉及非常稀疏的矩阵，即具有大量零项的矩阵。对于稀疏矩阵，可以快速处理重复的乘法步骤，并且比相关的矩阵求逆具有更高的准确度。当然，对于大型矩阵方程，使用迭代方法可以很好地逼近最终结果，所需的运算较少。

第三章　概率论

一、集合

集合运算可以用于差异基因表达分析，R 语言包括一些集合运算：

union (x, y)：集合 x 和 y 的并集；

intersect (x, y)：集合 x 和 y 的交集；

setdiff (x, y)：集合 x 和 y 之间的差值，由 x 中所有不在 y 中的元素组成；

setequal (x, y)：测试集合 x 和 y 之间的相等性；

c %in% y：测试 c 是否是集合 y 的一个元素；

choose (n, k)：从大小为 n 的集合中选择的大小为 k 的可能子集的数量。

```
> x <- c (1, 2, 5)
> y <- c (5, 1, 8, 9)
> union (x, y)
[1] 1 2 5 8 9
> intersect (x, y)
[1] 1 5
> setdiff (x, y)
[1] 2
> setdiff (y, x)
[1] 8 9
> setequal (x, y)
[1] FALSE
> setequal (x, c (1, 2, 5) )
[1] TRUE
> 2 %in% x
[1] TRUE
> 2 %in% y
[1] FALSE
> choose (5, 2)
[1] 10
```

R 语言绘制两集合间的关系

```
par (mfrow=c (3, 3), mar = c (2, 2, 2, 2), cex=0.3)
circle <- function (x, y) {
    x1 <-seq (x-1, x+1, .01)
    y1 <- sqrt (1- (x1-x) ^2)
    x2 <- seq (x+1, x-1, -.01)
    y2 <- -sqrt (1- (x2-x) ^2)
    polygon (c (x1, x2), c (y1, y2), lty=1)
}
width <- 1.55
plot (0, 0, xlab=" ", ylab=" ", yaxt=" n", type=" n", xaxt=" n", ylim=c
(-width, width), asp=1, xlim=c (-width, width) )
par (mfrow=c (3, 3) )
# Some event occurs
plot (0, 0, xlab=" ", ylab=" ", yaxt=" n", type=" n", xaxt=" n", ylim=c
(-width, width), asp=1, xlim=c (-width, width) )
x1 <- seq (-1.5, 0, .01)
y1 <- sqrt (1 - (x1+1/2) ^2)
x2 <- seq (0, 1.5, .01)
y2 <-sqrt (1- (x2-1/2) ^2)
x3 <- seq (1.5, 0, -.01)
y3 <- -sqrt (1- (x3-1/2) ^2)
x4 <- seq (0, -1.5, -.01)
y4 <- -sqrt (1- (x4+1/2) ^2)
polygon (c (x1, x2, x3, x4), c (y1, y2, y3, y4), col=" lightgray" )
circle (1/2, 0)
circle (-1/2, 0)
text (-1.25, 1.25," A", cex=0.6)
text (1.25, 1.25," B", cex=0.6)
mtext (" A or B occur", 1, line=.6, cex=0.5)
# Both events occur
plot (0, 0, xlab=" ", ylab=" ", yaxt=" n", type=" n", xaxt=" n", ylim=c
(-width, width), asp=1, xlim=c (-width, width) )
x1 <- seq (-.5, 0, .01)
y1 <- sqrt (1 - (x1-1/2) ^2)
x2 <- seq (0, .5, .01)
y2 <-sqrt (1- (x2+1/2) ^2)
x3 <- seq (.5, 0, -.01)
y3 <- -sqrt (1- (x3+1/2) ^2)
x4 <- seq (0, -.5, -.01)
y4 <- -sqrt (1- (x4-1/2) ^2)
polygon (c (x1, x2, x3, x4), c (y1, y2, y3, y4), col=" lightgray" )
circle (1/2, 0)
circle (-1/2, 0)
text (-1.25, 1.25," A", cex=0.6)
text (1.25, 1.25," B", cex=0.6)
mtext (" A and B occur", 1, line=.6, cex=0.5)
```

```
# Neither A nor B occur
plot (0, 0, xlab=" ", ylab=" ", yaxt=" n", type=" n", xaxt=" n", ylim=c
(-width, width), asp=1, xlim=c (-width, width) )
rect (-3, -2, 3, 2, col=" lightgray" )
x<- 1/2
x1 <-seq (x-1, x+1, .01)
y1 <- sqrt (1- (x1-x) ^2)
x2 <- seq (x+1, x-1, -.01)
y2 <- -sqrt (1- (x2-x) ^2)
polygon (c (x1, x2), c (y1, y2), lty=1, col=" white" )
x <- -1/2
x1 <-seq (x-1, x+1, .01)
y1 <- sqrt (1- (x1-x) ^2)
x2 <- seq (x+1, x-1, -.01)
y2 <- -sqrt (1- (x2-x) ^2)
polygon (c (x1, x2), c (y1, y2), lty=1, col=" white" )
x1 <- seq (0, -.5, -.01)
y1 <- sqrt (1- (x1-1/2) ^2)
x2 <- seq (-.5, 0, .01)
y2 <- -sqrt (1- (x2-1/2) ^2)
lines (c (x1, x2), c (y1, y2) )
text (-1.25, 1.25," A", cex=0.6)
text (1.25, 1.25," B", cex=0.6)
mtext (" Neither A nor B occurs", 1, line=.6, cex=0.5)
# B occurs
plot (0, 0, xlab=" ", ylab=" ", yaxt=" n", type=" n", xaxt=" n", ylim=c
(-width, width), asp=1, xlim=c (-width, width) )
x <- 1/2
x1 <-seq (x-1, x+1, .01)
y1 <- sqrt (1- (x1-x) ^2)
x2 <- seq (x+1, x-1, -.01)
y2 <- -sqrt (1- (x2-x) ^2)
polygon (c (x1, x2), c (y1, y2), lty=1, col=" lightgray" )
x <- -1/2
x1 <-seq (x-1, x+1, .01)
y1 <- sqrt (1- (x1-x) ^2)
x2 <- seq (x+1, x-1, -.01)
y2 <- -sqrt (1- (x2-x) ^2)
polygon (c (x1, x2), c (y1, y2), lty=1)
text (-1.25, 1.25," A", cex=0.6)
text (1.25, 1.25," B", cex=0.6)
mtext (" B occurs", 1, line=0.6, cex=0.5)
# Exactly one event occurs
plot (0, 0, xlab=" ", ylab=" ", yaxt=" n", type=" n", xaxt=" n", ylim=c
(-width, width), asp=1, xlim=c (-width, width) )
x1 <- seq (-1.5, 0, .01)
```

```
y1 <- sqrt (1 - (x1+1/2) ^2)
x2 <- seq (0, -.5, -.01)
y2 <-sqrt (1- (x2-1/2) ^2)
x3 <- seq (-.5, 0, .01)
y3 <- -sqrt (1- (x3-1/2) ^2)
x4 <- seq (0, -1.5, -.01)
y4 <- -sqrt (1 - (x4+1/2) ^2)
polygon (c (x1, x2, x3, x4), c (y1, y2, y3, y4), col=" lightgray" )
x1 <- seq (1.5, 0, -.01)
y1 <- sqrt (1 - (x1-1/2) ^2)
x2 <- seq (0, .5, .01)
y2 <-sqrt (1- (x2+1/2) ^2)
x3 <- seq (.5, 0, -.01)
y3 <- -sqrt (1- (x3+1/2) ^2)
x4 <- seq (0, 1.5, .01)
y4 <- -sqrt (1 - (x4-1/2) ^2)
polygon (c (x1, x2, x3, x4), c (y1, y2, y3, y4), col=" lightgray" )
circle (1/2, 0)
circle (-1/2, 0)
text (-1.25, 1.25," A", cex=0.6)
text (1.25, 1.25," B", cex=0.6)
mtext (" Exactly one of A or B occurs", 1, line=.6, cex=0.5)
# B does not occur
plot (0, 0, xlab=" ", ylab=" ", yaxt=" n", type=" n", xaxt=" n", ylim=c
(-width, width), asp=1, xlim=c (-width, width) )
rect (-3, -2, 3, 2, col=" lightgray" )
x <- 1/2
x1 <-seq (x-1, x+1, .01)
y1 <- sqrt (1- (x1-x) ^2)
x2 <- seq (x+1, x-1, -.01)
y2 <- -sqrt (1- (x2-x) ^2)
polygon (c (x1, x2), c (y1, y2), lty=1, col=" white" )
x <- -1/2
x1 <-seq (x-1, x+1, .01)
y1 <- sqrt (1- (x1-x) ^2)
x2 <- seq (x+1, x-1, -.01)
y2 <- -sqrt (1- (x2-x) ^2)
polygon (c (x1, x2), c (y1, y2), lty=1)
text (-1.25, 1.25," A", cex=0.6)
text (1.25, 1.25," B", cex=0.6)
mtext (" B does not occur", 1, line=0.6, cex=0.5)
## Only A occurs
plot (0, 0, xlab=" ", ylab=" ", yaxt=" n", type=" n", xaxt=" n", ylim=c
(-width, width), asp=1, xlim=c (-width, width) )
x1 <- seq (-1.5, 0, .01)
y1 <- sqrt (1 - (x1+1/2) ^2)
x2 <- seq (0, -.5, -.01)
```

```
y2 <-sqrt (1- (x2-1/2) ^2)
x3 <- seq (-.5, 0, .01)
y3 <- -sqrt (1- (x3-1/2) ^2)
x4 <- seq (0, -1.5, -.01)
y4 <- -sqrt (1 - (x4+1/2) ^2)
polygon (c (x1, x2, x3, x4), c (y1, y2, y3, y4), col=" lightgray" )
circle (1/2, 0)
circle (-1/2, 0)
text (-1.25, 1.25," A", cex=0.6)
text (1.25, 1.25," B", cex=0.6)
mtext (" Only A occurs", 1, line=0.6, cex=0.5)
## A and B are mutually exclusive
plot (0, 0, xlab=" ", ylab=" ", yaxt=" n", type=" n", xaxt=" n", ylim=c
(-width, width), asp=1, xlim=c (-width, width) )
circle (-1.1, 0)
circle (1.1, 0)
text (-1.25, 1.25," A", cex=0.6)
text (1.25, 1.25," B", cex=0.6)
mtext (" A and B mutually excllusive", 1, line=0.6, cex=0.5)
## A implies B
plot (0, 0, xlab=" ", ylab=" ", yaxt=" n", type=" n", xaxt=" n", ylim=c
(-width, width), asp=1, xlim=c (-width, width) )
x <- 0
q <- 1.3
x1 <-seq (x-q, x+q, .01)
y1 <- sqrt (q^2- (x1-x) ^2)
x2 <- seq (x+q, x-q, -.01)
y2 <- -sqrt (q^2 - (x2-x) ^2)
polygon (c (x1, x2), c (y1, y2), lty=1)
z <- .55
x1 <-seq (x-z, x+z, .01)
y1 <- sqrt (z^2- (x1-x) ^2)
x2 <- seq (x+z, x-z, -.01)
y2 <- -sqrt (z^2 - (x2-x) ^2)
polygon (c (x1, x2), c (y1, y2), lty=1)
mtext (" A implies B", 1, line=0.6, cex=0.5)
text (.15, .15," A", cex=0.6)
text (.55, .55," B", cex=.6)
box (" outer" )
#最后使用以下命令关闭绘图窗口
dev. off ()
```

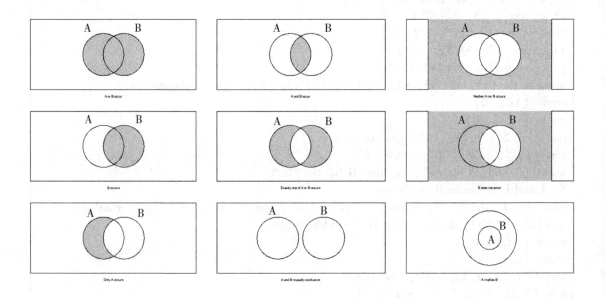

二、概率

本福德（Benford）定律

也被称为"第一位数字现象"，是在 100 多年前被发现的。第一个数字大部分是 1 或 2，接近 50%。

```
> prob <- log ( (2: 10) / (1: 9), 10)
>      barplot ( prob, names. arg = (1: 9), axisnames = TRUE, ylab =" Probability",
xlab=" First digit", border=" black", axis. lty=1, cex. axis=.8, cex. names=.8)
```

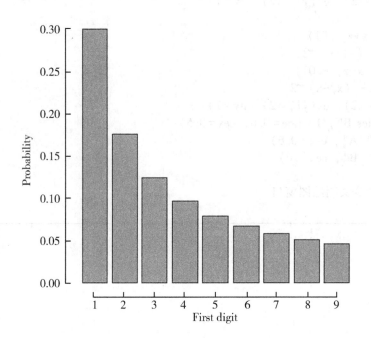

例 1：3 次抛硬币正面朝上的概率是多少？

```
> n <- 10000    #迭代次数
> simlist <- replicate（n，0）    #初始化
> for（i in 1：n）
+ {
+ trial <- sample（0：1，3，replace＝TRUE）
+ success <- if（sum（trial）＝＝3）1 else 0
+ simlist［i］<- success
+ }
> mean（simlist）
［1］0.1211
```

例 2：1 到 1000 之间的随机整数被 3、5 或 6 整除的概率是多少？

```
> simdivis <- function（）
 {
    num <- sample（1：1000，1）    #从 1 到 1000 中选择一个随机整数
    if（num %% 3＝＝0 ｜｜ num %% 5＝＝0 ｜｜ num%%6＝＝0）1 else 0
    #如果数字可以被 3、5 或 6 整除，则返回 1；否则 0
 }
#重复多次（比如 1000 次）并取 1 的比例作为模拟概率
> simlist <- replicate（10000，simdivis（））
> mean（simlist）
［1］0.4518
```

三、条件概率

对于事件 A 和 B，$P（B）> 0$，给定 B 的 A 的条件概率是

$$P(A \mid B) = \frac{P(AB)}{P(B)}$$

在一个人群中，60% 的人有棕色头发（H），40% 有棕色眼睛（E），30% 两者都有（H 和 E）。鉴于某人有棕色头发，他有棕色眼睛的概率是

$$P(E \mid H) = \frac{P(EH)}{P(H)} = \frac{0.30}{0.60} = 0.50$$

在大学里，5% 的学生是数学专业的。在数学专业中，10% 是双专业。全校 20% 的学生是双专业。（i）数学专业是双专业和（ii）双专业是数学专业的概率是多少？令 D 和 M 分别表示双专业和数学专业。

（i）

$$P(D \mid M) = \frac{P(DM)}{P(M)} = \frac{(0.10)(0.05)}{0.05} = 0.10$$

（ii）

$$P(M \mid D) = \frac{P(DM)}{P(D)} = \frac{(0.10)(0.05)}{0.20} = 0.025$$

掷两个骰子。假设骰子的总和为 7，第一个骰子是 2 的概率是多少？使用随机变量来表示问题。设 X_1 和 X_2 分别是第一个和第二个骰子的结果。那么骰子的总和是 X_1+X_2。

$$P(X_1 = 2 \mid X_1 + X_2 = 7) = \frac{P(X_1 = 2 \, and \, X_1 + X_2 = 7)}{P(X_1 + X_2 = 7)}$$

$$= \frac{P(X_1 = 2 \, and \, 2 + X_2 = 7)}{P(X_1 + X_2 = 7)}$$

$$= \frac{P(X_1 = 2 \, and \, X_2 = 5)}{P(X_1 + X_2 = 7)}$$

$$= \frac{P(\{25\})}{P(\{16, \ 25, \ 34, \ 43, \ 52, \ 61\})}$$

$$= \frac{1/36}{6/36} = \frac{1}{6}$$

第一个骰子是 2 的无条件概率 $P(X_1 = 2)$ 也等于 1/6。换句话说，骰子总和为 7 的信息不会影响第一个骰子为 2 的概率。如果总和为 6，则

$$P(X_1 = 2 \mid X_1 + X_2 = 6) = \frac{P(\{24\})}{P(\{15, \ 24, \ 33, \ 42, \ 51\})} = \frac{1}{5} > \frac{1}{6}$$

R 模拟条件概率：

```
> n <- 10000
> ctr <- 0
> simlist <- numeric (n)    #初始化
> while (ctr < n)
  {
trial <- sample (1：6, 2, replace = TRUE)    #掷 2 个骰子
if (sum (trial) == 7)    #检测和是否为 7
                         #如果没有，跳过并再次滚动
                         #如果是 7，检查第一个骰子是否是 2
  {
success <- if (trial [1] == 2) 1 else 0
ctr <- ctr + 1
simlist [ctr] <- success
# simlist 仅记录总和为 7 的骰子的成功和失败
  }
  }
> #模拟结果
> mean (simlist)
[1] 0.164
```

1. 树形图

树形图是计算概率的有用工具。当事件可以按顺序排序时，树形图是很好的视觉辅助工具，可以将问题分解为更小的逻辑单元。概率写在树的分支上，结果写在每个分支的末尾。

下图说明从包含 2 个红色和 3 个蓝色球的袋子中挑选两个球的随机实验。选择两个红球

的结果由树的顶部分支描述。首先我们选择一个红球（概率为 2/5），然后我们选择第二个红球，假设第一个球是红色的（概率为 1/4）。最终结果的概率是通过沿分支相乘获得的（1/10 = 2/5×1/4）。树的分支用条件概率标记。

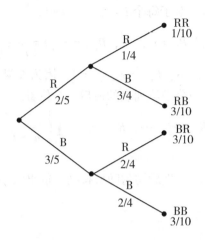

下表给出了保险公司对特定年龄段的人发生车祸可能性的预测。公司投保人 25 岁以下为 20%，25~39 岁为 30%，40 岁以上为 50%。任一投保人未来发生车祸的概率是多少？分别用 1、2 和 3 表示三个年龄组。

汽车事故概率的保险预测

<25	25~39	>40
0.11	0.03	0.02

A 为发生车祸的事件。以年龄组为条件，由全概率定律得

$$P(A) = P(A \mid 1)P(1) + P(A \mid 2)P(2) + P(A \mid 3)P(3)$$
$$= (0.11)(0.20) + (0.03)(0.30) + (0.02)(0.50)$$
$$= 0.041$$

2. 随机排列（Random permutations）

也称均匀随机排列，许多计算机算法都使用随机排列。以下生成均匀随机排列的极快方法称为 Knuth shuffle，以计算机科学家 Donald Knuth 的名字命名。从列表（1，2，…，n）开始。将列表从第一个位置向下移动到第（$n-1$）个位置。在每个位置 i 处，将该位置的元素与从位置 i 到 n 中随机选择的元素交换。在 $n-1$ 次这样的交换之后，结果列表即为所需的分布。

证明由 Knuth shuffle 产生的排列具有所需的概率分布。让（R_1，R_2，…，R_n）表示 Knuth 算法的最终输出。假设（r_1，r_2，…，r_n）是 {1，2，…，n} 的排列，需要证明 $P(R_1 = r_1, R_2 = r_2, \cdots, R_n = r_n) = 1/n!$。一般地，对于 k 个事件 A_1，…，A_k，

$$P(A_1 \cdots A_k) = P(A_k \mid A_1 \cdots A_{k-1})P(A_{k-1} \mid A_1 \cdots A_{k-2}) \cdots P(A_2 \mid A_1)P(A_1)$$

则

$$P(R_1 = r_1, R_2 = r_2, \cdots, R_n = r_n)$$

$$= P(R_1 = r_1)P(R_2 = r_2 \mid R_1 = r_1)\cdots P(R_n = r_n \mid R_1 = r_1, \cdots, R_{n-1} = r_{n-1})$$

$P(R_1 = r_1) = 1/n$，因为 R_1 可以取任何 n 个值，所有这些值都是等可能的。观察到 $P(R_2 = r_2 \mid R_1 = r_1) = 1/(n-1)$，因为如果 $R_1 = r_1$，那么 R_2 可以取除 r_1 之外的任何值，所有这些值都是等可能的，类似地，对于每个 $i = 2, \cdots, n-1$，

$$P(R_i = r_i \mid R_1 = r_1, \cdots, R_{i-1} = r_{i-1}) = \frac{1}{n-(i-1)}$$

最后，$P(R_n = r_n \mid R_1 = r_1, \cdots, R_{n-1} = r_{n-1}) = 1$，因为如果 $n-1$ 个值已分配给列表的前 $n-1$ 个位置，最后剩余的值必须分配给列表的最后一个位置。

$$P(R_1 = r_1, R_2 = r_2, \cdots, R_n = r_n) = \prod_{i=1}^{n-1} \frac{1}{n-(i-1)} = \frac{1}{n!}$$

R 语言模拟随机排列

以下代码实现了 Knuth shuffle 生成均匀随机排列。输出大小为 $n = 12$ 的排列。

```
> n <- 12
> perm <- 1: n
> for (i in 1: (n-1)) {
x <- sample (i: n, 1)
old <- perm [i]
perm [i] <- perm [x]
perm [x] <- old
}

> perm
[1]    4  8  3  7  6 11 12  1  5  9 10  2
```

3. 贝叶斯公式

对于事件 A 和 B

$$P(B \mid A) = \frac{P(A \mid B)P(B)}{P(A \mid B)P(B) + P(A \mid B^c)P(B^c)}$$

以上公式应用了条件概率公式和全概率公式

$$P(B \mid A) = \frac{P(BA)}{P(A)} = \frac{P(AB)}{P(A)}$$

$$= \frac{P(A \mid B)P(B)}{P(A)}$$

$$= \frac{P(A \mid B)P(B)}{P(A \mid B)P(B) + P(A \mid B^c)P(B^c)}$$

公式的更一般形式：给定事件 A 和事件序列 $B_1, \cdots, B_k$，表示划分样本空间，然后对于每个 $j = 1, \cdots, k$，

$$P(B_j \mid A) = \frac{P(A \mid B_j)P(B_j)}{\sum_{i=1}^{k} P(A \mid B_i)P(B_i)}$$

以上保险公司数据，25 岁以下的成年人比老年人更容易发生事故。假设保单持有人发生事故，未满 25 岁的概率是多少？由贝叶斯公式，

$$P(1 \mid A) = \frac{P(A \mid 1)P(1)}{P(A \mid 1)P(1) + P(A \mid 2)P(2) + P(A \mid 3)P(3)}$$

$$= \frac{(0.11)(0.20)}{(0.11)(0.20) + (0.03)(0.30) + (0.02)(0.50)} = 0.537$$

4. 贝叶斯统计

贝叶斯公式与贝叶斯统计学派密切相关。统计推断使用数据来推断关于总体中未知参数的信息。例如，捕获并测量100条鱼以估计湖中所有鱼的平均长度。100条鱼的测量值是抽样数据，湖中所有鱼的平均长度是未知参数。在贝叶斯统计中，未知总体参数被认为是随机的，并且使用概率工具对参数进行概率估计，即 P（参数 $\mid$ 数据）。

例如，假设有三枚硬币：公平（fair）硬币、双头（two-headed）硬币、双尾（two-tailed）硬币。随机均匀地挑选一枚硬币，被抛出后正面"头"向上。这枚硬币可能是三枚硬币中的哪枚？在贝叶斯统计中，硬币的类型是未知参数。抛硬币的结果是正面为数据。让 $C = 1$、2 或 3，分别取决于硬币是公平的、双头的还是双尾的。令 H 表示正面。对于 $c = 1$, 2, 3，由贝叶斯公式得

$$P(\text{参数} \mid \text{数据}) = P(C = c \mid H) = \frac{P(H \mid C = c)P(C = c)}{P(H)} = \frac{P(H \mid C = c)}{3P(H)}$$

根据全概率公式：

$$P(H) = P(H \mid C = 1)P(C = 1) + P(H \mid C = 2)P(C = 2) + P(H \mid C = 3)P(C = 3)$$

$$= \left(\frac{1}{2}\right)\left(\frac{1}{3}\right) + (1)\left(\frac{1}{3}\right) + (0)\left(\frac{1}{3}\right) = \frac{1}{2}$$

$$P(C = c \mid H) = \frac{2P(H \mid C = c)}{3} = \begin{cases} 1/3 & \text{公平硬币 } c = 1 \\ 2/3 & \text{双头硬币} c = 2 \\ 0 & \text{双尾 硬币 } c = 3 \end{cases}$$

在贝叶斯统计中，以上概率分布称为给定数据的参数（硬币）的后验分布。硬币最有可能是双头硬币。双头硬币的可能性是公平硬币的两倍。

```
> n <- 50000
> ctr <- 0
> data <- c (0, 0, 0)     #存储硬币的次数
> while (ctr < n)
{
coin <- sample (c (1, 2, 3), 1) #随机选择一枚硬币
p <- c (.5, 1, 0) [coin]      # p=硬币正面的概率
cointoss <- sample (0：1, size=1, prob=c (1-p, p) )
#以 1-p-P（反面）概率抛硬币, 正面 cointoss = 1, 反面为0
if (cointoss = = 1)    #检查是否是正面
                      #如果不是正面, 跳过并再次扔硬币
                      #如果正面, 记录抛出的硬币
{
data [coin]  <- data [coin] +1
ctr <- ctr + 1
```

```
    }
  }
> #模拟结果
> Coin <- c ( " Fair" ," 2-H" ," 2-T" )
> data. frame ( Coin, data/n)
   Coin   data. n
1   Fair 0. 33226
2   2-H 0. 66774
3   2-T 0. 00000
```

总概率定律是通过条件计算概率的有力工具。有时一个问题需要求 $P(A|B)$，但我们得到的信息是 $P(B|A)$ 的形式。可以通过贝叶斯公式求解，可以将其视为"反转"的条件概率。

5. 独立事件

事件 A 和 B 是独立的，如果

$$P(A | B) = P(A)$$

集合事件的独立性

如果对于每个有限子集 $A_1, \cdots, A_k$，事件的集合是独立的，则

$$P(A_1 \cdots A_k) = P(A_1) \cdots P(A_k)$$

例子 DNA 链可以被认为是 A、C、G 和 T 的序列。DNA 序列上的位置称为位点。假设 DNA 链上每个位点的字母都等可能且独立于其他位点（简化假设，实际 DNA 并非如此）。

（1）长度为 20 的 DNA 链由 4 个 A 和 16 个 G 组成的概率是多少？

长度为 20 的二进制序列，包括 4 个 A 和 16 个 G 的序列有 $\binom{20}{4}$ 或 $\binom{20}{16}$。依据独立性，每种序列出现的概率为 $1/4^{20}$。期望的概率是

$$\frac{\binom{20}{16}}{4^{20}} = 4.4065 \times 10^{-9}$$

（2）长度为 20 的 DNA 链由 4 个 A、5 个 G、3 个 T 和 8 个 C 组成的概率是多少？

$$\binom{20}{4}\binom{16}{5}\binom{11}{3}\binom{8}{8} / 4^{20} = \frac{20!}{4!\ 5!\ 3!\ 8!} / 4^{20} = 0.00317$$

6. 二项分布

一个随机变量 X 被称为具有参数为 n 和 p 的二项分布，如果

$$P(X = k) = \binom{n}{k} p^k (1 - p)^{n-k}, k = 0, 1, \cdots, n$$

可以表示为 $X \sim Binom(n, p)$。二项式分布可以用于对 n 个独立伯努利试验中的成功次数进行建模。例如，DNA 链上的突变可以建模为一系列独立的伯努利试验。突变总数具有二项式分布。参数是链的长度 n 和突变率 p。

```
> par(mfrow = c(2, 2))
> n = 4; p = .40
>  barplot(dbinom(0: n, n, p), names. arg  =  0: n, main  =  paste( "Binomial
```

Distribution \ *n n* = ", *n*, ", *p* = ", *p*))

　　> *p* = .85

　　> *barplot*(*dbinom*(0：*n*, *n*, *p*), *names. arg* = 0：*n*, *main* = *paste*("*Binomial Distribution* \ *n n* = ", *n*, ", *p* = ", *p*))

　　> *n* = 8；*p* = 0.50

　　> *barplot*(*dbinom*(0：*n*, *n*, *p*), *names. arg* = 0：*n*, *main* = *paste*("*Binomial Distribution* \ *n n* = ", *n*, ", *p* = ", *p*))

　　> *n* = 8；*p* = 0.15

　　> *barplot*(*dbinom*(0：*n*, *n*, *p*), *names. arg* = 0：*n*, *main* = *paste*("*Binomial Distribution* \ *n n* = ", *n*, ", *p* = ", *p*))

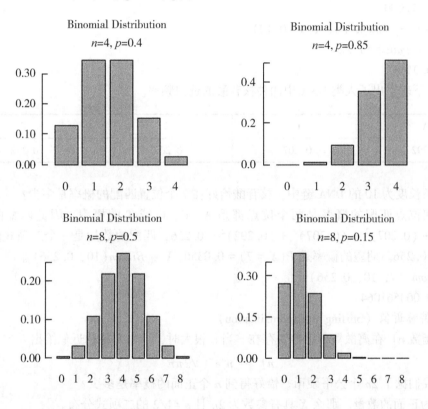

例 1：一共 100 棵树，每棵树独立于其他树木感染根病的概率是 10%。求超过 5 棵树被感染的概率是多少？

设 X 为受感染树木的数量，则 X 服从 $n = 100$ 和 $p = 0.10$ 的二项分布。

$$P(X > 5) = 1 - P(X \leqslant 5) = 1 - \sum_{k=0}^{5} P(X = k)$$

$$= 1 - \sum_{k=0}^{5} \binom{100}{k} (0.1)^k (0.9)^{100-k} = 0.942$$

R 语言有用于处理概率分布（如二项式分布）的命令，以 d、p 和 r 为参数。对于二项分布：

R 语言	用途
dbinom (k, n, p)	$P(X = k)$
pbinom (k, n, p)	$P(X \leqslant k)$
rbinom (k, n, p)	模拟 k 个随机变量

上例的精确解：

>1−*pbinom*（5，100，0.10)

［1］0.9424231

基于 10000 次模拟求 $P(X > 5)$ 概率：

> n <− 10000

> *simlist* <− *rbinom*（n，100，0.10)

> *sum*（*simlist*>5）/*n*

［1］0.9468

例2：下表给出了人类 DNA 中四种核苷酸的近似频率。

A	C	G	T
0.292	0.207	0.207	0.292

在两条长度为 10 的 DNA 链中，核苷酸恰好在 7 个位置匹配的概率是多少？

在任何位点匹配的概率是两个位点都是 A、C、G 或 T 的概率。因此匹配的概率是 $(0.292)^2 + (0.207)^2 + (0.207)^2 + (0.292)^2 = 0.256$，匹配的数量是一个二项式随机变量 $n = 10$，$p = 0.256$。期望的概率是 $P(X = 7) = 0.0356$，$X \sim Binom(10, 0.256)$。

> *dbinom*（7，10，0.256)

［1］0.003561064

7. 斯特林近似（Stirling's approximation）

阶乘函数 $n!$ 在离散概率中普遍存在。当 n 很大时，可由斯特林近似给出

$$n! \approx n^n e^{-n} \sqrt{2\pi n}$$

假设我们抛了 $2n$ 个公平硬币。恰好得到 n 个正面的概率是多少？

设 X 为正面的数量。那么 X 具有参数为 $2n$ 且 $p = 1/2$ 的二项式分布。

$$P(X = n) = \binom{2n}{n} \left(\frac{1}{2}\right)^{2n}$$

斯特林近似可用于二项式系数，以获得更易于解释的表达式。

$$\binom{2n}{n} = \frac{(2n)!}{n! \, n!} = \frac{(2n)^{2n} e^{-2n} \sqrt{2\pi 2n}}{(n^n e^{-n} \sqrt{2\pi n})(n^n e^{-n} \sqrt{2\pi n})} = \frac{2^{2n}}{\sqrt{\pi n}}$$

$$P(X = n) = \binom{2n}{n} \left(\frac{1}{2}\right)^{2n} \approx \frac{2^{2n}}{\sqrt{\pi n}} \left(\frac{1}{2}\right)^{2n} = \frac{1}{\sqrt{\pi n}} \approx \frac{0.564}{\sqrt{n}}$$

可以使用 R 命令 dbinom (n, 2 * n, 1/2) 获得精确概率。

8. 泊松分布

二项式分布需要固定数量 n 的独立试验。然而，在实际应用中，很多情况下对试验次数

没有先验限制。例如：

（1）放射性物质在 1 分钟内发出的 α 粒子数；

（2）一个月内手机上收到的错误号码的数量；

（3）产科病房一天出生的婴儿数；

（4）血细胞计数器上记录的血细胞数量；

（5）一公里长的高速公路上发生的事故数量；

（6）普鲁士骑兵各军每年被马踢死的士兵人数。

随机变量 X 具有参数 $\lambda > 0$ 的泊松分布，如果

$$P(X = k) = \binom{n}{k}\left(\frac{\lambda}{n}\right)^k\left(1 - \frac{\lambda}{n}\right)^{n-k}, \ k = 0, \cdots, n$$

$$\lim_{n \to \infty}\binom{n}{k}\left(\frac{\lambda}{n}\right)^k\left(1 - \frac{\lambda}{n}\right)^{n-k} = \frac{e^{-\lambda}\lambda^k}{k!}$$

证明过程如下，因 $\binom{n}{k}\left(\frac{\lambda}{n}\right)^k\left(1 - \frac{\lambda}{n}\right)^{n-k}$

$$= \frac{n(n-1)\cdots(n-k+1)}{k!}\left(\frac{\lambda}{n}\right)^k\left(1 - \frac{\lambda}{n}\right)^{n-k}$$

$$= \frac{n^k\left(1 - \frac{1}{n}\right)\cdots\left(1 - \frac{k-1}{n}\right)}{k!}\left(\frac{\lambda^k}{n^k}\right)\left(1 - \frac{\lambda}{n}\right)^{-k}\left(1 - \frac{\lambda}{n}\right)^n$$

$$= \frac{\lambda^k}{k!}\left[\left(1 - \frac{1}{n}\right)\cdots\left(1 - \frac{k-1}{n}\right)\right]\left(1 - \frac{\lambda}{n}\right)^{-k}\left(1 - \frac{\lambda}{n}\right)^n$$

当 $n \to \infty$ 时

（1）λ 和 k 都是常数，$\dfrac{\lambda^k}{k!}$ 的极限是常数；

（2）k 固定时

$$\left(1 - \frac{1}{n}\right)\cdots\left(1 - \frac{k-1}{n}\right) \to 1^{k-1} = 1$$

（3）$\left(1 - \dfrac{\lambda}{n}\right)^{-k} \to 1^{-k} = 1$

（4）因 $\lim\limits_{x \to \infty}\left(1 + \dfrac{1}{x}\right)^x = e$，用 $\dfrac{-\lambda}{n}$ 替换 $\dfrac{1}{x}$，因此 $n = -\lambda x$，则

$$\lim_{n \to \infty}\left(1 - \frac{\lambda}{n}\right)^n = \lim_{n \to \infty}\left(1 + \frac{1}{x}\right)^{-\lambda x} = \left[\lim_{n \to \infty}\left(1 + \frac{1}{x}\right)^x\right]^{-\lambda} = e^{-\lambda}$$

将以上四个极限代入即得结论。

1898 年，波兰统计学家拉迪斯劳斯·博特凯维奇（Ladislaus Bortkiewicz）研究了普鲁士骑兵中因马踢而导致士兵死亡的分布情况。20 多年来，10 个普鲁士军团中有 122 人死亡。他将数据分成 20×10＝200 兵团/年。每个军团每年的平均死亡人数为 122/200＝0.61。Bortkiewicz 使用参数 $\lambda = 0.61$ 的泊松分布对死亡人数进行建模。预期数字是泊松概率乘以 200。

处理泊松分布的 R 命令是

dpois（x，lambda）

ppois（x，lambda）

rpois（n，lambda）

获得马踢死人数的预期计数

> probs<-dpois（0：4，0.61）#踢死 0、1、2、3、4 个人概率

> probs<-c（probs，1-ppois（4，0.061））#踢死 5 个以上人概率

> expected<-200 * probs

> expected

[1] 1.086702e+02 6.628881e+01 2.021809e+01 4.111011e+00 6.269291e-01

[6] 1.337942e-06

> round（expected）

[1] 109　66　20　4　1　0

泊松分布在遗传学中常见。该分布用于描述突变和染色体交叉的发生。当两条染色体断裂然后在不同的末端重新连接导致基因交换时，就会发生交叉。

假设遗传学实验室有一种方法可以计算染色体上两个基因之间的交叉次数。在 100 个样本中，50 个细胞没有发生交叉，25 个细胞有 1 个交叉，20 个细胞有 2 个交叉，5 个细胞有 3 个交叉。求样本至少显示一个交叉的概率。样本的平均交叉数为：

$$50(0) + 25(1) + 20(2) + 5(3) = 80 \text{ 个交叉点} /100 \text{ 个细胞}$$

或每个细胞 0.80 个交叉点。使用泊松分布对染色体上的交叉数建模，$\lambda = 0.80$。即

$$P(\text{至少一个交叉}) = 1 - P(\text{没有交叉}) = 1 - e^{-0.80} = 0.55$$

9. 二项分布的泊松近似

二项式分布和泊松分布之间有密切联系。泊松分布作为二项式分布的极限表达式，当 $n \to \infty$ 和 $p = \lambda/n \to 0$。对于具有大 n 和小 p 的二项式问题，泊松近似 $\lambda = np$。

DNA 序列的突变可由环境因素引起，例如紫外线和辐射，以及细胞复制 DNA 在细胞分裂时可能发生的错误。Nachman 和 Crowell（2000）估计人类 DNA 的每个核苷酸的突变率约为 2.5×10^{-8}。人类 DNA 基因组中大约有 3.3×10^9 个核苷酸碱基。假设位点之间突变是否发生不相关。预计大约有 $(3.3 \times 10^9)(2.5 \times 10^{-8}) = 82.5$ 个突变。一个人类的 DNA 中恰好 80 个核苷酸发生突变的概率是多少？

设 X 为突变数。那么 X 具有精确的二项式分布，$n = 3.3 \times 10^9$ 且 $p = 2.5 \times 10^{-8}$。使用泊松分布近似 X，$\lambda = np = 82.5$。近似概率 $P(X = 80)$ 是

> dpois（80，82.5）

[1] 0.04288381

可以在 R 中获得确切的概率。

> dbinom（80，3.3 * 10^9，2.5 * 10^（-8））

[1] 0.04288381

近似效果很好，因为 n 大而 p 小。但是如果 p 较大，建模非突变核苷酸，核苷酸不突变的概率是 $1-p$。$n-80$ 个核苷酸不发生突变的概率是多少？

非突变核苷酸的数量具有精确的二项式分布，参数为 n 和 $1-p$。准确的概率是

> n <- 3.3 * 10^9

> p <- 2.5 * 10^（-8）

> dbinom（n-80，n，1-p）

[1] 0.04288381

这与之前得到的数字相同，因为 $n-80$ 个非突变核苷酸相当于 80 个突变。然而，泊松近似给出：

> *dpois* ($n-80$, $n*$ ($1-p$))

[1] 6.944694e-06

二项式分布和泊松近似相差很远，由于 $1-p$ 很大，因此近似值并不好。

四、随机变量

概率密度函数，在概率论中，概率密度函数（probability mass function，简写为 pmf）是离散随机变量在各特定取值上的概率。

分布	参数	概率密度函数
伯努利	p	$P(X=k) = \begin{cases} p & \text{如果 } k=1 \\ 1-p & \text{如果 } k=0 \end{cases}$
二项式	n, p	$P(X=k) = \binom{n}{k} p^k (1-p)^{n-k}$, $k=0, \cdots, n$
泊松	λ	$P(X=k) = \dfrac{e^{-\lambda} \lambda^k}{k!}$, $k=0, 1, \cdots$
均匀		$P(X=x_k) = \dfrac{1}{n}$, $k=1, \cdots, n$

1. 期望

期望是一个数值度量，描述了随机变量的典型或平均特征。如果 X 是在集合 S 中取值的离散随机变量，则期望 E[X] 定义为

$$E[X] = \sum_{x \in S} x P(X=x)$$

以上定义中的总和是 X 的所有值。如果是一个发散的无穷级数，我们说 X 的期望不存在。期望值是 X 值的加权平均值，其中权重是这些值相应的概率。期望对具有更大概率的值赋予更多权重。对于均匀分布：

$$E[X] = \sum_{i=1}^{n} x_i P(X=x_i) = \sum_{i=1}^{n} x_i \left(\frac{1}{n} \right) = \frac{x_1 + \cdots + x_n}{n}$$

轮盘赌例子 在轮盘赌游戏中，一个球在轮盘上滚动，每次轮盘落在 38 个数字之一。18 个数字是红色的；18 个是黑色的；两个数字 0 和 00 是绿色的。赌 "红色" 的费用为 1 美元，如果球落在红色格子，则赔钱。

设 X 为玩家在下红色赌注后在轮盘赌中的收益。问 X 的分布是什么？期望值 E[X] 是多少？

玩家要么赢，要么输 1 美元。所以 $X=1$ 或 -1，其中 $P(X=1) = 18/38$ 和 $P(X=-1) = 20/38$。则期望值：

$$E[X] = (1)P(X=1) + (-1)P(X=-1)$$

$$= \frac{18}{38} - \frac{20}{38} = \frac{-2}{38} = -0.0526$$

一般地，令 X_1, X_2, $\cdots$ 为独立同分布的轮盘赌结果序列，其中 X_k 是第 k 个赌注的结果。

那么期望为：

$$E[X] \approx \frac{X_1 + \cdots + X_n}{n}$$

R 语言：玩轮盘赌代码

> *simlist* <- *replicate* （10000, *if* （*sample* （1：38, 1）<= 18）1 *else* −1）

> *mean* （*simlist*）

[1] −0.067

（1）均匀分布的期望：

$$E[X] = \sum_{x=1}^{n} xP(X = x) = \sum_{x=1}^{n} \frac{x}{n} = \frac{1}{n}\left(\frac{(n+1)n}{2}\right) = \frac{n+1}{2}$$

（2）泊松分布的期望：

$$E[X] = \sum_{k=0}^{\infty} kP(X = k) = \sum_{k=0}^{\infty} k \frac{e^{-\lambda}\lambda^k}{k!}$$

$$= e^{-\lambda} \sum_{k=1}^{\infty} \frac{\lambda^k}{(k-1)!} = \lambda e^{-\lambda} \sum_{k=1}^{\infty} \frac{\lambda^k}{(k-1)!}$$

$$= \lambda e^{-\lambda} \sum_{k=0}^{\infty} \frac{\lambda^k}{k!} = \lambda e^{-\lambda} e^{\lambda} = \lambda$$

（3）随机变量函数的期望：

设 X 是一个随机变量，是集合 S 中的值。设 f 是一个函数。则

$$E[f(X)] = \sum_{x \in S} f(x)P(X = x)$$

从 1 到 100 中随机均匀地选取一个数字 X。X^2 的期望值是多少？即求 $f(x) = x^2$ 的期望：

$$E[X^2] = \sum_{x=1}^{100} x^2 P(X = x) = \sum_{x=1}^{100} \frac{x^2}{100}$$

$$= \left(\frac{1}{100}\right) \frac{100(101)(201)}{6}$$

$$= \frac{(101)(201)}{6} = 3383.5$$

以上计算使用 n 个平方和为 $n(n+1)(2n+1)/6$ 公式。可能错误认为既然 $E[X] = 101/2 = 50.5$，那么 $E[X^2] = (101/2)^2 = 2550.25$。一般地，$E[X^2] = (E[X])^2$ 是不正确的。更一般地说，$E[f(X)] = f(E[X])$ 是不正确的，期望和函数求值的运算不能互换，但当 f 是线性函数时除外。R 代码如下：

> *mean* （*sample* （1：100, 1000000, *replace* = T）^2）

[1] 3390.76

假设 X 是参数为 λ 的泊松分布。求 $E[1/(X+1)]$。

$$E\left[\frac{1}{X+1}\right] = \sum_{k=0}^{\infty} \frac{1}{k+1} P(X = k)$$

$$= \sum_{k=0}^{\infty} \frac{1}{k+1}\left(\frac{e^{-\lambda}\lambda^k}{k!}\right)$$

$$= \frac{e^{-\lambda}}{\lambda} \sum_{k=0}^{\infty} \frac{\lambda^{k+1}}{(k+1)!}$$

$$= \frac{e^{-\lambda}}{\lambda} \sum_{k=1}^{\infty} \frac{\lambda^k}{k!} = \frac{e^{-\lambda}}{\lambda} \left(\sum_{k=0}^{\infty} \frac{\lambda^k}{k!} - 1 \right)$$

$$= \frac{e^{-\lambda}}{\lambda} (e^{\lambda} - 1) = \frac{1 - e^{-\lambda}}{\lambda}$$

（4）X 线性函数的期望：

对于常数 a 和 b，$E[aX + b] = aE[X] + b$。证明过程如下：

令 $f(x) = ax + b$，则

$$E[aX + b] = \sum_x (ax + b)P(X = x)$$

$$= a \sum_x xP(X = x) + b \sum_x P(X = x)$$

$$= aE[X] + b$$

换句话说，X 线性函数的期望值是 X 期望值处的函数。

法国一个实验室数据的平均温度是 5℃。美国实验室以华氏度记录数据。已知，摄氏到华氏的转换公式为 $f = 32 + (9/5) c$，求转化为华氏数据的平均温度。令 F 和 C 分别表示以华氏度和摄氏度为单位的随机温度测量值。则

$$E[F] = E\left[32 + \left(\frac{9}{5}\right)C\right] = 32 + \left(\frac{9}{5}\right)E[C]$$

$$= 32 + \left(\frac{9}{5}\right)5 = 41°F$$

2. 联合分布

在两个随机变量 X 和 Y 的情况下，联合分布指定所有结果对的值和概率。X 和 Y 的联合概率密度函数是两个变量 P $(X=x, Y=y)$ 的函数。由于联合 pmf 是一个概率函数，它的总和为 1。如果 X 在集合 S 中取值，Y 在集合 T 中取值，则

$$\sum_{x \in S} \sum_{y \in T} P(X = x, Y = y) = 1$$

与单变量情况一样，联合分布的概率是通过对事件中包含的各个结果求和来获得的。例如，对于常数 $a < b$ 和 $c < d$，

$$P(a \leq X \leq b, c \leq Y \leq d) = \sum_{x=a}^{b} \sum_{y=c}^{d} P(X = x, Y = y)$$

可以在公共样本空间上为离散随机变量 $X_1, \cdots, X_n$ 的任何有限集合定义联合概率密度函数。联合 pmf 是 n 个变量 P $(X_1=x_1, \cdots, X_n=x_n)$ 的函数。

例如 一个袋子里有 4 个红球、3 个白球和 2 个蓝球。随机不放回抽样，设 R 和 B 分别为样本中红球和蓝球的数量。（1）找出 R 和 B 的联合概率密度函数。（2）使用联合 pmf 求出样本最多包含一个红球和一个蓝球的概率。

考虑事件 $\{R=r, B=b\}$。样本中红球和蓝球的数量必须在 0 和 2 之间。对于 $0 \leq r + b \leq 2$，如果选取了 r 个红球和 b 个蓝球，则还必须选取 $2-r-b$ 个白球。选择 r 个红色、b 个蓝色和 $2-r-b$ 个白色球一共有 $\binom{4}{r}\binom{2}{b}\binom{3}{2-r-b}$ 方式，总的选球方式一共有 $\binom{9}{2} = 36$。因此，(R, B) 的联合概率密度函数为：

$$P(R = r, B = b) = \binom{4}{r}\binom{2}{b}\binom{3}{2-r-b} / 36, \ 0 \leq r + b \leq 2$$

R 和 B 的联合 pmf 由联合概率表描述

			B	
		0	1	2
R	0	3/36	6/36	1/36
	1	12/36	8/36	0
	2	6/36	0	0

期望的概率是

$$P(R \leqslant 1, B \leqslant 1) = \sum_{r=0}^{1} \sum_{b=0}^{1} P(R = r, B = b)$$

$$= \frac{3}{36} + \frac{12}{36} + \frac{6}{36} + \frac{8}{36} = \frac{5}{6}$$

从 X 和 Y 的联合分布中，可以得到每个变量的单变量或边际分布。因

$$\{X = x\} = \bigcup_{y \in T} \{X = x, Y = y\}$$

X 的概率密度函数是

$$P(X = x) = P(\bigcup_{y \in T} \{X = x, Y = y\}) = \sum_{y \in T} P(X = x, Y = y)$$

X 的边缘分布是通过对 y 的值求和从 X 和 Y 的联合分布获得的。类似地，Y 的概率密度函数是通过对 x 值的联合 pmf 求和来获得的。

3. 边缘分布

$$P(X = x) = \sum_{y \in T} P(X = x, Y = y)$$

$$P(Y = y) = \sum_{x \in S} P(X = x, Y = y)$$

对于上例，分别求红球和蓝球数量的边缘分布。使用这些分布来找出样本中红球的预期数量和蓝球的预期数量。给定一个联合概率表，边缘分布是通过对表的行和列求和来获得的。

			B		
		0	1	2	
R	0	3/36	6/36	1/36	10/36
	1	12/36	8/36	0	20/36
	2	6/36	0	0	6/36
		21/36	14/36	1/36	

$$P(R = r) = \begin{cases} 10/36 & \text{如果 } r = 0 \\ 20/36 & \text{如果 } r = 1 \\ 6/36 & \text{如果 } r = 2 \end{cases}$$

$$P(B = b) = \begin{cases} 21/36 & \text{如果 } b = 0 \\ 14/36 & \text{如果 } b = 1 \\ 1/36 & \text{如果 } b = 2 \end{cases}$$

对于期望

$$E[R] = 0\left(\frac{10}{36}\right) + 1\left(\frac{20}{36}\right) + 2\left(\frac{6}{36}\right) = \frac{8}{9}$$

$$E[B] = 0\left(\frac{21}{36}\right) + 1\left(\frac{14}{36}\right) + 2\left(\frac{1}{36}\right) = \frac{4}{9}$$

4. 方差和标准偏差

方差和标准偏差是变异性的度量，描述结果与平均值的接近程度。

设 X 是一个随机变量，均值 $E[X] = \mu < \infty$。X 的方差为

$$V[X] = E[(X - \mu)^2] = \sum_x (x - \mu)^2 P(X = x)$$

在方差公式中，$(x-\mu)$ 是结果与平均值的差异。因此，方差是均值平方偏差的加权平均值。

X 的标准偏差是方差的平方根。

$$SD[X] = \sqrt{V[X]}$$

因 $\mu = E[X]$ 是一个常数。然后

$$\begin{aligned} V[X] = E[(X - \mu)^2] &= E[X^2 - 2\mu X + \mu^2] \\ &= E[X^2] - 2\mu E[X] + \mu^2 \\ &= E[X^2] - 2\mu^2 + \mu^2 = E[X^2] - \mu^2 \\ &= E[X^2] - E[X]^2 \end{aligned}$$

5. 均匀分布的方差

假设 X 在 $\{1, \cdots, n\}$ 上服从均匀分布。求 X 的方差

$$E[X^2] = \sum_{k=1}^{n} k^2 P(X = k) = \frac{1}{n} \sum_{k=1}^{n} k^2$$

$$= \left(\frac{1}{n}\right) \frac{n(n+1)(2n+1)}{6} = \frac{(n+1)(2n+1)}{6}$$

$$V[X] = E[X^2] - E[X]^2 = \frac{(n+1)(2n+1)}{6} - \left(\frac{n+1}{2}\right)^2 = \frac{n^2 - 1}{12}$$

对于较大的 n，$\{1, \cdots, n\}$ 上均匀分布的平均值为 $(n+1)/2 \approx n/2$，标准差为 $\sqrt{(n^2-1)/12} \approx n/\sqrt{12} \approx n/3.5$。

6. 指标变量的期望值和方差

对于事件 A，设 I_A 为相应的指标随机变量。由于 I_A 仅取值 0 和 1，因此 $(I_A)^2 = I_A$，则

$$E[I_A] = P(A)$$

$$\begin{aligned} V[I_A] &= E[I_A^2] - E[I_A]^2 \\ &= E[I_A] - E[I_A]^2 \\ &= P(A) - P(A)^2 \\ &= P(A)(1 - P(A)) = P(A)P(A^c) \end{aligned}$$

如果 X 是期望为 μ 的随机变量，并且 a 和 b 是常数，则 $aX+b$ 的期望为 $a\mu+b$，并且

$$V[aX + b] = E[(aX + b - (a\mu + b))^2] = E[(aX - a\mu)^2]$$
$$= E[a^2 (X - \mu)^2] = a^2 E[(X - \mu)^2] = a^2 V[X]$$

摄氏温度和华氏温度的例子，如摄氏温度的方差为2℃，则

$$V[F] = V\left[32 + \left(\frac{9}{5}\right)C\right] = \left(\frac{9}{5}\right)^2 V[C] = \frac{162}{25}$$

标准差 $SD[F] = \sqrt{162/25} = 2.55℉$。

7. 泊松分布的方差

$$E(X^2) = \sum_{k=0}^{\infty} k^2 \frac{\lambda^k e^{-\lambda}}{k!} = \lambda e^{-\lambda} \sum_{k=1}^{\infty} \frac{k \lambda^{k-1}}{(k-1)!} = \lambda e^{-\lambda} \sum_{k=1}^{\infty} \frac{(k-1+1)\lambda^{k-1}}{(k-1)!}$$

令 $m = k-1$

$$= \lambda e^{-\lambda} \left(\sum_{m=0}^{\infty} \frac{m \lambda^m}{m!} + \sum_{m=0}^{\infty} \frac{\lambda^m}{m!} \right)$$

$$= \lambda e^{-\lambda} \left(\lambda \sum_{m=1}^{\infty} \frac{\lambda^{m-1}}{(m-1)!} + \sum_{m=0}^{\infty} \frac{\lambda^m}{m!} \right)$$

$$= \lambda e^{-\lambda}(\lambda e^{\lambda} + e^{\lambda}) = \lambda(\lambda + 1)$$

所以泊松分布 $D(X) = E(X^2) - (E(X))^2 = \lambda(\lambda + 1) - \lambda^2 = \lambda$

大多数观测值都在平均值的两个标准偏差内，对于大的 λ，可以得出泊松随机变量的大多数观测值都在区间 $\lambda \pm 2\sqrt{\lambda}$ 范围内。

```
> lambda = 25
> hist (rpois (100000, lambda), prob=T)
> abline (v=lambda-2*sqrt (lambda))
> abline (v=lambda+2*sqrt (lambda))
```

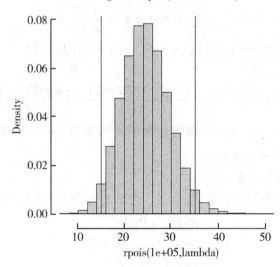

Histogram of rpois(1e+05,lambda)

8. 和的方差和方差的和

对于随机变量 X 和 Y，$V(X+Y)$ 的方差为

$$V(X + Y) = E[(X + Y)^2] - (E[X + Y])^2$$

令 $\mu_X = E[X]$ 和 $\mu_Y = E[Y]$ ，则

$$E[(X + Y)^2] = E[X^2 + 2XY + Y^2] = E[X^2] + 2E[XY] + E[Y^2]$$

$$(E[X + Y])^2 = (\mu_X + \mu_Y)^2 = \mu_X^2 + 2\mu_X\mu_Y + \mu_Y^2$$

$$V[X + Y] = E[(X + Y)^2] - (E[X + Y])^2$$

$$= E[X^2] + 2E[XY] + E[Y^2] - (\mu_X^2 + 2\mu_X\mu_Y + \mu_Y^2)$$

$$= (E[X^2] - \mu_X^2) + (E[Y^2] - \mu_Y^2) + 2(E[XY] - \mu_X\mu_Y)$$

$$= V[X] + V[Y] + 2(E[XY] - E[X]E[Y])$$

如果 X 和 Y 是独立的，那么 $E[XY] = E[X]E[Y]$，$X+Y$ 的方差形式简单：

$$V[X + Y] = V[X] + V[Y]$$

9. 二项分布的方差

假设 $X = I_1 + \cdots + I_n$ 是成功概率为 p 的 n 个独立指标变量的总和。那么 X 具有参数为 n 和 p 的二项式分布。由于 I_k 是独立的，指标总和的方差等于方差的总和，因此

$$V[X] = V\left[\sum_{k=1}^{n} I_k\right] = \sum_{k=1}^{n} V[I_k] = \sum_{k=1}^{n} p(1 - p) = np(1 - p)$$

10. 协方差和相关性

协方差是两个随机变量之间关联的度量。对于随机变量 X 和 Y，分别表示 μ_X 和 μ_Y，X 和 Y 之间的协方差为

$$Cov(X, Y) = E[(X - \mu_X)(Y - \mu_Y)]$$

即 $Cov(X, Y) = E[XY] - \mu_X\mu_Y = E[XY] - E[X]E[Y]$。

对于独立的随机变量，$E[XY] = E[X]E[Y]$，因此 $Cov(X, Y) = 0$。

另外，如果 X 和 Y 呈负相关，则大多数项 $(x - \mu_X)(y - \mu_Y)$ 将为负，因为当 X 取值高于均值时，Y 将趋于低于均值，并且反之亦然。在这种情况下，X 和 Y 之间的协方差将为负。协方差是两个变量之间线性关联的度量。从某种意义上说，线性关系越弱，协方差就越接近于 0。

协方差的符号表示两个随机变量是正相关还是负相关。但是协方差的大小可能难以解释。相关性则是另一种度量。X 和 Y 之间的相关性是

$$Corr(X, Y) = \frac{Cov(X, Y)}{SD[X]SD[Y]}$$

相关特性

(1) $-1 \leqslant Corr(X, Y) \leqslant 1$。

(2) 如果 $Y = aX + b$ 是常数 a 和 b 的 X 的线性函数，则 $Corr(X, Y) = \pm 1$，取决于 a 的符号。

相关性是统计学中常见的汇总度量。将协方差除以标准偏差会创建一个"标准化"协方差，是一种无单位的度量，取值介于 -1 和 1 之间。如果 Y 是 X 的线性函数，则相关性恰好等于 ± 1。具有相关性和协方差等于 0 的随机变量称为不相关。随机变量 X 和 Y 不相关，则

$$E[XY] = E[X]E[Y]$$

即 $Cov(X, Y) = 0$。如果随机变量 X 和 Y 是独立的，则它们不相关。然而，反过来不一定正确。

令 X 为 $\{-1, 0, 1\}$ 上的均匀分布。让 $Y=X^2$。这两个随机变量不是独立的，因为 Y 是 X 的函数。然而，

$$Cov(X, Y) = Cov(X, X^2) = E[X^3] - E[X]E[X^2] = 0 - 0 = 0$$

即随机变量不相关。

制造业中缺陷零件的数量被建模为参数为 n 和 p 的二项式随机变量。设 X 为缺陷零件的数量，设 Y 为无缺陷零件的数量。找出 X 和 Y 之间的协方差？$Y=n-X$ 是 X 的线性函数。因此 $Corr(X, Y) = -1$。由于 X 和 Y 为互补事件，因此 Y 具有参数为 n 和 $1-p$ 的二项式分布。要求出协方差，可以重新排列相关公式：

$$Cov(X, Y) = Corr(X, Y)SD[X]SD[Y]$$
$$= (-1)\sqrt{np(1-p)}\sqrt{n(1-p)p}$$
$$= -np(1-p)$$

继续用以上红球和蓝球的例子。因总和中的九项中有八项等于 0。则

$$E[RB] = \sum_r \sum_b rbP(R=r, B=b) = \frac{8}{36} = \frac{2}{9}$$

$$E[R] = (1)\frac{5}{9} + (2)\frac{1}{6} = \frac{8}{9}$$

$$E[B] = (1)\frac{7}{18} + (2)\frac{1}{36} = \frac{4}{9}$$

$$Cov(R, B) = E[RB] - E[R]E[B]$$
$$= \frac{2}{9} - \left(\frac{8}{9}\right)\left(\frac{4}{9}\right)$$
$$= -\frac{14}{81} = -0.17284$$

负数表明 R 和 B 之间存在负关联，因为样本中一种颜色的球越多，则另一种颜色的球就越少。

11. 和方差的一般公式

具有有限方差的随机变量 X 和 Y

$$V([X \pm Y] = V[X] + V[Y] \pm 2Cov(X, Y)$$

如果 X 和 Y 不相关，

$$V[X \pm Y] = V[X] + V[Y]$$

例子 在严重风暴之后，保险公司收到的冰雹 H 和龙卷风 T 损害索赔数量分别使用泊松分布建模，参数分别为 400 和 100。H 和 T 之间的相关性为 0.75。令 Z 为来自冰雹和龙卷风的索赔总数。求 Z 的方差和标准差。

$$E[Z] = E[H+T] = E[H] + E[T] = 400 + 100 = 500$$
$$V[Z] = V[H+T] = V[H] + V[T] + 2Cov(H, T)$$
$$= 400 + 100 + 2Corr(H, T)SD[H]SD[T]$$
$$= 500 + 2(0.75)\sqrt{400}\sqrt{100}$$
$$= 500 + 600 = 1100$$

标准差 $SD[Z] = \sqrt{1100} = 33.17$。

随机变量 X 与其自身 $Cov(X, X)$ 的协方差就是方差 $V[X]$，因为 $E[(X-\mu_x)(X-$

μ_X）］＝E［ $(X-\mu_X)^2$］。此外，协方差是对称的。即 Cov $(X,\ Y)$ ＝ Cov $(Y,\ X)$。所以另一种写两个随机变量和的（协）方差的方法是：

$$V[X + Y] = Cov(X,\ X) + Cov(Y,\ Y) + Cov(X,\ Y) + Cov(Y,\ X)$$

这是所有可能的 X 和 Y 配对的总和。对于两个以上随机变量之和的方差，取所有可能对的协方差。

$$V[X_1 + \cdots + X_n] = \sum_{i=1}^{n} \sum_{j=1}^{n} Cov(X_i,\ X_j)$$
$$= V[X_1] + \cdots + V[X_n] + \sum_{i \neq j} Cov(X_i,\ X_j)$$
$$= V[X_1] + \cdots + V[X_n] + 2\sum_{i < j} Cov(X_i,\ X_j)$$

设 X、Y、Z 是方差分别等于 1、2 和 3 的随机变量。此外，Cov $(X,\ Y)$ ＝ -1，Cov $(X,\ Z)$＝0，Cov $(Y,\ Z)$ ＝ 3。$X+Y+Z$ 的方差为

$$V[X + Y + Z] = V[X] + V[Y] + V[Z] + 2(Cov(X,\ Y) + Cov(X,\ Z) + Cov(Y,\ Z))$$
$$= 1 + 2 + 3 + 2(-1 + 0 + 3) = 10$$

12. 条件分布

如果 X 和 Y 是联合分布的离散随机变量，则给定 $X=x$ 的 Y 的条件概率密度函数为

$$P(Y = y \mid X = x) = \frac{P(X = x,\ Y = y)}{P(X = x)} \ (\ P(X = x) > 0\ )$$

如果 X 和 Y 相互独立，那么在给定 $X=x$ 的情况下，Y 的条件概率密度函数简化为 Y 的 pmf，即 $P(Y = y \mid X = x) = P(Y = y)$ 。

对于以上红球蓝球的例子

$$P(R = r \mid B = 0) = \frac{P(R = r,\ B = 0)}{P(B = 0)} = \frac{P(R = r,\ B = 0)}{21/36}$$

$$P(R = r \mid B = 0) = \begin{cases} (3/36)/(21/36) = 1/7 & \text{如 } r = 0 \\ (12/36)/(21/36) = 4/7 & \text{如 } r = 1 \\ (6/36)/(21/36) = 2/7 & \text{如 } r = 2 \end{cases}$$

13. 条件期望

对于离散随机变量 X 和 Y，给定 $X=x$ 的 Y 的条件期望是

$$E[Y \mid X = x] = \sum_{y} yP(Y = y \mid X = x)$$

例子　从 $\{1,\ 2,\ 3,\ 4\}$ 中随机均匀地选择一个数字 X。选择 $X=x$ 后，从 $\{1,\ \cdots,\ X\}$ 选择 Y。（1）如果选择 x，求 Y 的期望。（2）Y 为 1，X 的期望是多少？

（1）均匀分布的期望为

$$E[Y \mid X = x] = \frac{x + 1}{2}$$

（2）

$$E[X \mid Y = 1] = \sum_{x=1}^{4} xP(X = x \mid Y = 1)$$
$$= \sum_{x=1}^{4} x \frac{P(X = x,\ Y = 1)}{P(Y = 1)}$$

上式分子为 $P(X=x, Y=1) = P(Y=1 \mid X=x)P(X=x) = \dfrac{1}{x}\left(\dfrac{1}{4}\right) = \dfrac{1}{4x}$

分母为

$$P(Y=1) = \sum_{x=1}^{4} P(Y=1 \mid X=x)P(X=x)$$

$$= \sum_{x=1}^{4} \frac{1}{4x} = \frac{1}{4} + \frac{1}{8} + \frac{1}{12} + \frac{1}{16} = \frac{25}{48}$$

$$E(X \mid Y=1] = \sum_{x=1}^{4} x\left(\frac{1}{4x}\right)\frac{48}{25} = \sum_{x=1}^{4} \frac{12}{25} = \frac{48}{25} = 1.92$$

R 语言模拟上例条件期望

```
> trials <- 10000
> ctr <- 0
> simlist <- numeric (trials)
> while (ctr < trials) {
xav <- sample (1:4, 1)
yol <- sample (1:xav, 1)
if (yol == 1) {
ctr <- ctr + 1
simlist [ctr] <- xav}
}
> mean (simlist)
[1] 1.9179
```

14. 协方差和相关性的性质

对于随机变量 X、Y 和 Z, 以及常数 a、b、c,

$$Cov\ (aX+bY+c,\ Z)\ = aCov\ (X,\ Z)\ +bCov\ (Y,\ Z)$$

$$Cov\ (X,\ aY+bZ+c)\ = aCov\ (X,\ Y)\ +bCov\ (X,\ Z)$$

给定一个均值为 μ 方差为 σ^2 的随机变量 X, 标准化变量 X^* 定义为:

$$X^* = \frac{X - \mu}{\sigma}$$

$$E[X^*] = E\left[\frac{X-\mu}{\sigma}\right] = \frac{1}{\sigma}(E[X] - \mu) = \frac{1}{\sigma}(\mu - \mu) = 0$$

$$V[X^*] = V\left[\frac{X-\mu}{\sigma}\right] = \frac{1}{\sigma^2}(V[X-\mu]) = \frac{\sigma^2}{\sigma^2} = 1$$

"标准化"随机变量给出了一个新的随机变量, 均值为 0, 方差为 1。

对于随机变量 X 和 Y,

$$-1 \leqslant Corr(X,\ Y) \leqslant 1$$

如果 $Corr\ (X,\ Y) = \pm1$, 则存在常数 a 和 b, 使得 $Y=aX+b$。证明: 给定 X 和 Y, 让 X^* 和 Y^* 为标准化变量。

$$Cov(X^*,\ Y^*) = Cov\left(\frac{X-\mu_X}{\sigma_X},\ \frac{Y-\mu_Y}{\sigma_Y}\right)$$

$$= \frac{1}{\sigma_X \sigma_Y} Cov(X, Y)$$

$$= Corr(X, Y)$$

考虑 $X^* \pm Y^*$ 的方差

$$V(X^* + Y^*) = V(X^*) + V(Y^*) + 2Cov(X^*, Y^*)$$

$$= 2 + 2Corr(X, Y)$$

$$V(X^* - Y^*) = V(X^*) + V(Y^*) - 2Cov(X^*, Y^*)$$

$$= 2 - 2Corr(X, Y)$$

则

$$Corr(X, Y) = \frac{V(X^* + Y^*)}{2} - 1 \geqslant -1$$

$$Corr(X, Y) = \frac{V(X^* - Y^*)}{2} + 1 \leqslant 1$$

因为方差是非负的，则

$$-1 \leqslant Corr(X, Y) \leqslant 1$$

假设 $Y = aX + b$ 是 X 的线性函数。$Corr(X, Y) = \pm 1$ 取决于 a 的符号。相反，如果 $Corr(X, Y) = 1$，则 $V(X^* - Y^*) = 0$，因此

$$X^* - Y^* = \frac{X - \mu_X}{\sigma_X} - \frac{Y - \mu_Y}{\sigma_Y}$$

是一个常数。求解 X 得

$$X = \left(\frac{\sigma_X}{\sigma_Y}\right) Y + 常数$$

对于 $Corr(X, Y) = -1$ 也有类似结果。

五、常见离散分布

1. 几何分布

二项分布描述了 n 次试验中的成功次数。而几何分布是在第 n 次伯努利试验中，试验 k 次才得到第一次成功的概率，即前 $k-1$ 次皆失败，第 k 次成功的概率。

随机变量 X 具有参数为 p 的几何分布，则

$$P(X = k) = (1 - p)^{k-1} p , \, k = 1, \, 2, \, \cdots$$

$$P(X > k) = (1 - p)^k$$

几何分布的期望

$$E[X] = \sum_{k=1}^{\infty} kP(X = k) = \sum_{k=1}^{\infty} k (1 - p)^{k-1} p = p \sum_{k=1}^{\infty} k (1 - p)^{k-1}$$

因 $\dfrac{\mathrm{d}}{\mathrm{d}r} \sum_{k=0}^{\infty} r^k = \sum_{k=1}^{\infty} kr^{k-1} = \dfrac{\mathrm{d}}{\mathrm{d}r}\left(\dfrac{1}{1-r}\right) = \dfrac{1}{(1-r)^2}$ ，令 $r = 1 - p$

$$E[X] = p \sum_{k=1}^{\infty} k (1 - p)^{k-1} = p \frac{1}{[(1 - (1 - p))^2]} = \frac{p}{p^2} = \frac{1}{p}$$

几何分布的期望另一种推导方法

$$E[X] = p \sum_{k=1}^{\infty} k (1 - p)^{k-1}$$

令 $q = (1 - p)$

$$= p(1 + 2q + 3q^2 + \cdots + nq^{n-1})$$

使用倍差法/错位相减法求和:

令 $S_k = 1 + 2q + 3q^2 + \cdots + nq^{n-1}$,则

$$q S_k = q + 2q^2 + 3q^3 + \cdots + (n - 1)q^{n-1} + nq^n$$

则

$$(1 - q)S_k = 1 + q + q^2 + q^3 + \cdots + q^{n-1} - nq^n$$

$$= \frac{1 - q^n}{1 - q} - nq^n$$

因此 $\quad S_k = \frac{1 - q^n}{(1 - q)^2} - \frac{nq^n}{1 - q}$,当 $n \to +\infty$,因 $0 < q < 1$,则

$$\lim_{n \to +\infty} q^n = 0 \Longrightarrow \lim_{n \to +\infty} S_k = \frac{1}{(1 - q)^2}$$

因此

$$E[X] = \frac{p}{(1 - q)^2} = \frac{1}{p}$$

几何分布的方差

$$E(k^2) = \sum_{k=1}^{n} k^2 p (1 - p)^{k-1}$$

$$= p \sum_{k=1}^{n} k^2 (1 - p)^{k-1}$$

$$= p(1 + 2^2 q + 3^2 q^2 + \cdots + n^2 q^{n-1})$$

令 $\quad T = 1 + 2^2 q + 3^2 q^2 + \cdots + n^2 q^{n-1}$

$$= (q + 2q^2 + 3q^3 + \cdots + nq^n)'$$

括号内即为上面 $q S_k$,而

$$\lim_{n \to +\infty} q S_k = \frac{q}{(1 - q)^2}$$

$$\left[\frac{q}{(1 - q)^2} \right]' = \frac{1 - q^2}{(1 - q)^4} = \frac{1 + q}{(1 - q)^3} = T$$

因此, $E(k^2) = pT = \frac{1 + q}{(1 - q)^2}$

$$Var(k) = E(k^2) - E(k)^2$$

$$= \frac{1 + q}{(1 - q)^2} - \frac{1}{p^2}$$

$$= \frac{q}{p^2} = \frac{1 - p}{p^2}$$

几何分布在离散分布中具有独特的性质。这就是所谓的无记忆(Memorylessness)。如果对于所有 0<s<t,随机变量 X 具有无记忆性,则

$$P(X > t \mid X > s) = P(X > t - s)$$

优惠券收集者的问题

N 种优惠券,设 X 是获得所有类型优惠券所需的抽样次数(放回抽样),求 $E[X]$。设

每种类型的计数为 $G_1=1$。对于 $k=2$，$\cdots$，n，令 G_k 是抽到不同类型优惠券（从 $k-1$ 增加到 k）所需的抽奖次数。$X=G_1+\cdots+G_n$。

例如，如果优惠券的集合是 $\{a，b，c，d\}$ 并且连续抽的顺序是

$$a，a，d，b，d，a，d，b，c$$

则 $G_1=1$、$G_2=2$、$G_3=1$、$G_4=5$，且 $X=G_1+G_2+G_3+G_4=9$。第一种优惠券被抽中，它可能被再次抽中，第二张优惠券被抽中的概率为 $p=(n-1)/n$。一旦第 $(k-1)$ 种优惠券被抽中，连续抽奖直到第 k 种优惠券被选中的概率为 $p=[n-(k-1)]/n$ 的伯努利序列。由于几何分布的期望是成功概率的倒数，则

$$E(X)=E[G_1+G_2+\cdots+G_n]=E[G_1]+E[G_2]+\cdots+E[G_n]$$

$$=\frac{n}{n}+\frac{n}{n-1}+\cdots+\frac{n}{1}=n\left(\frac{1}{n}+\frac{1}{n-1}+\cdots+\frac{1}{1}\right)$$

$$=n\left(1+\frac{1}{2}+\cdots+\frac{1}{n}\right)$$

$$\sum_{i=1}^{n}\frac{1}{i}\approx\int_{1}^{n}\frac{1}{x}\mathrm{d}x=\ln n$$

则 $E[X]\approx n\ln n$。

```
> simcollect <-function (n) {
coupons <- 1: n # set of coupons
collect <- numeric (n)
nums <-0
while (sum (collect) <n)
{
    i <- sample (coupons, 1)
    collect [i] <- 1
    nums <- nums + 1
}
nums
}
> trials <-10000
> n <- 4
> simlist <- replicate (trials, simcollect (n) )
> mean (simlist)
[1] 8. 338
> var (simlist)
[1] 14. 26338
```

另一种形式： 假设共有 n 只不同的老虎，一段时间内观察到 t 只老虎，t 之中共有不同的 k 只老虎，试求 n 的期望。

设 X 为抽样 t 次后收集的不同类型的数量。用指标法写成 $X=I_1+\cdots+I_n$，其中

$$I_k=\begin{cases}1，&\text{如果 } k \text{ 包含在 } t \text{ 次抽样的集合中}\\0，&\text{如果 } k \text{ 不包含在 } t \text{ 次抽样的集合中}\end{cases}，k=1，\cdots，n$$

$$E[I_k] = P(k \text{ 包含在 } t \text{ 次抽样的集合中})$$
$$= 1 - P(k \text{ 不包含在 } t \text{ 次抽样的集合中})$$
$$= 1 - \left(1 - \frac{1}{n}\right)^t$$

$$E[X] = E[I_1] + \cdots + E[I_n] = n\left[1 - \left(1 - \frac{1}{n}\right)^t\right]$$

假设公园的相机全年观察到 100 只老虎，并从照片中识别出 50 只不同的老虎。要估计公园中老虎的数量，得

$$50 = n\left[1 - \left(1 - \frac{1}{n}\right)^t\right]$$

以上非线性方程没有确定的代数解，但是找到数值解。代码如下：

```
> f <- function（n）n *（1-（1-1/n）^100）-50
> uniroot（f, c（50, 200））$ root
[1] 62.40844
```

几何分布的替代形式为计算首次成功之前的失败次数 $\widetilde{X}$，而不是首次成功所需的试验次数。因为第一次成功所需的试验次数是失败的次数加 1，所以 $X = \widetilde{X} + 1$。$\widetilde{X}$ 的概率密度函数是：

$$P(\widetilde{X} = k) = P(X - 1 = k) = P(X = k + 1) = (1 - p)^{(k+1)-1}p = (1 - p)^k p, \ k = 0, 1, \cdots$$

第一次成功之前的预期失败次数是

$$E[\widetilde{X}] = E[X - 1] = E[X] - 1 = \frac{1}{p} - 1 = \frac{1 - p}{p}$$

方差是 $V[\widetilde{X}] = V[X - 1] = V[X]$。

几何分布的相应 R 语言是

```
> dgeom（k, p）
> pgeom（k, p）
> rgeom（n, p）
```

其中 k 表示第一次成功之前的失败次数。如果处理第一次成功所需的试验次数，使用以下代码：

```
> dgeom（k-1, p）
> pgeom（k-1, p）
> rgeom（n, p）+1
```

2. 负二项分布

几何分布计算在 i.i.d 伯努利试验中出现第一次成功之前的试验次数。负二项分布计算第 r 次成功之前的试验次数。

随机变量 X 具有参数为 r 和 p 的负二项式分布，则

$$P(X = k) = \binom{k-1}{r-1} p^r (1 - p)^{k-r}, \ r = 1, 2, \cdots, k = r, r+1, \cdots$$

概率密度函数是第 r 次成功需要 k 次试验得出，那么（1）第 k 次试验是成功的，并且（2）之前的 $k-1$ 次试验有 $r-1$ 次成功和 $k-r$ 次失败。事件（1）以概率 p 发生。对于（2），$k-1$

次试验中 $r-1$ 次成功。根据独立性，这些结果中的每一个都以概率 $p^{r-1}(1-p)^{k-r}$ 发生。

当 $r=1$ 时，负二项式分布简化为几何分布。负二项式分布有多种替代公式，R 中使用的公式是基于失败次数 $\widetilde{X}$ 直到第 r 次成功，其中 $\widetilde{X} = X - r$。

```
> dnbinom（k，r，p）
> pnbinom（k，r，p）
> rnbinom（n，r，p）
```

其中 k 表示 r 成功之前的失败次数。如果使用第 r 次成功所需的试验次数，则：

```
> dnbinom（k-r，r，p）
> pnbinom（k-r，r，p）
> rnbinom（n，r，p）+r
```

例子 实习申请人被接受的概率 $p=0.15$，申请人相互独立。求不超过 100 名申请者招到 10 名学生的概率。

```
> pnbinom（100-10，10，0.15）
[1] 0.9449054
```

服从负二项分布的随机变量可以表示为独立几何随机变量的总和，则

$$E[X] = E[G_1 + \cdots + G_r] = E[G_1] + \cdots + E[G_r] = \frac{r}{p}$$

$$V[X] = V[G_1 + \cdots + G_r] = V[G_1] + \cdots + V[G_r] = \frac{r(1-p)}{p^2}$$

选择"负二项分布"这个词的原因是分布在某种意义上与二项式分布相反。考虑一个 i.i.d 的伯努利序列，成功概率为 p。事件（1）在前 n 次试验中有 r 次或更少的成功等于事件（2）第（$r+1$）次成功发生在第 n 次试验之后。

设 B 为前 n 次试验的成功次数。则 B 具有参数为 n 和 p 的二项式分布，第一个事件（1）的概率为 $P(B \leqslant r)$。令 Y 为第（$r+1$）次成功所需的试验次数。那么 Y 具有参数为 $r+1$ 和 p 的负二项式分布。第二个事件（2）的概率是 $P(Y>n)$。因此，

$$P(X \leqslant r) = P(Y > n)$$

$$\sum_{k=0}^{r} \binom{n}{k} p^k (1-p)^{n-k} = \sum_{k=n+1}^{\infty} \binom{k-1}{r} p^{r+1} (1-p)^{k-r-1}$$

积分问题 两个玩家反复玩机会游戏，比如抛硬币。赌注是 100 法郎。如果硬币正面朝上，玩家 A 得到 1 分。如果出现反面，玩家 B 得到 1 分。玩家同意第一个获得一定分数的人将赢得赌注。但是比赛被打断了。玩家 A 需要 a 积分才能获胜；玩家 B 还需要 b 分。赌注应该怎么分？

$$P(A\text{ 获胜}) = P(X \leqslant a + b - 1) = \sum_{k=a}^{a+b-1} \binom{k-1}{a-1} p^a (1-p)^{k-a}$$

赌注将根据获胜概率进行分配。也就是说，$100 \times P$（A 获胜）法郎给玩家 A，剩下的 $100 \times P$（B 获胜）给了玩家 B。

模拟解法：

```
> a <- 3
> b <- 5
```

```
> p <- .5
> simpoint <- function ( ) {
acount <- 0
for ( i in 1：( a+b−1 ) ) acount <- acount + rbinom ( 1, 1, p )
if ( acount >= a ) 1 else 0
}
> simlist <- replicate ( 10000, simpoint ( ) )
> mean ( simlist )
[1] 0. 7736
```

精确解

```
> pofp <- function ( a, b, p ) {
pnbinom ( b−1, a, p )
}
> pofp ( a, b, p )
[1] 0. 7734375
```

3. 超几何分布

二项式分布来自有放回抽样，而超几何分布通常出现在无放回抽样时。一袋 N 个球包含 r 个红球和 $N−r$ 个蓝球。选取了 n 个球的样本。如果采样是有放回的，那么样本中的红球数具有参数为 n 且 $p=r/N$ 的二项式分布。如为不放回抽样，设 X 为样本中红球的数量。则 X 具有超几何分布。

X 的概率密度函数可以考虑样本中有 k 个红球的事件 $\{X=k\}$。具有 k 个红球的大小为 n 的可能样本数为 $\binom{r}{k}\binom{N-r}{n-k}$（从袋子中 n 个红球中选择 k 个红色；并从袋子中的 $N−r$ 个蓝色球中选择剩余的 $n−k$ 个蓝球），有 $\binom{N}{n}$ 个可能的大小为 n 的样本。

$$P(X = k) = \frac{\binom{r}{k}\binom{N-r}{n-k}}{\binom{N}{n}}$$

对于 $\max(0, n-(N-r)) \leq k \leq \min(n, r)$。$k$ 的值受二项式系数的限制，即 $0 \leq k \leq r$ 和 $0 \leq n-k \leq N-r$。

```
> dhyper ( k, r, N−r, n )
> phyper ( k, r, N−r, n )
> rhyper ( repeats, k, r, N−r, n )
```

期望和差异

超几何分布的期望可以通过指示变量方法得到。设 N 为球数，r 为袋中红球的数量，X 为样品中红球的数量。定义一个 0−1 指标序列 $I_1, \cdots, I_n$。

$$I_k = \begin{cases} 1, & \text{如果样本中的第 } k \text{ 个球是红色} \\ 0, & \text{如果样本中的第 } k \text{ 个球不是红色} \end{cases}, k = 1, \cdots, n$$

则 $X = I_1 + \cdots + I_n$。样本中第 k 个球为红色的概率为 r/N。

$$E[X] = E[I_1 + \cdots + I_n] = E[I_1] + \cdots + E[I_n]$$

$$= \sum_{k=1}^{n} P(\text{样本中的第 } k \text{ 个球是红色的})$$

$$= \sum_{k=1}^{n} \frac{r}{N} = \frac{nr}{N}$$

但指标不是独立的，因 $V[I_k] = (r/N)(1 - r/N)$ ，则

$$V[X] = V[I_1 + \cdots + I_n]$$

$$= \sum_{i=1}^{n} V[I_i] + \sum_{i \neq j} Cov(I_i, I_j)$$

$$= n\left(\frac{r}{N}\right)\left(1 - \frac{r}{N}\right) + (n^2 - n)(E[I_iI_j] - E[I_i]E[I_j])$$

$$= \frac{nr(N - r)}{N^2} + (n^2 - n)\left(E[I_iI_j] - \frac{r^2}{N^2}\right)$$

对于 $i \neq j$ ，乘积 I_iI_j 是样本中第 i 个和第 j 个球都是红色的事件。因此

$$E[I_iI_j] = P(I_i = 1, I_j = 1) = P(I_i = 1 \mid I_j = 1)P(I_j = 1) = \left(\frac{r-1}{N-1}\right)\frac{r}{N}$$

因是不放回抽样，

$$V[X] = \frac{nr(N - r)}{N^2} - (n^2 - n)\left(E[I_iI_j] - \frac{r^2}{N^2}\right)$$

$$= \frac{nr(N - r)}{N^2} - (n^2 - n)\left(\frac{r(r - 1)}{N(N - 1)} - \frac{r^2}{N^2}\right)$$

$$= \frac{n(N - n)r(N - r)}{N^2(N - 1)}$$

例子 在桥牌（四个选手每人 13 张牌）中，A 数量的均值和方差是多少？

$$E[X] = \frac{13(4)}{52} = 1$$

$$V[X] = \frac{13(52 - 13)(4)(52 - 13)}{52^2(51)} = \frac{12}{17} = 0.706$$

模拟中，让 1、2、3 和 4 代表一副 52 张牌中的 A。R 代码如下：

```
> aces <- replicate (10000, sum (sample (1：52, 13) <=4) )
> mean (aces)
[1] 1.0002
> var (aces)
[1] 0.6944694
```

多年来，生态学、公共卫生和社会科学领域一直使用所谓"捕获–再捕获"方法来计算稀有种群的大小 N，例如湖中的鱼，研究人员"捕获"大小为 r 的样本，"标记"并放回群体。然后研究人员"重新捕获"大小为 n 的第二个样本，并计算发现的标记的数量 K。

如果第一个样本在总体中充分混合，那么在第二个样本中标记的比例应该大约等于总体中标记的比例。即

$$\frac{K}{n} \approx \frac{r}{N} ，\text{即} \frac{nr}{K} \approx N$$

给出群体规模的估计。

4. 多项式分布

假设 p_1，$\cdots$，p_r 是非负数，使得 $p_1+\cdots+p_r=1$。随机变量 X_1，$\cdots$，X_r 具有多项式分布，参数为 n，p_1，$\cdots$，p_r，则

$$P(X_1 = x_1, \cdots, X_r = x_r) = \frac{n!}{x_1! \cdots x_r!} p_1^{x1} \cdots p_r^{xr}$$

对于非负整数 x_1，$\cdots$，x_r 使得 $x_1+\cdots+x_r=n$。

多项式计算的 R 语言如下。

例子 在议会选举中，估计 A、B、C 和 D 党将分别获得 20%、25%、30% 和 25% 的选票。在 10 个选民的样本中，求出 A 和 B 党各有两个支持者，C 和 D 党各有三个支持者的概率。

$$P(X_A = 2, X_B = 2, X_C = 3, X_D = 3)$$
$$= \frac{10!}{2!\ 2!\ 3!\ 3!}(0.20)^2(0.25)^2(0.30)^3(0.25)^3 = 0.0266$$

> *dmultinom*（c（2, 2, 3, 3），*prob*=c（0.20, 0.25, 0.30, 0.25））

[1] 0.02657813

遗传学中的哈代-温伯格原理指出，种群中的长期基因频率保持不变。假设一个等位基因采用 A 和 a 两种形式之一。对于特定的生物学性状，有三种基因型：AA、Aa 和 aa。

假设等位基因 A 出现的频率为 60%。在 6 只果蝇中，AA 出现两次，Aa 出现 3 次，aa 出现 1 次的概率是多少？

$$(X_1, X_2, X_3) \sim Multi(n, p^2, 2p(1-p), (1-p)^2)$$
$$P(X_1 = 2, X_2 = 3, X_3 = 1)$$
$$= \frac{6!}{2!\ 3!\ 1!}((0.60)^2)^2(2(0.60)(0.40))^3((0.40)^2)^1 = 0.1376$$

统计遗传学中的一个常见问题是从 n 个个体的样本中估计等位基因概率 p，其中数据由观察到的基因型频率组成。例如，假设在 60 只果蝇样本中，基因型分布为

AA	Aa	aa
35	17	8

假设 p 未知，

$$P(X_1 = 35, X_2 = 17, X_3 = 8)$$
$$= \frac{60!}{35!\ 17!\ 8!}(p^2)^{35}(2p(1-p))^{17}((1-p)^2)^8$$
$$= 常数 \times p^{87}(1-p)^{33}$$

对这个表达式进行求导，并令导数为 0。

$$87p^{86}(1-p)^{33} - 33(1-p)^{32}p^{87} = 0$$

p 的最大似然估计 $p = 87/120 = 0.725$。

多项式分布的边际分布、期望、方差

令 $(X_1, \cdots, X_r)$ 具有多项式分布，参数为 n，p_1，$\cdots$，p_r。X_i 不是独立的，因为它们受 $X_1+\cdots+X_r=n$ 的约束。对于每个 $k=1$，$\cdots$，r，X_k 的边际分布是参数为 n 和 p_k 的二项式分布。

可以使用概率论知识简单证明结果。将 n 个独立试验中的每一个视为导致结果 k 出现或不出现。然后将 X_k 记为 n 次试验中"成功"的次数，得到二项式结果 $X_k \sim \mathrm{Binom}\,(n,\,p_k)$。也可以详细证明如下：

$$P(X_1 = x_1) = \sum_{x_2 \cdots x_r} P(X_1 = x_1,\ X_2 = x_2,\ \cdots,\ X_r = x_r)$$

$$= \sum_{x_2 + \cdots + x_r = n - x_1} \frac{n!}{x_1!\ x_2!\ \cdots x_r!} p_1^{x_1} p_2^{x_2} \cdots p_r^{x_r}$$

$$= \frac{n!}{x_1!} p_1^{x_1} \sum_{x_2 + \cdots + x_r = n - x_1} \frac{1}{x_2!\ \cdots x_r!} p_2^{x_2} \cdots p_r^{x_r}$$

$$= \frac{n!}{x_1!\ (n - x_1)!} p_1^{x_1} \sum_{x_2 + \cdots + x_r = n - x_1} \frac{(n - x_1)!}{x_2!\ \cdots x_r!} p_2^{x_2} \cdots p_r^{x_r}$$

$$= \frac{n!}{x_1!\ (n - x_1)!} p_1^{x_1} (p_2 + \cdots p_r)^{n - x_1}$$

$$= \frac{n!}{x_1!\ (n - x_1)!} p_1^{x_1} (1 - p_1)^{n - x_1}$$

对于 $0 \leqslant x_1 \leqslant n$，总和是所有非负整数 $x_2,\ \cdots,\ x_n$ 其和为 $n - x_1$。倒数第二个等式由多项式定理推得。X_1 具有参数为 n 和 p_1 的二项式分布。类似地，对于每个 $k = 1,\ \cdots,\ r$，$X_k \sim \mathrm{Binom}\,(n,\,p_k)$。

边际分布期望和方差为

$$E[X_k] = np_k,\ V[X_k] = np_k(1 - p_k)$$

协方差

对于 $i \neq j$，考虑 $Cov\,(X_i,\,X_j)$。使用指标并写出 $X_i = I_1 + \cdots + I_n$，其中

$$I_k = \begin{cases} 1, & \text{如果第 } k \text{ 次试验的结果是 } i \\ 0, & \text{否则} \end{cases},\ k = 1,\ \cdots,\ n$$

类似地，$X_j = J_1 + \cdots + J_n$，其中

$$J_k = \begin{cases} 1, & \text{如果第 } k \text{ 次试验的结果是 } j \\ 0, & \text{否则} \end{cases},\ k = 1,\ \cdots,\ n$$

由于伯努利试验的独立性，涉及不同试验的指标变量对是独立的。也就是说，如果 $g = h$，则 I_g 和 J_h 是独立的，因此 $Cov\,(I_g,\,J_h) = 0$。另外，如果 $g = h$，则 $I_g J_g = 0$，因为第 g 次试验不能同时产生结果 i 和 j。因此

$$Cov(I_g,\,J_g) = E[I_g J_g] - E[I_g]E[J_g] = -p_i p_j$$

使用协方差的线性性质，

$$Cov(X_i,\,X_j) = Cov(\sum_{g=1}^{n} I_g,\ \sum_{h=1}^{n} J_h) = \sum_{g=1}^{n} \sum_{h=1}^{n} Cov(I_g,\,J_{h=1})$$

$$= \sum_{g=1}^{n} Cov(I_g,\,J_g) = \sum_{g=1}^{n} (-p_i p_j) = -np_i p_j$$

5. 本福德定律的证明

对于第一个数字是 d 的概率，本福德最终发现了这个公式

$$P(d) = \log_{10}\left(\frac{d + 1}{d}\right)$$

Ross（2011）说明了为什么呈指数增长或下降的现象，如城市人口、2 的幂次、污染水

平、放射性衰变等都表现出本福德定律。正如 Ross 所解释的那样，假设我们有关于常数 a 和 r 的 $P(n) = ar^n$ 形式的数据。例如，$P(n)$ 可能是第 n 年某个城市的人口，或 n 分钟后放射性同位素的半衰期。考虑 n 的值，使得 $1 \leqslant P(n) < 10$。对于每个 $d = 1, \cdots, 10$，设 $[c_d, c_{d+1})$ 是 $P(n)$ 的第一个数字为 d 的区间。

对于所有值 $c_1 \leqslant n < c_2$，$P(n)$ 的第一个数字是 1。对于 $c_2 \leqslant n < c_3$，$P(n)$ 的第一个数字是 2，以此类推。对于每个 $d = 1, \cdots, 10$，$P(c_d) = ar^{c_d} = d$。取对数（以 10 为底）给出

$$\log a + c_d \log r = \log d$$

同样，

$$\log a + c_{d+1} \log r = \log(d+1)$$

以上两式相减，得

$$(c_{d+1} - c_d)(\log r) = \log(d+1) - \log d$$

因此每个区间的长度 $[c_d, c_{d+1})$ 是

$$c_{d+1} - c_d = \frac{\log(d+1) - \log d}{\log r}$$

整个区间的长度 $[c_1, c_{10})$ 是

$$\sum_{d=1}^{9}(c_{d+1} - c_d) = \frac{\log 10 - \log 1}{\log r} = \frac{1}{\log r}$$

则

$$\frac{c_{d+1} - c_d}{c_{10} - c_1} = \log(d+1) - \log d = \log\left(\frac{d+1}{d}\right)$$

此处关于 $P(n)$ 值介于 1 和 10 之间的结论实际上适用于 10^k 和 10^{k+1} 之间的所有区间（$k = 0, 1, \cdots$）。则

$$P(d) = \log_{10}\left(\frac{d+1}{d}\right)$$

对于第一个数字是 d 的概率。P 实际上是 $\{1, \cdots, 9\}$ 上的概率分布，则

$$\sum_{k=1}^{9} P(d) = \sum_{k=1}^{9} \log_{10}\left(\frac{d+1}{d}\right)$$

$$= \sum_{k=1}^{9} \left[\log_{10}(d+1) - \log_{10} d\right]$$

$$= (\log_{10} 2 - \log_{10} 1) + (\log_{10} 3 - \log_{10} 2) + \cdots + (\log_{10} 10 - \log_{10} 9)$$

$$= \log_{10} 10 - \log_{10} 1 = 1$$

六、连续概率

1. 概率密度函数

设 X 为连续随机变量。函数 f 是 X 的概率密度函数，则

（1）$f(x) \geqslant 0$，$-\infty < x < \infty$；

（2）$\int_{-\infty}^{\infty} f(x)\mathrm{d}x = 1$；

（3）如果 $S \subseteq R$，$P(X \in S) = \int_S f(x)\mathrm{d}x$。

如果 $S = (-\infty, c]$

$$P(X \in S) = P(X \leqslant c) = \int_{-\infty}^{c} f(x)\,\mathrm{d}x$$

对于实数 a

$$P(X = a) = P(X \in \{a\}) = \int_{a}^{a} f(x)\,\mathrm{d}x = 0$$

$$P(a < X < b) = P(a \leqslant X \leqslant b) = P(a < X \leqslant b) = P(a \leqslant X \leqslant b)$$

例子 随机变量 X 的密度函数为 $f(x) = 3x^2/16$，当 $-2 < x < 2$，否则为 0，求 $P(X>1)$。

$$P(X > 1) = \int_{1}^{2} f(x)\,\mathrm{d}x = \int_{1}^{2} \frac{3x^2}{16}\mathrm{d}x = \frac{1}{16}(x^3)\,|_{1}^{2} = \frac{7}{16}$$

密度函数如下图：

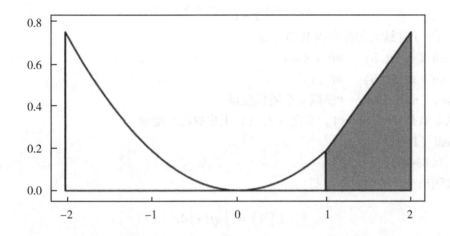

例子 随机变量 X 具有形式为 $f(x) = ce^{-|x|}$ 的密度函数，对于所有 x。（1）求 c。（2）求 $P(0<X<1)$。

(1)
$$1 = \int_{-\infty}^{\infty} ce^{-|x|}\,\mathrm{d}x = \int_{-\infty}^{0} ce^{x}\mathrm{d}x + \int_{0}^{\infty} ce^{-x}\mathrm{d}x$$

$$= 2c\int_{0}^{\infty} e^{-x}\mathrm{d}x = 2c(-e^{-x})\,|_{0}^{\infty} = 2c$$

因此 $c = 1/2$。

(2) $P(0 < X < 1) = \int_{0}^{1} \dfrac{e^{-|x|}}{2}\mathrm{d}x = \dfrac{1}{2}(-e^{-x})\,|_{0}^{1} = \dfrac{1 - e^{-1}}{2} = 0.316$

2. 累积分布函数

令 X 是一个随机变量。X 的累积分布函数（cdf）为

$$F(x) = P(X \leqslant x) = \int_{-\infty}^{x} f(t)\,\mathrm{d}t$$

如果两个随机变量具有相同的密度函数，则它们具有相同的概率分布。同样，如果它们具有相同的 cdf，则它们具有相同的分布。

例子 随机变量 X 的密度为

$$f(x) = 2xe^{-x^2} , \ x > 0$$

找到 X 的 cdf 并用它来计算 $P(1 < X < 2)$。因为 $x > 0$,

$$F(x) = P(X \leqslant x) = \int_0^x 2te^{-t^2} \mathrm{d}t = \int_0^{x^2} e^{-u} \mathrm{d}u = 1 - e^{-x^2}$$

上式使用 u 替换, $u = t^2$, 因为 $x \leqslant 0$ 时, $F(x) = 0$。

$$P(1 < X < 2) = F(2) - F(1)$$
$$= (1 - e^{-4}) - (1 - e^{-1}) = e^{-1} - e^{-4} = 0.350$$

3. 均匀分布

X 的密度函数为

$$f(x) = \frac{1}{b-a} , \ a < x < b$$

(a, b) 上连续均匀分布的 R 命令是

> punif (x, a, b)   #P (X≤x)

> dunif (x, a, b)   #f (x)

> runif (n, a, b)   #模拟 n 个随机变量

默认参数是 $a = 0$ 和 $b = 1$。要在 (0, 1) 上生成统一变量:

> runif (1)

[1] 0.8344918

连续随机变量的期望和方差

$$E[X] = \int_{-\infty}^{\infty} xf(x)\,\mathrm{d}x$$

$$V[X] = \int_{-\infty}^{\infty} (x - E[X])^2 f(x)\,\mathrm{d}x$$

期望和方差的特性

对于常数 a 和 b, 以及随机变量 X 和 Y,

$E[aX+b] = aE[X] + b$

$E[X+Y] = E[X] + E[Y]$

$V[X] = E[X^2] - E[X]^2$

$V[aX+b] = a^2 V[X]$

均匀分布: 期望和方差。设 $X \sim \text{Unif}(a, b)$。则

$$E[X] = \int_a^b x\left(\frac{1}{b-a}\right)\mathrm{d}x = \left(\frac{1}{b-a}\right)\frac{x^2}{2}\Big|_a^b = \frac{b+a}{2}$$

$$E[X^2] = \int_a^b x^2\left(\frac{1}{b-a}\right)\mathrm{d}x = \left(\frac{1}{b-a}\right)\frac{x^3}{3}\Big|_a^b = \frac{b^2+ab+a^2}{3}$$

$$V[X] = E[X^2] - E[X]^2 = \frac{b^2+ab+a^2}{3} - \left(\frac{b+a}{2}\right)^2 = \frac{(b-a)^2}{12}$$

4. 连续随机变量函数的期望

如果 X 有密度函数 f，g 是一个函数，那么

$$E[g(X)] = \int_{-\infty}^{\infty} g(x)f(x)\,dx$$

例子 气球的半径均匀分布在（0，2）上。求气球体积的期望值和标准差。$V = (4\pi/3)R^3$，$R \sim Unif(0, 2)$。

$$E[V] = E\left[\frac{4\pi}{3}R^3\right] = \frac{4\pi}{3}E[R^3] = \frac{4\pi}{3}\int_0^2 r^3\left(\frac{1}{2}\right)dr$$

$$= \frac{2\pi}{3}\left(\frac{r^4}{4}\right)\bigg|_0^2 = \frac{8\pi}{3} = 8.378$$

$$E[V^2] = E\left[\left(\frac{4\pi}{3}R^3\right)^2\right] = \frac{16\pi^2}{9}E[R^6]$$

$$= \frac{16\pi^2}{9}\int_0^2 \frac{r^6}{2}dr = \frac{16\pi^2}{9}\left(\frac{128}{14}\right) = \frac{1024\pi^2}{63}$$

$$Var[V] = E[V^2] - (E[V])^2 = \frac{1024\pi^2}{63} - \left(\frac{8\pi}{3}\right)^2 = \frac{64\pi^2}{7}$$

有标准差 $SD[V] = 8\pi/\sqrt{7} \approx 9.50$。

R 语言模拟气球体积

```
> volume <- (4/3) * pi * runif (1000000, 0, 2) ^3
> mean (volume)
[1] 8.384766
> sd (volume)
[1] 9.501421
```

5. 指数分布

指数分布的应用非常广泛。雨滴的大小是多少？你的下一条短信什么时候到达？一只蜜蜂在一朵花上采集花蜜需要多长时间？

如果随机变量 X 的密度函数具有以下形式，则它具有参数 $\lambda > 0$ 的指数分布。

$$f(x) = \lambda e^{-\lambda x}, \; x > 0$$

指数分布的累积分布函数为

$$F(x) = \int_0^x \lambda e^{-\lambda t}dt = \lambda\left(\frac{-1}{\lambda}e^{-\lambda t}\right)\bigg|_0^x = 1 - e^{-\lambda x}, \; x > 0$$

$$P(X > x) = 1 - F(x) = e^{-\lambda x}, \; x > 0$$

则 $E[X] = \dfrac{1}{\lambda}$，$V[X] = \dfrac{1}{\lambda^2}$。对于指数分布，均值等于标准差。

例子 学校的服务台全天接听电话。呼叫之间的时间 T（以分钟为单位）使用均值为 4.5 的指数分布建模。一个电话刚到，在接下来的 5 分钟内没有接到电话的概率是多少？

指数分布的参数是 $\lambda = 1/4.5$。如果在接下来的 5 分钟内没有接到电话，则下一个电话的时间大于 5 分钟。期望的概率是

$$P(T > 5) = e^{-5/4.5} = 0.329$$

R 语言指数分布：

> *dexp*（*x*，λ）

> *pexp*（*x*，λ）

> *rexp*（*n*，λ）

指数分布的一个最重要的特性是无记忆性（Memorylessness）。

根据指数分布，巴士大约每 30 分钟一班。Amy 在时间 $t = 0$ 到达公交车站。下一辆公交车到达之前的时间呈指数分布，λ = 1/30。Zach 10 分钟后到达公交车站，时间 $t = 10$。指数分布的无记忆性意味着 Zach 等公交车的时间也将服从 λ = 1/30 的指数分布。他们都将等待大约相同的时间。让 *A* 和 *Z* 分别表示 Amy 和 Zach 的等待时间，则

$$P(Z > t) = P(A > t + 10 \mid A > 10) = \frac{P(A > t + 10)}{P(A > 10)}$$

$$= \frac{e^{-(t+10)/30}}{e^{-10/30}} = e^{-t/30} = P(A > t)$$

> *n* <- 10000

> *Amy* <- *rexp*（*n*，1/30）

> *bus* <- *rexp*（*n*，1/30）

> *Zach* <- *bus*［*bus*>10］ -10

> *mean*（*Amy*）

［1］29. 89416

> *mean*（*Zach*）

［1］30. 22136

> *par*（*mfrow*=*c*（1，2））

> *hist*（*Amy*，*prob*=*T*）

> *hist*（*Zach*，*prob*=*T*）

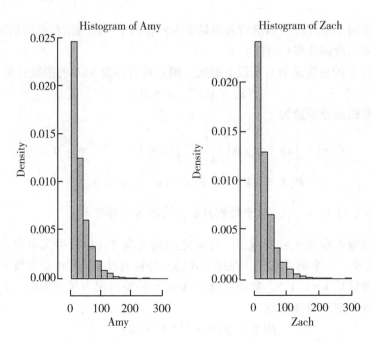

指数分布是唯一无记忆的连续分布。令 $X \sim Exp(\lambda)$，$0 < s < t$，

$$P(X > s + t \mid X > s) = \frac{P(X > s + t)}{P(X > s)} = \frac{e^{-\lambda(s+t)}}{e^{-\lambda s}} = e^{-\lambda t} = P(X > t)$$

例子 每位顾客在当地餐厅接受服务所需的时间呈指数分布。服务时间是相互独立的。通常以每小时 20 位客户的速度为客户提供服务。艾莉正在等待上菜。她服务时间的平均值和标准差是多少？求她将在 5 分钟内送达的概率？

使用 $\lambda = 20$ 的指数分布对 Arye 的服务时间 S 建模。然后以小时为单位，$E[S] = SD[S] = 1/20$，即 3 分钟。由于给定的单位是小时，因此所需的概率是

$$P\left(S \leqslant \frac{5}{60}\right) = F_S\left(\frac{1}{12}\right) = 1 - e^{-\frac{20}{12}} = 0.811$$

> *pexp* （1/12, 20）

[1] 0. 8111244

6. 随机变量的函数

例子 灯塔距离海岸一英里（1 英里 = 1609.344m），距离最近的点 O 在一个笔直的、无限的海滩上。灯塔以从 $-\pi/2$ 到 $\pi/2$ 均匀分布的随机角度 θ 发出光脉冲。找出光线照射到岸边的位置和 O 之间的距离 X 的分布。同时找出预期的距离。

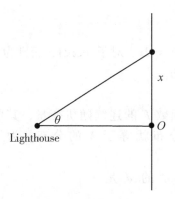

令 $\theta \sim Unif$ （$-\pi/2$, $\pi/2$）是光线与海岸的角度。设 X 为光线照射到岸边到 O 的距离。根据问题的几何结构，$X = \tan\theta$。对于所有实数 x，

$$F_X(x) = P(X \leqslant x) = P(\tan\theta \leqslant x)$$
$$= P(\theta \leqslant \tan^{-1}x) = \frac{\tan^{-1}x + \pi/2}{\pi}$$

取关于 x 的导数得

$$f_X(x) = \frac{1}{\pi(1 + x^2)}, \quad -\infty < x < \infty$$

该函数是柯西分布的密度，在物理学中也称为洛伦兹分布，在量子力学中用于模拟能量状态。

$$E[X] = \int_{-\infty}^{\infty} x \frac{1}{\pi(1 + x^2)}dx$$

$$E[X] = E[\tan\Theta] = \int\limits_{-\pi/2}^{\pi/2} \frac{\tan\theta}{\pi}\mathrm{d}\theta$$

但是，无论哪种情况，积分都不会收敛。柯西分布具有其期望不存在的性质。

R 语言模拟不存在的期望

```
> noexp <- function ( ) {
    mean ( tan ( runif ( 100000 , -pi/2 , pi/2 ) ) ) }
> noexp ( )
[1] 2. 631
> noexp ( )
[1] 3. 207886
> noexp ( )
[1] 0. 5636614
> noexp ( )
[1] -0. 3554255
> noexp ( )
[1] 0. 1813292
> noexp ( )
[1] -5. 288382
```

7. 模拟连续随机变量

随机变量 X 的密度为 $f(x) = 2x$，对于 $0 < x < 1$，否则为 0。假设我们要模拟来自 X 的观测值。它要求 X 的 *cdf* 是可逆的。

逆变换法

假设 X 是具有累积分布函数 F 的连续随机变量，其中 F 可逆函数 F^{-1}。让 $U \sim \mathrm{Unif}(0, 1)$。那么 $F^{-1}(U)$ 的分布就等于 X 的分布。为了模拟 X，首先模拟 U 并输出 $F^{-1}(U)$。

为了用最初的例子来说明，X 的 *cdf* 是

$$F(x) = P(X \leqslant x) = \int\limits_0^x 2tdt = x^2 , \ 0 < x < 1$$

在区间 $(0, 1)$ 上，函数 $F(x) = x^2$ 是可逆的，且 $F^{-1}(x) = \sqrt{x}$。逆变换法表示，如果 $U \sim \mathrm{Unif}(0, 1)$，则 $F^{-1}(U) = \sqrt{U}$ 与 X 具有相同的分布。因此要模拟 X，需要生成 $\sqrt{U}$。

R 语言实现逆变换方法

```
> simlist <- sqrt(runif(10000))
> hist(simlist, prob = T, main = "" , xlab = "" )
> curve(2 * x, 0, 1, add = T)
```

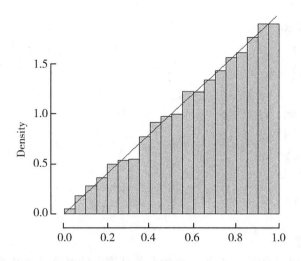

生成的直方图见上图，以及理论密度函数 $f(x) = 2x$ 的叠加线。

8. 联合分布

例子 设 (X, Y, Z) 是均匀分布在以原点为中心、半径为 1 的球面上的点。估计点到原点距离的平均值和标准差。

令 $D = \sqrt{X^2 + Y^2 + Z^2}$ 是点 (X, Y, Z) 到原点的距离。将球体包围在以原点为中心的边长为 2 的立方体中。R 语言代码为

```
> pt <- runif (3, -1, 1)
```
点 (x, y, z) 包含在单位球体中 $x^2 + y^2 + z^2 < 1$，R 语言代码为
```
> if ( (pt [1] ^2 + pt [2] ^2 + pt [3] ^2) < 1) 1 else 0
```
完整代码如下：
```
> n <- 10000
> mat <- matrix (rep (0, 3 * n), nrow = n)
> i <- 1
> while (i <= n) {
    pt <- runif (3, -1, 1)
    if ( (pt [1] ^2 + pt [2] ^2 + pt [3] ^2) < 1) {
        mat [i,] <- pt
        i <- i+1 } }
> d <- sqrt (mat [, 1] ^2 + mat [, 2] ^2 + mat [, 3] ^2)
> mean (d)
[1] 0.748059
> sd (d)
[1] 0.1954064
```

9. 协方差、相关

R 语言协方差、相关性的模拟
```
> xsim <- c ()
```

```
> ysim <- c ( )
> for ( i in 1 : 10000 ) {
    x <- runif ( 1 )
    y <- runif ( 1 )
    if ( y < x ) {
    xsim <- c ( xsim, x )
    ysim <- c ( ysim, y ) } }
> cov ( xsim, ysim )
[1] 0.0272173
> cor ( xsim, ysim )
[1] 0.494744
```

10. 标准正态分布

正态随机变量分别在均值 1、2 和 3 个标准差范围内的概率可在 R 中计算：

```
> pnorm ( 1 ) - pnorm ( -1 )
[1] 0.6826895
> pnorm ( 2 ) - pnorm ( -2 )
[1] 0.9544997
> pnorm ( 3 ) - pnorm ( -3 )
[1] 0.9973002
```

二项分布的正态近似

例子 在 600 次掷骰子中，掷出 90 到 110 个四的概率是多少？

二项式的正态近似得

```
> pnorm ( 110, 100, sqrt ( 500/6 ) ) - pnorm ( 90, 100, sqrt ( 500/6 ) )
[1] 0.7266783
```

精确二项式概率

```
> pbinom ( 110, 600, 1/6 ) - pbinom ( 89, 600, 1/6 )
[1] 0.7501249
```

连续性修正

通过使用连续密度曲线下的面积来近似离散总和这一事实，通常可以在正态近似中提高精度。

准确的二项式概率 $P(11 \leqslant X \leqslant 13) = 0.3542$。

与正态近似值 $P(11 \leqslant Y \leqslant 13) = 0.2375$ 和 $P(10.5 \leqslant Y \leqslant 13.5) = 0.3528$ 相比，可以看到使用连续性校正结果显著改进。

```
> dbinom ( 11, 20, 0.5 ) +dbinom ( 12, 20, 0.5 ) +dbinom ( 13, 20, 0.5 )
[1] 0.3542423
> pnorm ( 13, 10, sqrt ( 5 ) ) - pnorm ( 11, 10, sqrt ( 5 ) )
[1] 0.2375042
> pnorm ( 13.5, 10, sqrt ( 5 ) ) - pnorm ( 10.5, 10, sqrt ( 5 ) )
[1] 0.3527692
```

分位数

让 $0<p<1$，如果 X 是连续随机变量，则第 p 个分位数是满足数 q：

$$P(X \leqslant q) = p/100$$

第 p 个分位数将概率质量的底部 p 百分比与顶部 $(1-p)$ 百分比分开。

> *qnorm*（0.25）

[1] −0.6744898

> *pnorm*（−0.6744899）

[1] 0.25

分位数函数与累积分布函数相反。以分位数计算的 *cdf* 返回原始 $p/100$。

独立正态随机变量的总和是正态的

令 X_1，$\cdots$，X_n 是一个独立的正态随机变量序列，其中

$$X_k \sim Norm(\mu_k, \sigma_k^2), k = 1, \cdots, n$$

$$X_1 + \cdots + X_n \sim Norm(\mu_1 + \cdots + \mu_n, \sigma_1^2 + \cdots + \sigma_n^2)$$

例子 某商品的质量呈正态分布，平均值为 385g，标准偏差为 5g。10 盒装谷物少于 3800g 的概率是多少？

令 X_1，$\cdots$，X_{10} 表示 10 盒中每盒的谷物重量。那么 $T=X_1+\cdots+X_{10}$ 是总重量。T 是正态分布，均值 $E[T] = 10$（385）$= 3850$，方差 $V[T] = 10$（5^2）$= 250$。

> *pnorm*（3800，3850，*sqrt*（250））

[1] 0.0007827011

另一种解法

$$P(T < 3800) = P\left(\frac{T - \mu}{\sigma} < \frac{3800 - 3850}{\sqrt{250}}\right) = P(Z < -3.16)$$

3800g 比平均值低三个标准偏差多一点。

iid 随机变量的平均值

令 X_1，$\cdots$，X_n 是 i.i.d 具有共同均值 μ 和方差 σ^2 的随机变量，令 $S_n = X_1 + \cdots + X_n$。则

$$E\left[\frac{S_n}{n}\right] = \mu, V\left[\frac{S_n}{n}\right] = \frac{\sigma^2}{n}$$

如果 X_i 服从正态分布，$S_n/n \sim N(\mu, \sigma^2/n)$。证明：

$$E\left[\frac{S_n}{n}\right] = E\left[\frac{X_1 + \cdots + X_n}{n}\right] = \frac{1}{n}(\mu + \cdots + \mu) = \frac{n\mu}{n} = \mu$$

$$V\left[\frac{S_n}{n}\right] = V\left[\frac{X_1 + \cdots + X_n}{n}\right] = \frac{1}{n^2}(\sigma^2 + \cdots + \sigma^2) = \frac{n\sigma^2}{n^2} = \frac{\sigma^2}{n}$$

平均值优于单次测量。 水果摊上的金属弹簧秤不是很精确，测量误差很大。测量水果时，测量误差是真实重量与秤上显示的重量之间的差值。测量误差通常服从均值为 0 的正态分布。

假设秤的测量误差 M 服从 $\mu=0$ 和 $\sigma=2$ 盎司的正态分布。如果一块水果的真实重量是 w，那么观察到的水果重量就是顾客在秤上看到的重量，即真实重量和测量误差的总和。设 X 为观察到的重量。那么 $X=w+M$。由于 w 是一个常数，X 服从正态分布，均值 $E[X] = E[w+M] = w+E[M] = w$，方差 $V[X] = V[w+M] = V[M] = 4$。

当购物者称他们的水果时，观察到的测量值与真实重量相差 1 盎司以内的概率为

$$P(|X - w| \leq 1) = P(-1 \leq X - w \leq 1)$$

$$= P\left(\frac{-1}{2} \leq \frac{X - w}{\sigma} \leq \frac{1}{2}\right)$$

$$= P\left(\frac{-1}{2} \leq Z \leq \frac{1}{2}\right) = 0.383$$

同样，体重秤显示重量减少超过 1 盎司的可能性超过 60%。如果依据 n 次独立测量的平均值 $S_n/n = (X_1 + \cdots + X_n)/n$，$S_n/n \sim N(w, 4/n)$，平均测量值与真实重量相差 1 盎司以内的概率为

$$P(|S_n/n - w| \leq 1) = P(-1 \leq S_n/n - w \leq 1)$$

$$= P\left(\frac{-1}{\sqrt{4/n}} \leq \frac{S_n/n - w}{\sigma/\sqrt{n}} \leq \frac{1}{\sqrt{4/n}}\right)$$

$$= P\left(\frac{-\sqrt{n}}{2} \leq Z \leq \frac{\sqrt{n}}{2}\right)$$

$$= 2F\left(\frac{\sqrt{n}}{2}\right) - 1$$

如果想要"95% 置信"平均值在真实重量的 1 盎司以内，即 $P(|S_n/n - w| \leq 1) = 0.95$，应该进行多少次测量？对 n 求解 $0.95 = 2F(\sqrt{n}/2) - 1$，得

$$F\left(\frac{\sqrt{n}}{2}\right) = \frac{1 + 0.95}{2} = 0.975$$

标准正态分布的第 97.5 个分位数是 1.96。因此，$\sqrt{n}/2 = 1.96$，且 $n = (2 \times 1.96)^2 = 7.68$，即应该进行八次测量。

例子 Stern（1997）从飞镖板的 590 次投掷中收集数据，测量飞镖和靶心之间的距离。为创建飞镖模型，假设水平和垂直误差 H 和 V 是独立的随机变量，且服从均值为 0，方差为 σ^2 正态分布。令 T 成为从飞镖到靶心的距离。那么 $T = \sqrt{H^2 + V^2}$ 就是径向距离，试找到 T 的分布。

径向距离是两个独立法线的函数。H 和 V 的联合密度是它们边际密度的乘积。即

$$f(h, v) = \left(\frac{1}{\sqrt{2\pi}\,\sigma}e^{-h^2/2\sigma^2}\right)\left(\frac{1}{\sqrt{2\pi}\,\sigma}e^{-v^2/2\sigma^2}\right) = \frac{1}{2\pi\sigma^2}e^{-(h^2+v^2)/2\sigma^2}$$

对于 $t > 0$

$$P(T \leq t) = P(\sqrt{H^2 + V^2} \leq t) = P(H^2 + V^2 \leq t^2)$$

$$= \int_{-t}^{t}\int_{-\sqrt{t^2-h^2}}^{\sqrt{t^2-h^2}} \frac{1}{2\pi\sigma^2}e^{-(h^2+v^2)/2\sigma^2}dhdv$$

更改为极坐标得

$$P(T \leq t) = \frac{1}{2\pi\sigma^2}\int_0^t\int_0^{2\pi}e^{-r^2/2\sigma^2}rd\theta dr$$

$$= \frac{1}{\sigma^2}\int_0^t re^{-r^2/2\sigma^2}dr = 1 - e^{-t^2/2\sigma^2}$$

关于 t 求导得

$$f_T(t) = \frac{t}{\sigma^2} e^{-\frac{t^2}{2\sigma^2}} \, , \, t > 0$$

即可靠性理论和工业工程中经常使用的威布尔分布的密度。在飞镖模型中，参数 σ 是衡量玩家准确度的指标。可以使用多种统计方法从数据中估计 σ。对两名职业飞镖运动员的估计是 $\sigma \approx 13.3$，离靶心超过 40mm 的概率为

$$P(T > 40) = \int_{40}^{\infty} \frac{t}{(13.3)^2} e^{-\frac{t^2}{2(13.3)^2}} = 0.011$$

11. 伽马分布

伽马分布是一系列具有两个参数的正连续分布。随机变量 X 具有伽马分布，$a > 0$，$\lambda > 0$，即密度函数为

$$f(x) = \frac{\lambda^a x^{a-1} e^{-\lambda x}}{\Gamma(a)} \, , \, x > 0$$

此处，$\Gamma(a) = \int_0^{\infty} t^{a-1} e^{-t} dt$。函数 Γ 是伽马函数，$\Gamma(1) = 1$。

$$\begin{aligned}\Gamma(x) &= (x-1)\Gamma(x-1) \\ &= (x-1)(x-2)\Gamma(x-2) \\ &= (x-1)(x-2)\cdots(1) \\ &= (x-1)!\end{aligned}$$

如果伽马分布的第一个参数 a 等于 1，则伽马密度函数将变为指数密度。伽马分布是指数分布的双参数推广。在许多应用中，指数随机变量用于对事件之间的到达间隔时间进行建模，例如高速公路事故、组件故障、电话或公共汽车到达之间的时间。第 n 次出现，或第 n 次到达的时间，是 n 次到达间隔时间的总和。n 个 iid 指数随机变量的和具有伽马分布。

令 $E_1, \cdots, E_n$ 是一个 iid 且参数为 λ 的指数随机变量序列。令

$$S = E_1 + \cdots + E_n$$

则 S 具有参数为 n 和 λ 的伽马分布。

例子　自然灾害后向保险索赔的时间间隔被用 iid 指数随机变量描述。索赔在最初几天每小时大约 4 次；（1）第 100 次保险索赔在前 24 小时内不会出现的概率是多少？（2）第 100 次索赔将在什么时间之前出现（概率至少为 95%）？

（1）解答，$P(S_{100} > 24)$

> 1-pgamma（24, 100, 4）

［1］0.6450564

（2）解答，$P(S_{100} \leqslant t) \geqslant 0.95$

> qgamma（0.95, 100, 4）

［1］29.24928

第 100 项索赔将在时间 $t = 29.25$ 之前出现的概率至少为 95%，即第二天的 5 小时 15 分钟。模拟 $\lambda = 2$ 的 20 个独立指数随机变量的总和，并与 $a = 20$ 和 $\lambda = 2$ 的伽马密度进行比较。

> *simlist <- replicate（10000, sum（rexp（20, 2）））*

> *hist（simlist, prob = T）*

> *curve（dgamma（x, 20, 2）, 0, 20, add = T）*

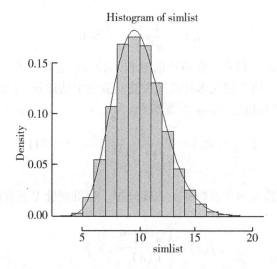

Histogram of simlist

期望和差异。对于参数为 a 和 λ 的伽马分布，期望 μ 和方差 σ^2 为

$$\mu = \frac{a}{\lambda}$$

$$\sigma^2 = \frac{a}{\lambda^2}$$

证明：

令 $X \sim Gamma(a, \lambda)$，则

$$E[X] = \int_0^\infty x\, \frac{\lambda^a x^{a-1} e^{-\lambda x}}{\Gamma(a)} dx = \int_0^\infty \frac{\lambda^a x^a e^{-\lambda x}}{\Gamma(a)} dx$$

由于被积函数中的 $x^a = x^{(a+1)-1}$ 项，使被积函数看起来像参数为 $a+1$ 和 λ 的伽马分布的密度函数。

$$\int_0^\infty \frac{\lambda^a x^a e^{-\lambda x}}{\Gamma(a)} dx = \frac{\Gamma(a+1)}{\lambda \Gamma(a)} \int_0^\infty \frac{\lambda^{a+1} x^a e^{-\lambda x}}{\Gamma(a+1)} dx = \frac{\Gamma(a+1)}{\lambda \Gamma(a)} , \text{（因密度函数积分} \int_0^\infty \frac{\lambda^{a+1} x^a e^{-\lambda x}}{\Gamma(a+1)} dx = 1 \text{）}$$

$$E[X] = \frac{\Gamma(a+1)}{\lambda \Gamma(a)} = \frac{a\Gamma(a)}{\lambda \Gamma(a)} = \frac{a}{\lambda}$$

$$E[X^2] = \int_0^\infty x^2\, \frac{\lambda^a}{\Gamma(a)} x^{a-1} e^{-\lambda x} dx$$

$$= \frac{1}{\Gamma(a)} \frac{\Gamma(a+2)}{\lambda^2} \int_0^\infty \frac{\lambda^{a+2} x^{a+1} e^{-\lambda x}}{\Gamma(a+2)} dx$$

$$= \frac{(a+1)a\Gamma(a)}{\Gamma(a) \lambda^2} = \frac{(a+1)a}{\lambda^2}$$

$$Var(X) = \frac{(a+1)a}{\lambda^2} - \left(\frac{a}{\lambda}\right)^2 = \frac{a}{\lambda^2}$$

12. 泊松过程

具有参数 λ 的泊松过程 N_t 分布，令 $(N_t)_{t \geq 0}$ 是参数为 λ 的泊松过程。

$$P(N_t = k) = \frac{e^{-\lambda t}(\lambda t)^k}{k!}, \ k = 0, \ 1, \ \cdots$$

R 语言模拟泊松过程

一种模拟泊松过程的方法是首先模拟指数到达间隔时间，然后构造到达序列。要生成参数为 λ 的泊松过程的 n 次到达，cumsum 命令返回到达间隔时间的累积总和，向量 arrive 包含连续到达的次数。最后到达时间是：

last <- tail（arrive，1）

对于 $t \leqslant$ last，到时间 t N_t 的到达次数模拟为

sum（arrive <= t）

例如，考虑参数 $\lambda = 1/2$ 的泊松过程，模拟概率 $P(N_5 - N_2 = 1)$：

```
> n <- 10000
> simlist <- numeric（n）
> for（i in 1：n）{
  inter <- rexp（30, 1/2）
  arrive <- cumsum（inter）
  nt <- sum（2 <= arrive & arrive <= 5）
  simlist［i］<- if（nt == 1）1 else 0}
> mean（simlist）
［1］0.3275
```

由于 $P(N_5 - N_2 = 1) = P(N_3 = 1)$，精确解为

```
> dpois（1, 3/2）
［1］0.3346952
```

13. 贝塔分布

随机变量 X 具有参数 $a > 0$ 和 $b > 0$ 的 beta 分布为

$$f(x) = \frac{\Gamma(a+b)}{\Gamma(a)\Gamma(b)} x^{a-1}(1-x)^{b-1}, \ 0 < x < 1$$

$$E[X] = \frac{a}{a+b}$$

$$V[X] = \frac{ab}{(a+b)^2(a+b+1)}$$

例子 设 X 是杰克花在概率论上的学习时间。给定的密度函数是具有参数 $a = 4$ 和 $b = 2$ 的 beta 分布的函数。杰克明天将一半以上的学习时间花在概率论上的概率是多少？

```
> 1-pbeta（1/2, 4, 2）
［1］0.8125
```

14. 帕累托分布

随机变量 X 具有参数 $m > 0$ 和 $a > 0$ 的帕累托分布，则 X 的密度函数为

$$f(x) = a \frac{m^a}{x^{a+1}}, \ x > m$$

模拟帕累托分布

设 $X \sim$ Pareto（m，a），则

$$P(X > x) = \int_x^\infty a\, \frac{m^a}{t^{a+1}} \mathrm{d}t = \left(\frac{m}{x}\right)^a,\ x > m$$

$$F_X(x) = 1 - \left(\frac{m}{x}\right)^a$$

其反函数为

$$F^{-1}(u) = \frac{m}{(1-u)^{1/a}}$$

如果 $U \sim \mathrm{Unif}\ (0,\ 1)$，则 $m/(1-U)^{1/a}$ 服从帕累托分布，而 $1-U$ 也均匀分布在（0，1）上，也可以使用 $m/U^{1/a}$ 模拟 Pareto（m, a）。

R 语言模拟 80-20 规则

```
> m <- 1
> a <- log(5)/log(4)
> simlist <- m/runif(100000)^(1/a)
> totalwealth <- sum(simlist)
> totalwealth80 <- 0.80 * totalwealth  #80% 的财富
> indx <- which(cumsum(simlist) > totalwealth80)[1]
> 1 - indx/100000  # 拥有 80% 收入的人口百分比
[1] 0.23508
```

七、条件分布、期望和方差

如果 X 和 Y 是联合连续随机变量，则给定 $X=x$ 的 Y 的条件密度为

$$f_{Y|X}(y \mid x) = \frac{f(x,\ y)}{f_X(x)},\ f_X(x) > 0$$

1. 贝叶斯公式

设 X 和 Y 为联合分布的连续随机变量。则

$$f_{Y|X}(y \mid x) = \frac{f_{Y|X}(y \mid x)f_X(x)}{\int_{-\infty}^{\infty} f_{Y|X}(y \mid t)f_X(t)\,\mathrm{d}t}$$

例子 考虑 1 小时间隔内的电子邮件流量。假设未知的电子邮件流量 Λ 具有参数为 1 的指数分布。进一步假设如果 $\Lambda = \lambda$，则在该小时内到达的电子邮件消息的数量 M 具有参数为 100λ 的泊松分布。求 M 的概率密度函数。

给定 $\Lambda = \lambda$ 的 M 的条件分布是参数为 100λ 的泊松分布。M 和 Λ 的联合密度为

$$f(m,\ \lambda) = f_{M|\Lambda}(m \mid \lambda)f_\Lambda(\lambda) = \frac{e^{-100\lambda}\,(100\lambda)^m}{m!}e^{-\lambda}$$

$$= \frac{e^{-101\lambda}\,(100\lambda)^m}{m!},\ \lambda > 0,\ m = 0,\ 1,\ 2,\ \cdots$$

将"混合"联合密度关于 λ 积分得出离散概率密度函数为

$$P(M = m) = \frac{1}{m!}\int_0^\infty e^{-101\lambda}\,(100\lambda)^m \mathrm{d}\lambda = \frac{1}{m!}\left(\frac{m!}{101}\left(\frac{100}{101}\right)^m\right)$$

$$= \left(1 - \frac{1}{101}\right)^{m-1} \frac{1}{101} , \ m = 1, \ 2, \ \cdots$$

1 小时内到达的电子邮件消息数具有参数 $p = 1/101$ 的几何分布。

2. R 语言模拟指数−泊松交通流模型

下面的代码模拟了两阶段交通流模型中 Λ 和 M 的联合分布。令 n 为模拟中的试验次数，数据存储在 $n{\times}2$ 矩阵 simarray 中。每行由 (Λ, M) 的结果组成。Λ 和 M 的边际分布是通过简单地取 simarray 矩阵的第一和第二列来模拟的。

```
> n <- 100
> simarray <- matrix(0, n, 2)
> for(i in 1: n){
  simarray[i, 1] <- rexp(1, 1)
  simarray[i, 2] <- rpois(1, 100 * simarray[i, 1])}
> par(mfrow = c(2, 2))
> plot(simarray, xlab = expression(Lambda), ylab ="M",
  pch = 20, main = expression(paste("Joint distribution
  of ", Lambda, " and M")))
> hist(simarray[, 1], xlab ="", ylab ="",
  main = expression(paste("Marginal distribution of ",
  Lambda)), prob = T)
> curve(dexp(x, 1), 0, 5, add = T)
> hist(simarray[, 2], xlab ="", ylab ="",
  main ="Marginal distribution of M")
> hist(rgeom(n, 1/101), xlab ="", ylab ="",
  main ="Geometric(1/101) distribution", breaks = 15)
```

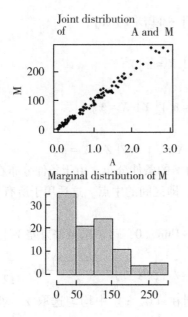

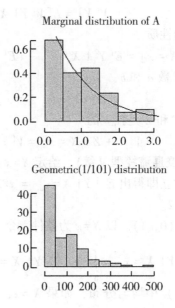

给定 $X=x$ 的 Y 的条件期望

$$E[Y \mid X=x] = \begin{cases} \sum_y yP(Y=y \mid X=x) & \text{离散} \\ \int_y yf_{Y\mid X}(y \mid x)\mathrm{d}y & \text{连续} \end{cases}$$

总期望定律

$$E[Y] = E[E[Y \mid X]]$$

条件期望的性质

（1）对于常数 a、b 和随机变量 Y 和 Z，

$$E[aY + bZ \mid X] = aE[Y \mid X] + bE[Z \mid X]$$

（2）如果 g 是一个函数，

$$E[g(Y) \mid X=x] = \begin{cases} \sum_y g(Y)P(Y=y \mid X=x) & \text{离散} \\ \int_y g(Y)f_{Y\mid X}(y \mid x)\mathrm{d}y & \text{连续} \end{cases}$$

（3）如果 X 和 Y 是独立的，

$$E[Y \mid X] = E[Y]$$

（4）如果 $Y=g(X)$ 是 X 的函数

$$E[Y \mid X] = E[g(X) \mid X] = g(X) = Y$$

条件方差

给定 $X=x$ 的 Y 的条件方差

$$V[Y \mid X=x] = \begin{cases} \sum_y (y - E[Y \mid X=x])^2 P(Y=y \mid X=x) & \text{离散} \\ \int_y (y - E[Y \mid X=x])^2 f_{Y\mid X}(y \mid x)\mathrm{d}y & \text{连续} \end{cases}$$

总方差定律

$$V[Y] = E[V[Y \mid X]] + V[E[Y \mid X]]$$

条件方差的性质

（1）$V[Y \mid X=x] = E[Y^2 \mid X=x] - (E[Y \mid X=x])^2$

（2）对于常数 a 和 b，

$$V[aY + b \mid X=x] = a^2 V[Y \mid X=x]$$

（3）如果 Y 和 Z 是独立的

$$V[Y + Z \mid X=x] = V[Y \mid X=x] + V[Z \mid X=x]$$

指数-泊松交通流模型（续），给定 $X=x$ 的 Y 的条件分布。由于条件分布在（0，x）上是均匀的，因此立即得出 $E[Y \mid X=x] = x/2$，即区间的中点。这适用于所有 $0 < x < 1$，因此 $E[Y \mid X] = X/2$。

令 $X \sim \text{Unif}(0, 1)$。以 $X=x$ 为条件，令 $Y \sim \text{Unif}(0, x)$。求条件方差 $V[Y \mid X=x]$。

$$V[Y \mid X=x] = \int_0^x (y - E[Y \mid X=x])^2 \frac{1}{x}\mathrm{d}y = \int_0^x \frac{(y-x/2)^2}{x}\mathrm{d}y = \frac{x^2}{12}$$

X 在（0，1）中均匀分布，如果 $X=x$，则在（0，x）中均匀选取 Y。求 Y 的期望和方差。

$$E[Y] = E[E[Y \mid X]] = E\left[\frac{X}{2}\right] = \frac{1}{2}E[X] = \frac{1}{4}$$

$$V[Y] = E[V[Y \mid X]] + V[E[Y \mid X]]$$

$$= E\left[\frac{X^2}{12}\right] + V\left[\frac{X}{2}\right]$$

$$= \frac{1}{12}E[X^2] + \frac{1}{4}V[X]$$

$$= \frac{1}{12}\left(\frac{1}{3}\right) + \frac{1}{4}\left(\frac{1}{12}\right) = \frac{7}{144} = 0.04861$$

R 语言两阶段均匀实验的模拟

```
> simlist <- replicate (100000, runif (1, 0, runif (1, 0, 1)))
> mean (simlist)
[1] 0.2480712
> var (simlist)
[1] 0.0481408
```

例子 在大学 4 年中，Danny 参加了 N 次考试，N 具有参数为 λ 的泊松分布。在每次考试中，他以概率 p 得 A，与任何其他考试无关。令 Z 是他得到 A 的数量。找出 N 和 Z 之间的相关性。

以 $N=n$ 为条件，Danny 得 A 的数量具有参数为 n 和 p 的二项式分布。则

$$E[Z \mid N = n] = np$$

$$E[Z \mid N] = Np$$

$$E[Z] = E[E[Z \mid T]] = E[Np] = pE[N] = p\lambda$$

以 N 为条件，

$$E[NZ] = E[E[NZ \mid N]]$$

$$= E[NE[Z \mid N]] = E[N(pN)]$$

$$= pE[N^2] = p(\lambda + \lambda^2)$$

$$Cov(N, Z) = E[NZ] - E[N]E[Z] = p(\lambda + \lambda^2) - (p\lambda)\lambda = p\lambda$$

为了得到相关性，我们需要标准偏差。条件方差为 $V[Z \mid N = n] = np(1 - p)$，因此 $V[Z \mid N] = Np(1 - p)$。根据总方差定律，

$$V[Z] = E[V[Z \mid N]] + V[E[Z \mid N]]$$

$$= E[p(1 - p)N] + V[pN] = p(1 - p)E[N] + p^2V[N]$$

$$= p(1 - p)\lambda + p^2\lambda = p\lambda$$

则 $SD[N]SD[Z] = \sqrt{\lambda}\sqrt{p\lambda} = \lambda\sqrt{p}$，

$$Corr(N, Z) = \frac{Cov(N, Z)}{SD[N]SD[Z]} = \frac{\lambda p}{\lambda\sqrt{p}} = \sqrt{p}$$

以下图形使用 R 语言绘制，参数 $\lambda = 20$ 和 $p = 0.60$，N 和 Z 之间的相关性是 $\sqrt{0.60} = 0.775$。

```
> par (mar = c (4.5, 4.5, 2, 2), mex = .8, cex = .8)
> p <- 0.6
> tlist <- rpois (10000, 20)
```

```
> zlist <- vector (length = 10000)
> for (i in 1: 10000) {
  zlist [i] <- rbinom (1, tlist [i], p)
  }
> sqrt (p) # exact correlation
[1] 0.7745967
> cor (tlist, zlist)    #模拟
[1] 0.7770871
> plot(tlist, zlist, xlab ="N = Number of tests ~ Poisson(20)", ylab ="Z = Number of
As  (p = 0.60)", main ="", pch = 20, cex.lab = 0.8, cex.axis = 0.8)
> abline(v = 30)
> text(12, 23, labels = expression(paste("T ~ Poisson(20)")))
> text(11, 21, labels ="p = 0.60", pos = 1)
> text(12.5, 23, "E[Z | T = 30] = 30p = 18", pos = 1, cex = .65)
> text(12.5, 25, expression(paste(rho, " = Corr(Z, T) = ", sqrt(0.60), " =
0.775")), cex = 0.65)
```

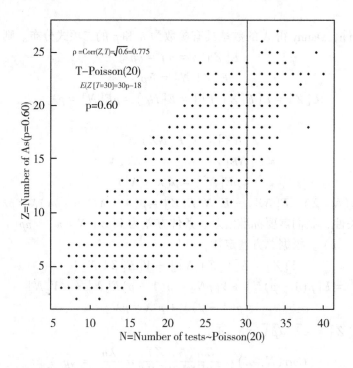

例子   每天来爱丽丝餐厅的顾客数量 N, 均值 μ_N 和方差 σ_N^2。每个客户平均花费 μ_C 美元, 方差为 σ_C^2。客户的支出彼此独立, 且与 N 无关。求客户总支出的均值和标准差。

令 C_1, C_2, …是每位顾客在餐厅消费的金额, 总支出 $T = C_1 + \cdots + C_N$ 是随机变量的总和。

$$E[T] = E[C_1]E[N] = \mu_C\mu_N$$

对于方差, 条件为 N 时, 根据总方差定律,

$$V[T] = V\left[\sum_{k=1}^{N} C_k\right]$$

$$= E\left[V\left[\sum_{k=1}^{N} C_k \mid N\right]\right] + V\left[E\left[\sum_{k=1}^{N} C_k \mid N\right]\right]$$

$$V\left[\sum_{k=1}^{N} C_k \mid N = n\right] = V\left[\sum_{k=1}^{N} C_k \mid N = n\right]$$

$$= V\left[\sum_{k=1}^{n} C_k\right] = \sum_{k=1}^{n} V[C_k]$$

$$= n\sigma_C^2$$

第二个等式是因为 N 和 C_k 是独立的。第三个等式是因为所有的 C_k 都是独立的。则

$$V\left[\sum_{k=1}^{N} C_k \mid N\right] = \sigma_C^2 N$$

$$E\left[\sum_{k=1}^{N} C_k \mid N\right] = E[C_1]N = \mu_C N$$

$$V[T] = E\left[V\left[\sum_{k=1}^{N} C_k \mid N\right]\right] + V\left[E\left[\sum_{k=1}^{N} C_k \mid N\right]\right]$$

$$= E[\sigma_C^2 N] + V[\mu_C N]$$

$$= \sigma_C^2 E[N] + (\mu_C)^2 V[N]$$

$$= \sigma_C^2 \mu_N + (\mu_C)^2 \sigma_N^2$$

假设平均每天有 $\lambda = 100$ 位顾客到达。每个客户平均花费 14 美元，标准差为 2 美元。那么爱丽丝餐厅的总收入的平均值为 $E[T] = (100)(14) = \$ 1400$ 和标准差：

$$SD[T] = \sqrt{(2^2)(100) + (14^2)(100)} = \sqrt{20000} = \$ 141.42$$

R 语言模拟爱丽丝餐厅的总消费

```
> n = 150000
> simlist <- rep (0, n)
> for (i in 1: n) {
  N <- rpois (1, 100)    #顾客的数量
  cust <- rnorm (N, 14, 2)
  total <-sum (cust)
  simlist [i] <- total
}
> mean (simlist)
[1] 1399.628
> sd (simlist)
[1] 140.6534
```

或

```
> simlist <- replicate (50000, sum (rnorm (rpois (1, 100), 14, 2)))
> mean (simlist)
[1] 1399.927
```

> *sd* （*simlist*）

[1] 142.4722

八、极限

1. 大数弱定律

总和 $S_n = X_1 + \cdots + X_n$ 服从参数为 n 和 1/2 的二项式分布。用 R 语言求概率 $P(\mid S_n/n - \mu \mid < \in)$。

> *p <- 1/2*

> *wlln <- function （n, eps）｛*

   pbinom （n*p+n*eps, n, p） -pbinom （n*p-n*eps, n, p）｝

> *wlln （100, 0.1）*

[1] 0.9539559

> *wlln （100, 0.01）*

[1] 0.1576179

> *wlln （1000, 0.01）*

[1] 0.4726836

> *wlln （10000, 0.01）*

[1] 0.9544943

弱大数定律意味着，对于较大的 n，平均 Sn/n 很可能接近 μ。例如，在掷一百万次硬币中，使用 R 函数 *wlln*(n, $\in$) 发现正面的比例在均值的千分之一以内的概率约为 0.954。

> *wlln （1000000, 0.001）*

[1] 0.9544997

2. 蒙特卡罗积分

设 f 是 （0, 1） 上的连续函数。以下蒙特卡罗算法给出了积分的近似值：

$$I = \int_0^1 f(x)\,\mathrm{d}x$$

（1）生成 n 个均匀分布在 （0, 1） 区间得随机变量 $X_1, \cdots, X_n$；

（2）在每个 X_i 处计算 f，给出 $f(X_1), \cdots, f(X_n)$；

（3）取平均值作为积分的蒙特卡罗近似，即

$$I \approx \frac{f(X_1) + \cdots f(X_n)}{n}$$

例1：求 $\int_0^1 (sinx)^{cosx}\,\mathrm{d}x$

> *f <- function （x） sin （x） ^cos （x）*

> *n <- 10000*

> *simlist <- f （runif （n）)*

> *mean （simlist）*

[1] 0.4990557

可以使用数值积分来"检查"解。R 命令对误差范围内的积分进行数值求解。

```
> integrate (f, 0, 1)
```
0. 5013249 with absolute error < 1. 1e-09

例2: 求 $\int_0^\infty x^{-x}dx$

由于积分范围是 $(0, \infty)$，不能将积分表示为 $(0, 1)$ 上均匀随机变量的函数。然而可以将原式写为

$$\int_0^\infty x^{-x}dx = \int_0^\infty x^{-x}e^x e^{-x}dx = \int_0^\infty \left(\frac{e}{x}\right)^x e^{-x}dx$$

令 $f(x) = (e/x)^x$，积分等于 $E[f(X)]$，其中 X 具有参数 $\lambda = 1$ 的指数分布。对于蒙特卡罗积分，生成指数随机变量，使用 f 进行估计，并取平均数。

```
> f <- function (x) (exp (1) /x) ^x
> n <- 10000
> simlist <- f (rexp (n, 1))
> mean (simlist)
```
[1] 1.987879

通过数值积分进行的检查：

```
> g <- function (x) x^ (-x)
> integrate (g, 0, Inf)
```
1. 995456 with absolute error < 0. 00016

例3: 求 $\sum_{k=1}^\infty \frac{\log k}{3^k}$，改写原式为

$$\sum_{k=1}^\infty \frac{\log k}{3^k} = \sum_{k=1}^\infty \frac{\log k}{2}\left(\frac{1}{3}\right)^{k-1}\left(\frac{2}{3}\right) = \sum_{k=1}^\infty \frac{\log k}{2}P(X = k)$$

其中 X 具有参数 $p = 2/3$ 的几何分布。最后一个表达式等于 $E[f(X)]$，其中 $f(x) = \log x/2$。

```
> f <- function (x) log (x) /2
> n <- 10000
> simlist <- f (rgeom (n, 2/3) +1)
> mean (simlist)
```
[1] 0. 1461922

3. 中心极限定理

设 $X_1, X_2, \cdots$ 为一个独立同分布，且具有有限均值 μ 和方差 σ^2 的随机变量序列。对于 $n = 1, 2, \cdots$，令 $S_n = X_1 + \cdots + X_n$。那么标准化随机变量的分布 $(S_n/n - \mu)/(\sigma/\sqrt{n})$ 收敛到以下意义上的标准正态分布。对于所有 t，

$$P\left(\frac{S_n/n - \mu}{\sigma/\sqrt{n}}\right) \leq t \to P(Z \leq t), n \to \infty$$

此处，$Z \sim N(0, 1)$。

```
> cltsequence <- function (n)
  (mean (rbinom (n, 1, 1/2)) -1/2) * (2 * sqrt (n))
```

```
> cltsequence（1000）
[1] -0.06324555
> cltsequence（1000）
[1] -1.075174
> cltsequence（1000）
[1] -1.011929
> cltsequence（1000）
[1] 0.56921
> simlist <- replicate（10000, cltsequence（1000））
> hist（simlist, prob＝T）
> curve（dnorm（x）, -4, 4, add＝T）
```

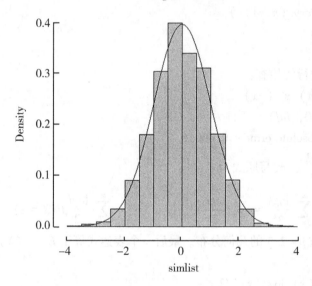

Histogram of simlist

4. 随机游走

随机游走是物理学、生态学和众多领域的基本模型。一个粒子从整数轴上的原点开始。在每一步，粒子以 1/2 的概率向左或向右移动。求 n 步后距离原点的期望值和标准差。

设 X_1, X_2, …是一个独立的随机变量序列，每个变量取值为±1，概率为 1/2。对于 $n = 1, 2, …$，令 $S_n = X_1 + … + X_n$ 为 n 步后的步行位置。n 步后，随机游走距原点的距离为 $|S_n|$。使用正态近似，与原点的预期距离为

$$E[|S_n|] \approx \int_{-\infty}^{\infty} |t| \frac{1}{\sqrt{2\pi n}} e^{-t^2/2n} dt = \frac{2}{\sqrt{2\pi n}} \int_0^{\infty} t e^{-t^2/2n} dt$$

$$= \frac{2n}{\sqrt{2\pi n}} = \sqrt{\frac{2}{\pi}} \sqrt{n} \approx (0.80) \sqrt{n}$$

对于距离的标准差，$E[|S_n|^2] = E[S_n^2] = n$，

$$V[\mid S_n \mid] = E[\mid S_n^2 \mid] - E[\mid S_n \mid]^2 = n - \frac{2n}{\pi} = n\left(\frac{\pi - 2}{\pi}\right)$$

$$SD[\mid S_n \mid] \approx \sqrt{\frac{\pi - 2}{\pi}} \sqrt{n} \approx (0.60)\sqrt{n}$$

例如，在 10000 步之后，随机游走大约是 $(0.80)\sqrt{10000} = 80$ 步距原点约 (0.60) $\sqrt{10000} = 60$ 步。

```
> simlist <- numeric (5000)
> for (i in 1: 5000) {
  rw <- sample (c (-1, 1), 10000, replace=T)
  simlist [i] <- abs (tail (cumsum (rw), 1)) }
> mean (simlist)
[1] 79.8344
> sd (simlist)
[1] 60.84486
 > rw <- sample(c(-1, 1), 10000, replace = T, prob = c(1/2, 1/2))
 > plot(cumsum(rw), type ="l", xlab ="Steps", ylab ="Position", ylim = c(-200,
200))
```

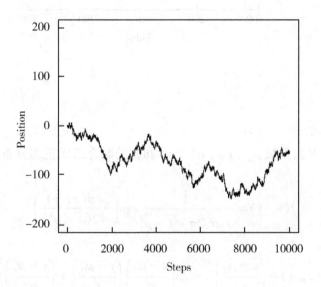

随机游走的最终位置 S

```
> trials <- 5000
> simlist <- numeric (trials)
> for (i in 1: trials) {
  rw <- sample (c (-1, 1), 10000, replace=T, prob=c (1/2, 1/2))
  simlist [i] <- tail (cumsum (rw), 1)    # Final position of random walk
  }
>
```

> *hist*（*simlist*）

> *mean*（*simlist*）

［1］2.8948

> *sd*（*simlist*）

［1］100.0994

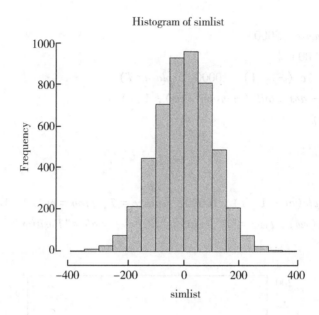

九、其他

1. 二元正态分布

随机变量 X 和 Y 具参数 μ_X，μ_Y，σ_X^2，σ_Y^2 和 ρ 的联合二元正态分布，X 和 Y 的联合密度为

$$f(x,\ y) = \frac{1}{\sigma_X \sigma_Y 2\pi \sqrt{1-\rho^2}} exp\left(-\frac{d(x,\ y)}{2(1-\rho^2)}\right)$$

此处

$$d(x,\ y) = \left(\frac{x-\mu_X}{\sigma_X}\right)^2 - 2\rho\left(\frac{x-\mu_X}{\sigma_X}\right)\left(\frac{y-\mu_Y}{\sigma_Y}\right) + \left(\frac{y-\mu_Y}{\sigma_Y}\right)^2$$

参数为 $\sigma_X > 0$，$\sigma_Y > 0$，$-1 < \rho < 1$。二元标准正态分布的性质：

假设随机变量 X 和 Y 具有相关性为 ρ 的二元标准正态分布，则

（1）边际分布：X 和 Y 的边际分布均为标准正态分布。

（2）条件分布：给定 $Y = y$，X 的条件分布为均值 ρy 和方差为 $1 - \rho^2$，即 $E[X \mid Y = y] = \rho y$ 和 $V[X \mid Y = y] = 1 - \rho^2$；同样，给定 $X = x$，Y 的条件分布为均值 $E[Y \mid X = x] = \rho x$，$V[Y \mid X = x] = 1 - \rho^2$。

（3）相关性和独立性：如果 $\rho = 0$，即 X 和 Y 不相关，则 X 和 Y 是独立的随机变量。

（4）将 X 和 Y 转换为独立的随机变量：令 $Z_1 = X$ 和 $Z_2 = (Y - \rho X)/\sqrt{1-\rho^2}$，那么 Z_1

和 Z_2 是独立的标准正态随机变量。

（5）X 和 Y 的线性函数：对于非零常数 a 和 b，$aX + bY$ 是正态分布，均值为 0，方差为 $a^2 + b^2 + 2ab\rho$。

由性质 5 得：$X = Z_1$，$Y = \sqrt{1 - \rho^2}\, Z_2 + \rho Z_1$，其中 Z_1 和 Z_2 是独立的标准正态变量。

$$aX + bY = a Z_1 + b(\sqrt{1 - \rho^2}\, Z_2 + \rho Z_1) = (a + b\rho) Z_1 + b \sqrt{1 - \rho^2}\, Z_2$$

即可以将 $aX+bY$ 写为独立随机变量的总和。

R 语言模拟二元正态随机变量

相关性 $\rho = -0.75$ 的二元标准正态分布模拟 1000 个观测值。

```
> n <- 1000
> rho <- -0.75
> xlist <- numeric (n)
> ylist <- numeric (n)
> for (i in 1: n) {
  z1 <- rnorm (1)
  z2 <- rnorm (1)
  xlist [i] <- z1
  ylist [i] <- rho * z1 + sqrt (1-rho^2) * z2
  }
> plot (cbind (xlist, ylist))
```

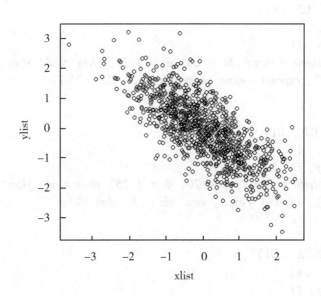

二元正态分布：给定 *X=x* 的 *Y* 的条件分布

$$E[\,Y \mid X = x\,] = \mu_Y + \rho \frac{\sigma_Y}{\sigma_X}(x - \mu_X)$$

$$V[\,Y \mid X = x\,] = \sigma_Y^2(1 - \rho^2)$$

R 语言模拟二元正态分布

```
#第一行
#第一幅图, rho = 0
par(mfrow = c(2, 2), mar = c(1, 1, 5, 0))
x <- seq(-3.5, 3.5, .2)
y <- x
rho <- 0
expa <- 0.65 # expand parameter
thet <- 60
xl = c(-3.5, 3.5)
yl = c(-3.5, 3.5)
zl = c(0, .2)
f <- function(x, y){
    (1/(2 * pi * sqrt(1 - rho^2))) * exp(- (x^2 - 2 * rho * x * y + y^2)/(2 * (1
- rho^2)))
}
dat <- outer(x, y, f)
persp(x, y, dat, theta = thet, phi = 20, d = 1.25, xlim = xl, ylim = yl, zlim = zl,
ticktype ="detailed", expand = expa, cex = .5, cex.axis = .5, zlab ="", main = "")
title(main = list(expression(paste("Bivariate normal ", rho, " = 0")), cex = 0.85))
#第二幅图
#X = 0
x <- seq(-.02, .02, .01)
y <- seq(-3, 3, .1)
dat <- outer(x, y, f)
persp(x, y, dat, theta = thet, phi = 20, d = 1.25, xlim = xl, ylim = yl, zlim = zl,
ticktype ="detailed", expand = expa, cex.axis = .5, zlab ="")
#X = 1
par(new = TRUE)
x <- seq(.98, 1.02, .01)
y <- seq(-3, 3, .1)
dat <- outer(x, y, f)
persp(x, y, dat, theta = thet, phi = 20, d = 1.25, xlim = xl, ylim = yl, zlim = zl,
ticktype ="detailed", expand = expa, cex.axis = .5, zlab ="")
#X = 2
par(new = TRUE)
x <- seq(1.98, 2.02, .01)
y <- seq(-3, 3, .1)
dat <- outer(x, y, f)
persp(x, y, dat, theta = thet, phi = 20, d = 1.25, xlim = xl, ylim = yl, zlim = zl,
ticktype ="detailed", expand = expa, cex.axis = .5, zlab ="")
title(main = list(expression(paste("Conditional density of Y given X = 0, 1, 2")),
cex = 0.85))
#第二行
#第一幅图, rho = 0.8
x <- seq(-3.5, 3.5, .2)
```

```
y <- x
rho <- 0.8
expa <- 0.65 # expand parameter
xl = c(-3.5, 3.5)
yl = c(-3.5, 3.5)
zl = c(0, .3)
f <- function(x, y){
    (1/(2 * pi * sqrt(1 - rho^2))) * exp(- (x^2 - 2 * rho * x * y + y^2)/(2 * (1 - rho^2)))
}
dat <- outer(x, y, f)
persp(x, y, dat, theta = thet, phi = 20, d = 1.25, xlim = xl, ylim = yl, zlim = zl,
ticktype ="detailed", expand = expa, cex.axis =.5, zlab ="", main ="")
title(main = list(expression(paste("Bivariate normal ", rho, " = 0.8")), cex = 0.85))
# 第二幅图
#X = 0
x <- seq(-.02, .02, .01)
y <- seq(-3, 3, .1)
dat <- outer(x, y, f)
persp(x, y, dat, theta = thet, phi = 20, d = 1.25, xlim = xl, ylim = yl, zlim = zl,
ticktype ="detailed", expand = expa, cex.axis =.5, zlab ="")
#X = 1
par(new = TRUE)
x <- seq(.98, 1.02, .01)
y <- seq(-3, 3, .1)
dat <- outer(x, y, f)
persp(x, y, dat, theta = thet, phi = 20, d = 1.25, xlim = xl, ylim = yl, zlim = zl,
ticktype ="detailed", expand = expa, cex.axis =.5, zlab ="")
#X = 2
par(new = TRUE)
x <- seq(1.98, 2.02, .01)
y <- seq(-3, 3, .1)
dat <- outer(x, y, f)
persp(x, y, dat, theta = thet, phi = 20, d = 1.25, xlim = xl, ylim = yl, zlim = zl,
ticktype ="detailed", expand = expa, cex =.5, cex.axis =.5, zlab ="", main = "")
title(main = list(expression(paste("Conditional density of Y given X = 0, 1, 2")), cex = 0.85))
```

Bivariate normal ρ =0

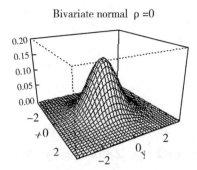

Conditional density of Y given X=0,1,2

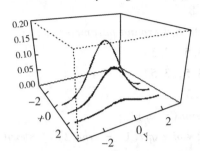

Bivariate normal ρ =0.8

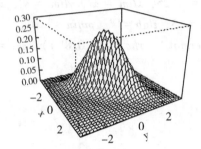

Conditional density of Y given X=0,1,2

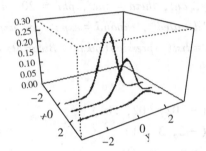

R 语言绘制等高线图

```
par(mfrow = c(2, 2), mar = c(4, 2, 1, 2), oma = c(0, 0, 0, 0), cex = 0.5)
#图1
n < - 60
x < - seq( - 3, 3, length = 60); y < - x; rho < - - .75
bivnd < - function(x, y){
exp( - (x^2 - 2 * rho * x * y + y^2)/(2 * (1 - rho^2)))
}
z < - x % * % t(y)   #将 z 设置为大小合适的矩阵
for(i in 1: n){
for(j in 1: n){
z[i, j] < - bivnd(x[i], y[j])
}
}
contour(x, y, z, drawlabels = F, cex. axis = 0.8)
text( - 2, 2.5, "(a)")
#图2
rho < - 0
z < - x % * % t(y)# to set up z as a matrix of the right size
for(i in 1: n){
for(j in 1: n){
```

```
z[i, j] <- bivnd(x[i], y[j])
}
}
contour(x, y, z, drawlabels = F, cex.axis = 0.8)
text(-2, 2.5, "(b)")
#图3
rho <- 0.5
z <- x %*% t(y)# to set up z as a matrix of the right size
for(i in 1: n){
for(j in 1: n){
z[i, j] <- bivnd(x[i], y[j])
}
}
contour(x, y, z, drawlabels = F, cex.axis = 0.8)
text(-2, 2, "(c)")
#图4
rho <- 0.9
z <- x %*% t(y)# to set up z as a matrix of the right size
for(i in 1: n){
for(j in 1: n){
z[i, j] <- bivnd(x[i], y[j])
}
}
contour(x, y, z, drawlabels = F, cex.axis = .8)
text(-2, 2, "(d)")
```

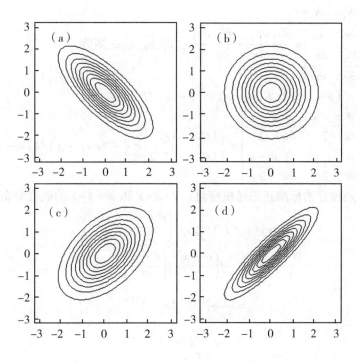

例子　使用高尔顿数据集（父亲及其成年儿子身高），对于父子对，令 F 代表父亲的身高，S 代表儿子的身高。假设 (F, S) 具有参数 $\mu_F = 69$、$\mu_S = 70$、$\sigma_F = \sigma_S = 2$ 和 $\rho = 0.50$ 的二元正态分布。（1）求儿子比父亲高的概率。（2）假设父亲身高 67 英寸，其儿子超过 6 英尺的概率是多少？

（1）所需的概率是 $P(S > F) = P(S - F > 0)$。根据性质 5，$S - F$ 服从正态分布，其均值为

$$E[S - F] = \mu_S - \mu_F = 70 - 69 = 1$$
$$V[S - F] = V[S] + V[F] - 2Cov(S, F)$$
$$= \sigma_S^2 + \sigma_F^2 - 2\rho\sigma_S\sigma_F$$
$$= 4 + 4 - 2(0.5)(2)(2) = 4$$

则 $S - F \sim N(1, 4)$，用 R 语言求 $P(S > F) = P(S - F > 0)$：

> 1-*pnorm* (0, 1, 2)

[1] 0.6914625

（2）$P(S > 72 \mid F = 67)$，给定 $F=f$ 的 S 条件分布是正态分布：

$$E[S \mid F = f] = 70 + (0.5)\frac{2}{2}(f - 69) = 70 + \frac{f - 69}{2}$$

在 $f=67$ 时，条件平均值为 70+（67-69）/2=69。条件方差为

$$V[S \mid F = 67] = (1 - (0.5)^2)4 = 3$$

> 1-*pnorm* (72, 69, *sqrt* (3))

[1] 0.04163226

2. 两个随机变量的变换

V 和 W 的联合密度

$$f_{V, W}(v, w) = f_{X, Y}(h_1(v, w), h_2(v, w)) \mid J \mid$$

其中，$J = \begin{vmatrix} \dfrac{\partial h_1}{\partial v} & \dfrac{\partial h_1}{\partial w} \\ \dfrac{\partial h_2}{\partial v} & \dfrac{\partial h_2}{\partial w} \end{vmatrix} = \dfrac{\partial h_1}{\partial v}\dfrac{\partial h_2}{\partial w} - \dfrac{\partial h_2}{\partial v}\dfrac{\partial h_1}{\partial w}$，即 Jacobian 矩阵。

如 $h_1(v, w) = (v + w)/2, h_2(v, w) = (v - w)/2$

$$J = \begin{vmatrix} \dfrac{\partial}{\partial v}\dfrac{v + w}{2} & \dfrac{\partial}{\partial w}\dfrac{v + w}{2} \\ \dfrac{\partial}{\partial v}\dfrac{v - w}{2} & \dfrac{\partial}{\partial w}\dfrac{v - w}{2} \end{vmatrix} = \begin{vmatrix} 1/2 & 1/2 \\ 1/2 & -1/2 \end{vmatrix} = (-1/4) - (1/4) = -1/2$$

假设 X 和 Y 是独立的标准正态随机变量。$V=X+Y$ 和 $W=X-Y$ 的联合分布是

$$f_{V, W}(v, w) = \frac{1}{2}f_{X, Y}\left(\frac{v + w}{2}, \frac{v - w}{2}\right)$$
$$= \frac{1}{2}f\left(\frac{v + w}{2}\right)f\left(\frac{v - w}{2}\right)$$
$$= \frac{1}{4\pi}e^{-(v+w)^2/8}e^{-(v-w)^2/8}$$
$$= \frac{1}{4\pi}e^{-(v^2+w^2)/4}$$

$$= \left(\frac{1}{2\sqrt{\pi}} e^{-v^2/4} \right) \left(\frac{1}{2\sqrt{\pi}} e^{-w^2/4} \right)$$

这是两个正态分布密度函数的乘积，均值为 $\mu = 0$，方差为 $\sigma^2 = 2$。如果 X 和 Y 是独立的，那么 $X+Y$ 和 $X-Y$ 也是独立的。

3. 图形上随机游走

对于青蛙的随机游走模型，转移矩阵 T 为

	a	b	c	d
a	0	1	0	0
b	1/3	0	1/3	1/3
c	0	1/2	0	1/2
d	0	1/2	1/2	0

```
> n <- 200
> trials <- 10000
> simlist <- numeric (trials)
> for (i in 1: trials) {
  k <- 0
  pos <- sample (1: 4, 1) # initial position
  while (k < n) {
    k <- k+1
    if (pos == 1) {pos <- 2; next}
    if (pos == 2) {pos <- sample (c (1, 3, 4), 1); next}
    if (pos == 3) {pos <- sample (c (2, 4), 1); next}
    if (pos == 4) pos <- sample (c (2, 3), 1);}
    simlist [i] <- pos }
> table (simlist) /trials
simlist
    1       2       3       4
0.1301 0.3663 0.2540 0.2496
```

模拟分布与精确极限分布 $\pi = (1/8, 3/8, 1/4, 1/4)$ 的匹配程度较高。

4. 加权图和马尔科夫链的随机游走

假设任何一天的天气都可能处于以下三种状态之一：晴、雨和雪，1 = 晴，2 = 雨，3 = 雪。气象学家建议使用以下转换矩阵 T：

	c	r	s
c	1/6	1/3	1/2
r	1/8	1/8	3/4
s	1/3	1/6	1/2

```
> markov <- function (mat, start, n) {
    state <- start
    k = dim (mat) [ [1] ]
        for (i in 2: (n+1) )
        state <- sample (1: k, 1, prob=mat [state,] )
        return (state) }
> weather <- matrix (c (1/6, 1/3, 1/2, 1/8, 1/8, 3/4, 1/3, 1/6, 1/2), nrow=3,
byrow=T)
    > simlist<- replicate (10000, markov (weather, 1, 200) )
    > table (simlist) /10000
    simlist
        1       2       3
    0.2478 0.1965 0.5557
    > simlist<- replicate (10000, markov (weather, 1, 300) )
    > table (simlist) /10000
    simlist
        1       2       3
    0.2526 0.1995 0.5479
```

5. 平稳分布

给定具有转移矩阵 T 的马尔可夫链，如果对于所有状态 j，概率分布 $\mu = (\mu_1, \cdots, \mu_k)$ 是马尔可夫链的平稳分布，即

$$\mu_j = \sum_{i=1}^{k} \mu_i T_{ij}$$

命名为"平稳"的原因是马尔可夫链保持该分布。

对于以上天气变化例子，分布 $\mu = (1/4, 1/5, 11/20)$ 是平稳分布。在每个 $j=1, 2, 3$ 得出：

$$\sum_{i=1}^{3} \mu_i T_{i1} = (1/4)(1/6) + (1/5)(1/8) + (11/20)(1/3) = 1/4 = \mu_1$$

$$\sum_{i=1}^{3} \mu_i T_{i2} = (1/4)(1/3) + (1/5)(1/8) + (11/20)(1/6) = 1/5 = \mu_2$$

$$\sum_{i=1}^{3} \mu_i T_{i3} = (1/4)(1/2) + (1/5)(3/4) + (11/20)(1/2) = 11/20 = \mu_3$$

给定一个具有转移矩阵 T 的马尔可夫链，如果概率分布 $\mu = (\mu_1, \cdots, \mu_k)$ 满足细致平衡条件：

$$\mu_i T_{ij} = \mu_j T_{ji}, \quad \text{所有的 } i \text{ 和 } j$$

如果一个概率分布满足细致平衡条件，则它是马尔可夫链的平稳分布。

例子 两状态马尔可夫链和亚历山大·普希金的诗歌。状态转移矩阵 T 为

	a	b
a	1-p	p
b	q	1-q

其中 $0 \leqslant p$, $q \leqslant 1$，如果 p 和 q 既不是 0 也不是 1，马尔可夫链可以被转换为带循环的加权图上的随机游走，如下图所示，设 $w(a) = q$ 和 $w(b) = p$，平稳分布概率为

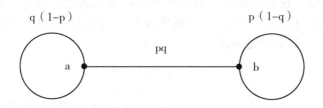

$$\pi_a = \frac{w(a)}{w(a) + w(b)} = \frac{q}{p + q}$$

$$\pi_b = \frac{w(b)}{w(a) + w(b)} = \frac{p}{p + q}$$

Andrei Andreyevich Markov 首先应用了两个状态马尔可夫链来分析亚历山大·普斯金（Alexander Puskin）的诗歌 Eugéne Onégin 中连续的元音和辅音。在 20000 首诗中，马尔科夫发现元音 8638 个，辅音 11362 个，元音-元音对 1104 对，元音-辅音和辅音-元音对 7534 对，辅音-辅音对 3828 对，转移矩阵 T 是

	V	C
V	1104/8638	7534/8638
C	7534/11362	3828/8638

	V	C
V	0.128	0.872
C	0.663	0.337

平稳分布为

$$\pi = (\pi_v, \pi_c) = \left(\frac{0.663}{0.872 + 0.663}, \frac{0.872}{0.872 + 0.663} \right) = (0.432, 0.568)$$

它分别给出了诗歌中元音和辅音的比例。

6. 马尔科夫蒙特卡洛（MCMC）

马尔可夫蒙特卡罗用于模拟来自未知概率分布的结果。该方法构造了一个马尔可夫链，其极限分布是感兴趣的未知分布。构造具有给定极限分布马尔可夫链的 MCMC 算法称为 Metropolis-Hastings 算法。

（1）根据 T 的第 i 行选择一个建议状态。也就是说，状态 j 被选择的概率为 $T_{ij} = P(X_{m+1} = j \mid X_m = i)$。

（2）决定是否接受建议状态。假设建议状态是 j。计算接受函数

$$a(i, j) = \frac{\pi_j T_{ji}}{\pi_i T_{ij}}$$

设 U 是一个在（0，1）均匀分布的随机变量。那么链的下一个状态是

$$X_{m+1} = \begin{cases} j, & \text{当 } U \leqslant a(i, j) \\ i, & \text{当 } U > a(i, j) \end{cases}$$

令 X_0 为任意初始状态。随机变量序列 X_0, X_1, X_2, …是由上述算法构造的时间可逆马尔可夫链，其极限分布为 π。假设 $\pi = (0.1, 0.2, 0.3, 0.4)$ 是所需的目标分布。设 T 为

正方形上简单随机游走的转移矩阵，标记为 1、2、3、4。随机游走从任何顶点向左或向右移动，每个概率为 1/2。

令 X_0 为任意顶点。在正方形上开始一个简单的随机游走。如果当前状态是 $X_m = i \in \{1, 2, 3, 4\}$，选择建议 $j = i \pm 1$，每个概率为 1/2（例如，如果处于状态 1，则选择 4 或 2，每个概率为 1/2）。计算接受函数：

$$a(i, j) = \frac{\pi_j T_{ji}}{\pi_i T_{ij}} = \frac{\pi_j}{\pi_i}$$

因 $T_{ij} = T_{ji} = 1/2$，令 $U \sim \text{Unif}(0, 1)$。如果 $U \leqslant \pi_j / \pi_i$，将下一步设置为 j，否则为 i。

目标分布为 $\pi = (0.1, 0.2, 0.3, 0.4)$，状态空间为 $\{1, 2, 3, 4\}$。函数 mcmc (n) 根据 Metropolis-Hastings 算法构造的马尔可夫链模拟 X_n。100 步后，输出 X_{100}，并重复 10000 次。X_{100} 的模拟分布用作 π 的近似值。

```
> pi <- c (0.1, 0.2, 0.3, 0.4)
> mcmc <- function (n) {
    current_state <- 0
    for (i in 1: n) {
      proposal <- (current_state + sample (c (-1, 1), 1) )%% 4
      accept <- pi [proposal+1] /pi [current_state+1]
      if (runif (1) < accept) current_state <- proposal}
    current_state }
>  replicate (20, mcmc (100) )
[1] 3 3 1 0 1 1 3 1 3 3 3 3 2 2 3 2 1 0 3 0
> trials <- 10000
> simlist <- replicate (trials, mcmc (100) )
> table (simlist) /trials
simlist
     0      1      2      3
0.1033 0.1976 0.2984 0.4007
```

MCMC 用于优化

```
> f <- function (x) {
    (exp (-4 * (x-3) ^2) + exp (-40 * (x-1) ^2) ) /2
  }
> optimize <- function (n) {
    current_state <- 3
    for (i in 1: n) {
      proposal <- runif (1, 0, 6)
      accept <- f (proposal) /f (current_state)
      if (runif (1) < accept) current_state <- proposal }
    current_state }
> trials <- 100000
> simlist <- replicate (trials, optimize (80) )
```

> *mean*（*simlist*）

［1］2.514635

7. 吉布斯抽样（Gibbs）

通过从条件分布中采样来模拟链元素。例如：从具有相关性 ρ 的二元标准正态分布进行模拟。如果 (X, Y) 具有二元标准正态分布，那么给定 $Y=y$ 的 X 的条件分布是正态分布，均值为 ρy，方差为 $1-\rho^2$。类似地，给定 $X=x$ 的 Y 的条件分布是正态分布，均值为 ρx，方差为 $1-\rho^2$。在 Gibbs 抽样的每一步，联合分布的每一维元素都通过从另一维度元素的条件分布中抽样更新，如以：

（1）初始 $(X_0, Y_0) = (0, 0)$。

（2）在第 m 步，已经模拟了 (X_{m-1}, Y_{m-1})，

（a）从给定 Y_{m-1} 的 X_m 的条件分布中抽取 X_m。也就是说，如果 $Y_{m-1}=y$，则从均值 ρy 和方差 $1-\rho^2$ 的正态分布模拟 X_m，然后，

（b）在给定 X_m 的情况下，从 Y_m 的条件分布中抽取 Y_m。也就是说，刚模拟了 $X_m=x$，现在从均值 ρx 和方差 $1-\rho^2$ 的正态分布中模拟 Y_m。

（3）n 足够大时，输出 (X_n, Y_n) 作为来自所需二元分布的样本。

R 代码使用 Gibbs 抽样模拟 $\rho=-0.5$ 的二元标准正态分布的 1000 个观测值。进行 $n=100$ 次迭代并输出 $(X100, Y100)$。

```
> gibbsnormal <- function (n, rho) {
   x <- 0
   y <- 0
   sd <- sqrt (1-rho^2)
   for (i in 1: n) {
     x <- rnorm (1, rho * y, sd)
     y <- rnorm (1, rho * x, sd) }
   return (c (x, y)) }
> simlist <- replicate (1000, gibbsnormal (100, -0.2) )
> plot (t (simlist) )
```

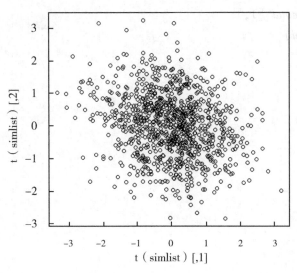

Gibbs 抽样实际上是 Metropolis-Hastings 算法的一个特例，其中转换基于条件分布。考虑 Gibbs 抽样的一个步骤。假设 $i=(x, y)$ 是当前状态，更新 x 到 z。令 $j=(z, y)$。z 是从给定 $Y=y$ 的 X 的条件分布中获得的。$\int_{X|Y}(x|y)$ 表示给定 $Y=y$ 时 X 的条件密度。令 $\int_Y(y)$ 表示 Y 的边际密度。因此接受函数为

$$a(i, j)=\frac{\pi_j T_{ji}}{\pi_i T_{ij}}=\frac{\pi(z, y)\int_{X|Y}(x|y)}{\pi(x, y)\int_{Z|Y}(z|y)}=\frac{\pi(z, y)\pi(x, y)\int_Y(y)}{\pi(x, y)\pi(z, y)\int_Y(y)}=1$$

由于接受函数等于 1，所以当 (z, y) 更新时总是接受转移。因此，Gibbs 抽样是 Metropolis-Hastings 算法的一个特例，总是接受建议分布。一般地，可以用条件分布抽取多元概率分布随机数。

R 语言三变量分布的 GIBBS 模拟

Gibbs 抽样运行 500 次并输出 $(X_{500}, P_{500}, N_{500})$ 作为联合分布的近似样本。然后重复 10000 次将输出存储在 3×500 矩阵 simmat 中。第一行 simmat [1,] 作为 X 边际分布的样本。

```
> gibbsthree <- function (trials) {
  x <- 1
  p <- 1/2
  n <- 2
  for (i in 1: trials) {
    x <- rbinom (1, n, p)
    p <- rbeta (1, x+1, n-x+1)
    n <- x + rpois (1, 4 * (1-p)) }
  return (c (x, p, n)) }
> simmat <- replicate (10000, gibbsthree (500))
> marginal <- simmat [1,]
> mean (marginal)
[1] 1.9941
> var (marginal)
[1] 3.274593
> hist (marginal)
```

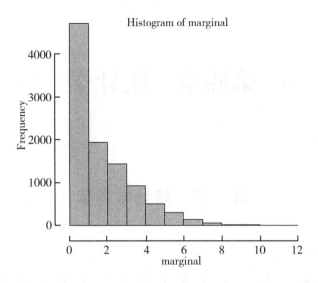

有用的 *R* 语言例子

（1）模拟掷 600 个骰子并计算出现 2 的数量。

```
> sum（2==sample（1：6, 600, replace=TRUE））
［1］122
```

（2）抛硬币实验

```
> n <- 1000  #抛硬币数
> coinflips <- sample（0：1, n, replace=TRUE）
> heads <- cumsum（coinflips）
> prop <- heads/（1：n）
> plot（1：n, prop, type=" l", xlab=" Number of coins",
  ylab=" Running average",
  main=" Proportion of heads in 1000 coin flips"）
> abline（h=0. 5）
```

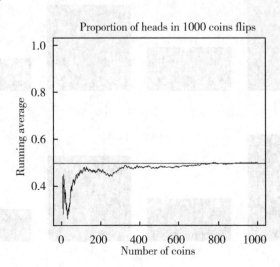

第四章　统计学

第一节　统计学基础

一、频率和比例

```
> beer = c (3, 4, 1, 1, 3, 4, 3, 3, 1, 3, 2, 1, 2, 1, 2, 3, 2, 3, 1, 1, 1, 1,
4, 3, 1)
> par (mfrow = c (3, 1), cex = 0.3)
> barplot (beer, col = "green")
> barplot (table (beer), col = "red")    #汇总数据
> barplot (table (beer) /length (beer), col = "black")    #除 n 比例
```

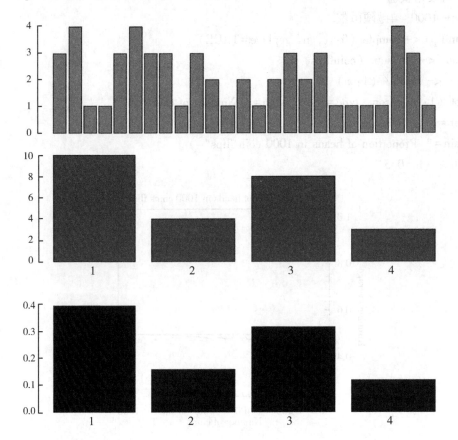

卡方检验的常见生物学应用是确定群体中的基因等位基因频率是否处于 Hardy-Weinberg 平衡。如果 a 有两个等位基因，知道两个等位基因的频率（称为等位基因 a 和 b 以及它们各自的频率 p 和 q），就可以预测下一代的基因型。

```
> p < - seq(0, 1, 0.001)
> plot(NULL, xlim = c(0, 1), ylim = c(0, 1), xlab ="p", ylab ="Frequency")
> lines(p, p^2, col ="red", lwd = 2)
> lines(p, (1 - p)^2, col ="blue", lwd = 2)
> lines(p, 2 * p * (1 - p), col ="purple", lwd = 2)
> text(0.2, 0.95, expression('q'^2 *' Propn(aa)'), col ="blue")
> text(0.8, 0.95, "q^2 Prop(AA)", col ="red")
> text(0.5, 0.68, "2pq Prop(Aa)", col ="purple")
> arrows(0.2, 0.93, 0.13, 0.7569, code = 2, col ="blue", length = 0.1)# 0.7569 is
our x value^2
> arrows(0.8, 0.93, 0.87, 0.7569, code = 2, col ="red", length = 0.1)
> arrows(0.5, 0.66, 0.5, 0.5, code = 2, col ="purple", length = 0.1)
```

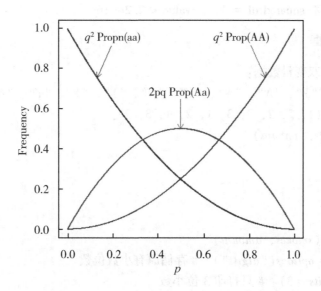

猩红虎蛾 Panaxia dominula 的种群，在田间可以识别出三种类型，称为 dominula、medionigra 和 bimacula，它们分别对应于三种基因型（AA、Aa 和 aa）。

1469 白点（AA），138 中等点数（Aa），5 少点（aa）：

```
> obs<-c (1469, 138, 5)
> Tot<-2 * (1469+138+5)
> fA<- (2 * 1469+138) /Tot
> fa<- (2 * 5+138) /Tot
> fa+fA
[1] 1
```

```
> expected<-c (fA^2, 2*fA*fa, fa^2)
> chisq. test (obs, p=expected)
        Chi-squared test for given probabilities
data：   obs
X-squared = 0. 83095, df = 2, p-value = 0. 66
Warning message：
In chisq. test (obs, p = expected)：
    Chi-squared approximation may be incorrect
```

似然法

```
> install. packages("DescTools")
> library(DescTools)
> clonorchis < - matrix(c(782383, 391841, 23580702, 23828880), nrow = 2)
> GTest(clonorchis)
        Log likelihood ratio (G-test) test of independence without
        correction
data：   clonorchis
G = 133282, X-squared df = 1, p-value < 2. 2e-16
```

二、双变量数据

table 命令汇总双变量数据：

```
> smokes = c("Y", "N", "N", "Y", "N", "Y", "Y", "Y", "N", "Y")
> amount = c(1, 2, 2, 3, 3, 1, 2, 1, 3, 2)
> table(smokes, amount)
      amount
smokes 1 2 3
    N 0 2 2
    Y 3 2 1
> tmp = table(smokes, amount)
> old. digits = options("digits")   #存储原有小数位数
> options(digits = 3)   #只打印3位小数
> prop. table(tmp, 1)   #行总和为1
      amount
smokes    1     2     3
    N 0. 000 0. 500 0. 500
    Y 0. 500 0. 333 0. 167
> prop. table (tmp, 2)   #列总和为1
      amount
smokes    1     2     3
    N 0. 000 0. 500 0. 667
    Y 1. 000 0. 500 0. 333
```

```
> prop.table（tmp）    #所有数字总和为1
        amount
smokes    1    2    3
    N 0.0 0.2 0.2
    Y 0.3 0.2 0.1
> options（digits=old.digits［［1］］）   #恢复原有小数位数
```

1. 替换和不替换的采样

掷骰子

```
> sample（1：6, 10, replace=TRUE）
[1] 2 5 5 6 5 1 3 6 6 4
```

抛硬币

```
> sample(c("H", "T"), 10, replace=TRUE)
[1] "H" "H" "H" "H" "H" "H" "H" "H" "H" "T"
```

从54张扑克中选择6张

```
> sample（1：54, 6）
[1] 15 47 54 30 50 43
> cards = paste(rep(c("A", 2:10, "J", "Q", "K"), 4), c("H", "D", "S", "C"))
> sample(cards, 5)
[1] "7 C" "A H" "8 H" "5 C" "3 S"
```

掷2个骰子

```
> dice = as.vector（outer（1：6, 1：6, paste））
> sample（dice, 5, replace=TRUE）
[1] "4 1" "3 4" "1 1" "1 1" "1 6"
```

2. Bootstrap 抽样

Bootstrapping 是一种从数据集中抽样以进行统计推断的方法。通过抽样，可以了解数据的变化。该过程涉及重复选择样本，然后形成统计数据。

```
> data(faithful)
> names(faithful)
[1]"eruptions" "waiting"
> eruptions = faithful[['eruptions']]
> sample(eruptions, 10, replace=TRUE)
[1]4.82 2.27 3.83 4.70 2.28 2.40 4.32 3.57 4.27 4.83
> hist(eruptions, breaks=25)
```

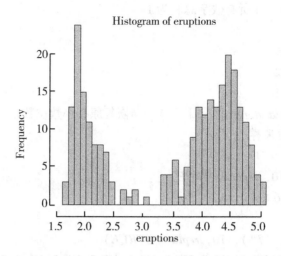

> *hist*(*sample*(*eruptions*, 100, *replace* = *TRUE*), *breaks* = 25, *main* = "*hist of bootstrap*")

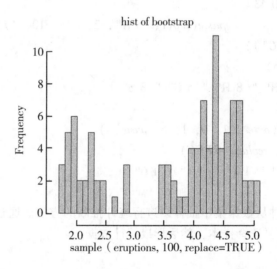

3. 正态分布标准化

$$Z = \frac{X - \mu}{\sigma}$$

```
> x = rnorm (5, 100, 16)
> z = (x-100) /16
> z
[1] -0.04966716   0.97147121   0.12173174  -1.30215224  -0.24977046
```

z 分数用于查找给定随机变量位于 x 值右侧的概率，可以直接使用 pnorm 函数：

```
> pnorm (z)
[1] 0.48019381 0.83434316 0.54844426 0.09643217 0.40138243
> pnorm (x, 100, 16)
```

[1] 0. 48019381 0. 83434316 0. 54844426 0. 09643217 0. 40138243

4. 中心极限定理（CLT)

如果 X_i 是从已知 μ 和 σ 的总体中独立抽取的，则标准化为

$$\frac{\bar{X} - \mu}{\sigma / \sqrt{n}}$$

渐近服从均值为 0，方差为 1 正态分布。也就是说，如果 n 足够大，则平均值近似服从正态分布，平均值为 μ，标准差为 $\sigma / \sqrt{n}$。用模拟方法验证，CLT 转换为如果 S_n 具有参数为 n 和 p 的二项分布，则

$$\frac{S_n - np}{\sqrt{npq}}$$

近似服从 $N(0, 1)$。

```
> n = 10; p = 0.25; S = rbinom (1, n, p)
> (S-n*p) /sqrt (n*p* (1-p) )
[1] 0. 3651484
> n = 10; p = 0.25; S = rbinom (100, n, p)
> X = (S-n*p) /sqrt (n*p* (1-p) )
> hist (X, prob = T)
```

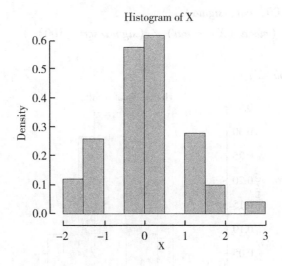

Histogram of X

或

```
> results = numeric (0)
> for (i in 1: 100) {
      S = rbinom (1, n, p)
      results [i] = (S- n*p) /sqrt (n*p* (1-p) )
  }
> hist (results)
```

CLT 也适用于正态分布：

令 X_i 是正态分布，平均 $\mu = 5$，标准差 $\sigma = 5$

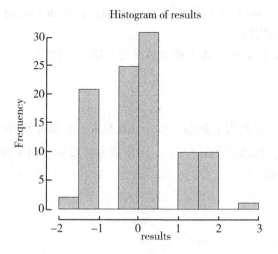

$$\frac{(X_1 + X_2 + \cdots + X_n)/n - \mu}{\sigma/\sqrt{n}} = \frac{\bar{X} - \mu}{\sigma/\sqrt{n}} = (mean(X) - mu)/(sigma/sqrt(n))$$

```
> results = c ( )
> mu = 0; sigma = 1
> for (i in 1 : 200) {
      X = rnorm (100, mu, sigma)
      results [i] = (mean (X) - mu) / (sigma/sqrt (100))
    }
> hist (results, prob = T)
```

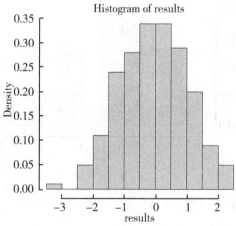

比直方图更好地用于确定随机数据是否近似正态的图是所谓的"正态概率"图。基本思想是将数据的分位数与正态分布的相应分位数作图。数据集的分位数类似于中位数和 Q1、Q3。

```
> par (mfrow = c (1, 4), cex = 0.3)
> x = rnorm (100, 0, 1); qqnorm (x, main = 'normal (0, 1)'); qqline (x)
```

> $x = rnorm\ (100,\ 10,\ 15)$; $qqnorm\ (x,\ main='normal\ (10,\ 15)')$; $qqline\ (x)$
> $x = rexp\ (100,\ 1/10)$; $qqnorm\ (x,\ main='exponential\ mu=10')$; $qqline\ (x)$
> $x = runif\ (100,\ 0,\ 1)$; $qqnorm\ (x,\ main='unif\ (0,\ 1)')$; $qqline\ (x)$

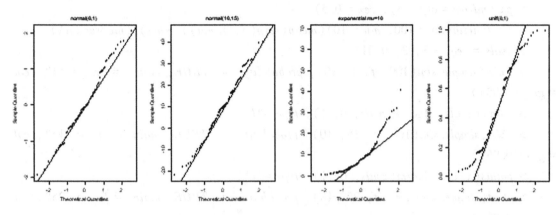

```
>simple. sim <- function (no. samples, f, …) {
   sample <-1: no. samples
   for (i in 1: no. samples) {
      sample [i] <-f (…)
   }
   sample
}
> f = function (n=100, p=0.5) {
      S = rbinom (1, n, p)
      (S- n*p) /sqrt (n*p* (1-p) )
   }
> x = simple. sim (1000, f, 100, 0.5)
> hist (x)
```

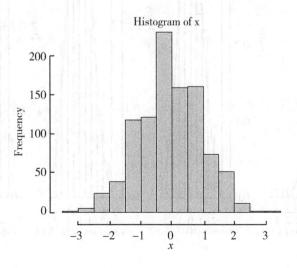

5. 具有指数分布数据的 CLT

假设从一个偏态分布开始，中心极限定理意味着平均值最终看起来服从正太分布。对于较大的 n，它是近似正态的。

```
> par(mfrow = c(1, 4), cex = 0.5)
> f = function(n = 100, mu = 10)(mean(rexp(n, 1/mu)) - mu)/(mu/sqrt(n))
> xvals = seq(-3, 3, 0.01)
> hist(simple.sim(100, f, 1, 10), probability = TRUE, main = "n = 1", col = gray(0.95))
> points(xvals, dnorm(xvals, 0, 1), type = "l")
> hist(simple.sim(100, f, 15, 10), probability = TRUE, main = "n = 15", col = gray(0.95))
> points(xvals, dnorm(xvals, 0, 1), type = "l")
> hist(simple.sim(100, f, 25, 10), probability = TRUE, main = "n = 25", col = gray(0.95))
> points(xvals, dnorm(xvals, 0, 1), type = "l")
> hist(simple.sim(100, f, 50, 10), probability = TRUE, main = "n = 50", col = gray(0.95))
> points(xvals, dnorm(xvals, 0, 1), type = "l")
```

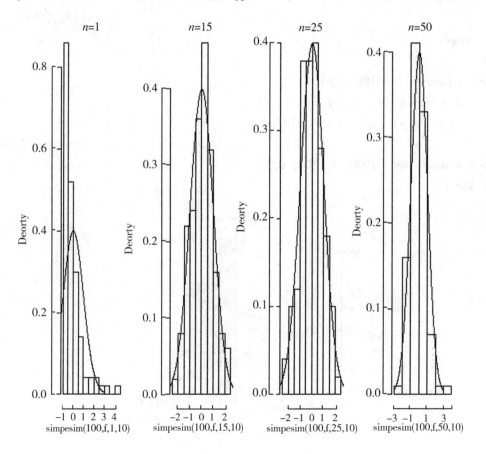

动图显示越来越大的 n 的采样分布的直方图:

```
> for (n in 1: 50) {
    results = c ()
    mu = 10; sigma = mu
    for (i in 1: 200) {
        X = rexp (200, 1/mu)
        results [i] = (mean (X) -mu) / (sigma/sqrt (n))
    }
    hist (results)
    Sys. sleep (0.1)
}
```

bootstrap 技术基于从数据中采样进行模拟。例如,以下函数将找到 bootstrap 样本的中位数。

```
> bootstrap = function (data, n = length (data)) {
    boot. sample = sample (data, n, replace = TRUE)
    median (boot. sample)
}
> x = simple. sim (100, bootstrap, faithful [['eruptions']])
> hist (x)
```

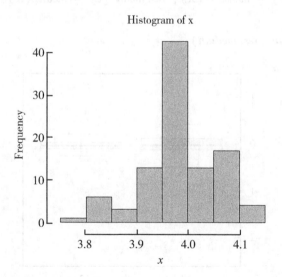

Histogram of x

根据数据的类型,均值或中值都各有优势。正态分布时比较两者的区别:

```
> res. median = c (); res. mean = c ()
> for (i in 1: 200) {
    X = rnorm (200, 0, 1)
    res. median [i] = median (X); res. mean [i] = mean (X)
}
> boxplot (res. mean, res. median)
```

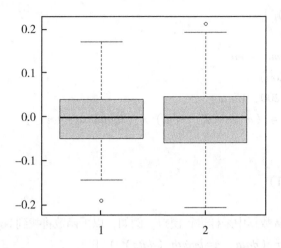

长尾分布平均数和中位数的区别

```
> res. median = c ( ); res. mean = c ( )
> for ( i in 1: 200) {
    X = rt ( 200, 2)
    res. median [ i ] = median ( X); res. mean [ i ] = mean ( X)
  }
> boxplot ( res. mean, res. median)
```

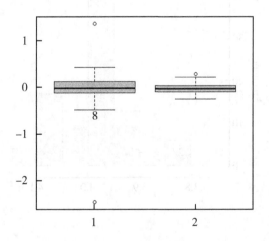

在数理统计中，数据集的中心有许多可能的估计值。为了在它们之间进行选择，通常采用方差最小的估计。研究不同分布的均值和中值的方差比。对于正态分布（0，1）数据：

```
> median. normal = function ( n = 100) median ( rnorm ( 100, 0, 1) )
> mean. normal = function ( n = 100) mean ( rnorm ( 100, 0, 1) )
> var ( simple. sim ( 100, mean. normal) ) /
  var ( simple. sim ( 100, median. normal) )
```

［1］ 0.9689166

这表示通常正态分布平均值的方差小于中位数的方差。指数分布结果：

> *mean. exp = function（n＝100）mean（rexp（n, 1/10））*

> *median. exp = function（n＝100）median（rexp（n, 1/10））*

> *var（simple. sim（100, mean. exp））/*

var（simple. sim（100, median. exp））

［1］ 1.489933

自由度为 2 时的 t 分布：

> *mean. t = function（n＝100）mean（rt（n, 2））*

> *median. t = function（n＝100）median（rt（n, 2））*

> *var（simple. sim（100, mean. t））/*

+ *var（simple. sim（100, median. t））*

［1］ 4.725313

6. 置信区间估计

$X_i = 1$ 或 $X_i = 0$, $i = 1, 2, \cdots, n$, $\hat{p} = \dfrac{X_1 + X_2 + \cdots + X_n}{n}$, 如果 n 足够大, 下式渐进服从正态分布, 均值为 0, 方差为 1：

$$z = \frac{p - \hat{p}}{\sqrt{p(1 - p)}/ \sqrt{n}} = \frac{\bar{X} - \mu}{s/ \sqrt{n}}$$

通过指定置信度, z 与零的接近程度：

（1）z 在（-1, 1）区间内, 概率约为 0.68；

（2）z 在（-2, 2）区间内, 概率约为 0.95；

（3）z 在（-3, 3）区间内, 概率约为 0.998。

令 $SE = \sqrt{p(1 - p)/n}$, 则

$$P\left(-1 < \frac{p - \hat{p}}{SE} < 1\right) = 0.68 , P\left(-2 < \frac{p - \hat{p}}{SE} < 2\right) = 0.95 , P\left(-3 < \frac{p - \hat{p}}{SE} < 3\right) = 0.998 。$$

一般而言, $(1 - \alpha)$ 100% 置信区间由下式给出：$\hat{p} \pm z * SE$ 。更一般地, 可以找到任何置信水平的值, 通常被称为 $(1-\alpha)$ 100% 置信水平。对于（0, 1）中的任何 α, 我们可以找到 $z*$, 即

$$P(-z^* < z < z^*) = 1 - \alpha$$

通常 z^* 被称为 $z_{1-\alpha/2}$ 。

> *alpha = c（0.2, 0.1, 0.05, 0.001）*

> *zstar = qnorm（1 - alpha/2）*

> *zstar*

［1］ 1.281552 1.644854 1.959964 3.290527

> *2 *（1-pnorm（zstar））*

［1］ 0.200 0.100 0.050 0.001

随着 n 变大, 统计推断的可靠性更高。这是因为随着 n 变大, SE 变小, 因为它的分母中有 $\sqrt{n}$ 。同样, 更大的置信区间也可以提高统计推断的可靠性。同样, 因为较小的 α 会导

致较大的 $z*$。

置信区间并不总是正确的

并非所有置信区间都包含参数的真实值，可以通过一次绘制多个随机置信区间来说明。

```
> m = 50; n = 20; p = 0.5;     #抛 20 枚硬币 50 次
> phat = rbinom(m, n, p)/n  #除 n 得到比例
> SE = sqrt(phat * (1 - phat)/n)   #计算 SE
> alpha = 0.10; zstar = qnorm(1 - alpha/2)
> matplot(rbind(phat - zstar * SE, phat + zstar * SE),
  rbind(1: m, 1: m), type = "l", lty = 1)
> abline(v = p)   #画线 p = 0.5
```

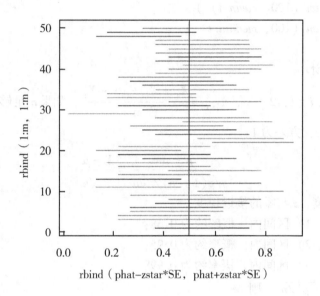

用 R 来找到上面的置信度，95%置信区间：

```
> prop.test (42, 100)
```

        1-sample proportions test with continuity correction

data： 42 out of 100, null probability 0.5

X-squared = 2.25, df = 1, p-value = 0.1336

alternative hypothesis：true p is not equal to 0.5

95 percent confidence interval：

0.3233236 0.5228954

sample estimates：

    p

0.42

得到 95%的置信区间（0.32, 0.52）。90%置信区间：

```
> prop.test (42, 100, conf.level = 0.90)
```

        1-sample proportions test with continuity correction

data： 42 out of 100, null probability 0.5

X-squared = 2.25, df = 1, p-value = 0.1336

alternative hypothesis：true p is not equal to 0.5

90 percent confidence interval：

0.3372368 0.5072341

sample estimates：

p

0.42

例子 假设一个人定期称自己体重并发现他的体重是

175 176 173 175 174 173 173 176 173 179

假设 $\sigma = 1.5$，称重误差呈正态分布。

$$X_i = \mu + \in_i$$

此处 $\in_i$ 是正态的，平均值为 0，标准差为 1.5。

```
> simple. z. test = function (x, sigma, conf. level = 0.95) {
    n = length (x); xbar = mean (x)
    alpha = 1 - conf. level
    zstar = qnorm (1-alpha/2)
    SE = sigma/sqrt (n)
    xbar + c (-zstar * SE, zstar * SE)
  }
> x = c (175, 176, 173, 175, 174, 173, 173, 176, 173, 179)
> simple. z. test (x, 1.5)
```
[1] 173.7703 175.6297

7. 中位数的置信区间

R 函数 wilcox. test 对中位数执行非参数检验。

```
> x = c (110, 12, 2.5, 98, 1017, 540, 54, 4.3, 150, 432)
> wilcox. test (x, conf. int = TRUE)
```

Wilcoxon signed rank exact test

data： x

V = 55, p-value = 0.001953

alternative hypothesis：true location is not equal to 0

95 percent confidence interval：

33.0 514.5

sample estimates：

(pseudo) median

150

例子 如果 Xi 近似正态分布，但有可能会出现一些异常值错误。这可以用

$$X_i = \zeta(\mu + \sigma Z) + (1 - \zeta)Y$$

其中，ζ 为 1 的概率很高，否则为 0，Y 的分布不同。具体而言，假设 $\mu = 0$、$\sigma = 1$ 且 Y 是正态的，均值为 0，但标准差为 10 且 $P(\zeta = 1) = 0.9$。

```
> f = function(n = 10, p = 0.95){
    y = rnorm(n, mean = 0, sd = 1 + 9 * rbinom(n, 1, 1 - p))
    t = (mean(y) - 0)/(sqrt(var(y))/sqrt(n))
  }
> sample = simple.sim(100, f)
> par(mfrow = c(1, 3), cex = 0.5)
> qqplot(sample, rt(100, df = 9), main ="sample vs. t"); qqline(sample)
> qqnorm(sample, main ="sample vs. normal"); qqline(sample)
> hist(sample)
```

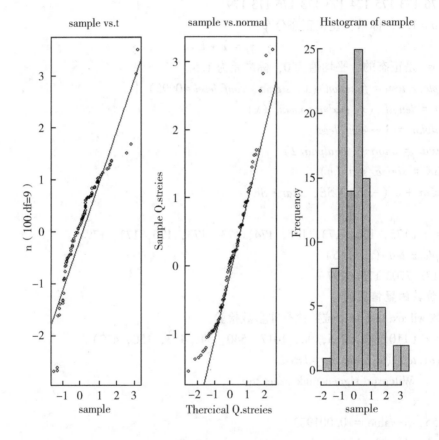

首先，该图显示了针对 t 分位数的样本，拟合程度不好。正态图拟合更好，但由于单个大异常值的存在，直方图中有偏斜。

三、假设检验

1. 检验总体参数

零假设，表示为 H_0 是 $p = 0.5$，备择假设表示为 H_A，在本例中为 $p \neq 0.5$。这是所谓的"双尾"检验。为了检验假设，我们使用 R 函数 prop. test 来计算置信区间。

```
> prop.test (42, 100, p = 0.5)
        1-sample proportions test with continuity correction
```

data： 42 out of 100, null probability 0. 5

X-squared = 2. 25, df = 1, p-value = 0. 1336

alternative hypothesis：true p is not equal to 0. 5

95 percent confidence interval：

0. 3233236 0. 5228954

sample estimates：

   p

0. 42

假设样本增加到1000，并且420个阳性样本。是否仍然支持$p=0.5$的零假设？

> *prop. test* （420, 1000, $p=0.5$)

          1-sample proportions test with continuity correction

data： 420 out of 1000, null probability 0. 5

X-squared = 25. 281, df = 1, p-value = 4. 956e-07

alternative hypothesis：true p is not equal to 0. 5

95 percent confidence interval：

0. 3892796 0. 4513427

sample estimates：

   p

0. 42

这说明p值不仅取决于比率，还取决于n。这是因为样本平均值的标准误差随着n变大而变小。

2. 检验平均值

计算t统计量，假设在H_0下$mu=25$。

> *xbar*=22; *s*=1. 5; *n*=10

> *t* = （*xbar*-25） / （*s/sqrt* （*n*） ）

> *t*

[1] -6. 324555

用*pt*得到t的分布函数

> *pt* （*t*, *df*=*n*-1)

[1] 6. 846828e-05

3. 检验中位数

> *x* = *c*(12. 8, 3. 5, 2. 9, 9. 4, 8. 7, 0. 7, 0. 2, 2. 8, 1. 9, 2. 8, 3. 1, 15. 8)

> *wilcox. test*(*x*, *mu* = 5, *alt* ="*greater*")

          Wilcoxon signed rank test with continuity correction

data： x

V = 39, p-value = 0. 5156

alternative hypothesis：true location is greater than 5

Warning message：

In wilcox. test. default （x, mu = 5, alt = " greater" ）:

   cannot compute exact p-value with ties

4. 多元线性回归

```
> x = 1: 10
> y = sample (1: 100, 10)
> z = x + y + rnorm (10, 0, 10)
> lm (z ~ x+y)
Call：
lm (formula = z ~ x + y)
Coefficients：
(Intercept)              x              y
   -3.0806          0.6431         1.1116
> lm (z ~ x+y -1)      #无截距
Call：
lm (formula = z ~ x + y - 1)
Coefficients：
        x          y
   0.4239    1.0852
```

四、R 中的标准分布

1. 正态分布

```
> hist(rnorm(1000000, 20, 4))
> xv <- seq(-5, 45, 0.1)
> yv <- dnorm(xv, mean = 20, sd = 4) * 2000000
> lines(xv, yv, col ="red", lwd = 2)
```

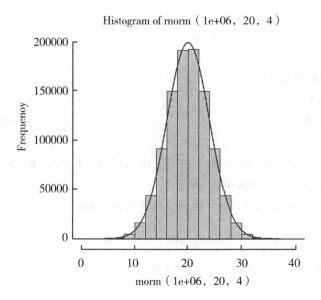

Histogram of rnorm（1e+06, 20, 4）

累计正态分布

```
> xv < - seq( - 20, 20, 0.1)
> yv < - pnorm(xv, mean = 0, sd = 5)
> plot(xv, yv, col ="red", lwd = 2, type ="l", main =" Cumulative values of the normal
  distribution", xlab ="X", ylab =" Cumulative P")
> mtext("mean = 1; S.D. = 5")
```

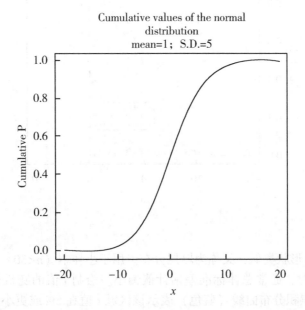

95%的正态分布观测值在平均值的 1.96 倍标准差范围内。在以上代码的基础上：

```
> lower95 < - pnorm( - 1.96 * 5, mean = 0, sd = 5)
> upper95 < - pnorm(1.96 * 5, mean = 0, sd = 5)
> lines(c( - 1.96 * 5, - 1.96 * 5), c(0, lower95), col ="blue", lwd = 3, lty = 2,
lend = 2)
> lines(c(1.96 * 5, 1.96 * 5), c(0, upper95), col ="blue", lwd = 3, lty = 2,
lend = 2)
> xrange < - 1.96 * 5 - - 1.96 * 5
> x_increment < - xrange/1000
> for(i in 7: 993){
    x < -- 1.96 * 5 + (i * x_increment)
    lines(c(x, x), c(0, pnorm(x, mean = 0, sd = 5)), col ="grey80", lwd = 0.5)
  }
> rect( - 1.5, 0.152, 7.5, 0.275, col ="white", bty ="n")
> text(3, 0.25, "95% of", cex = 0.8)
> text(3, 0.21, "observations", cex = 0.8)
```

> *text*(3, 0.17, "*are in grey zone*", *cex* = 0.8)
> *lines*(*xv*, *yv*, *col* ="*red*", *lwd* = 2)

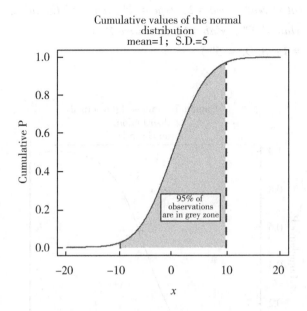

2. t 分布

t 分布与正态分布形状类似，又称为厚尾分布。用于小样本（*n*<30）时，估计平均值的准确度。样本量较小时，通常总体标准差估计值偏小。绘制 t 值的随机样本的直方图（绿色，自由度为 10）；累积分布曲线（蓝色）表示该区域 t 值在 5% 或更小总面积范围内（即两尾为 2.5%）。

> *sample_size* < − 10000
> *degf* < − 10
> *x* < − *rt*(*sample_size*, *degf*)
> *hist*(*x*, *col* ="*grey30*", *ylab* ="*Probability and cumulative probability*", *xlab* ="*t*",
  prob = *TRUE*, *ylim* = *c*(0, 1), *main* ="*Histogram of t with 10 D.F.*")
> *curve*(*dt*(*x*, *df* = *degf*), *lwd* = 2, *col* = "*green*", *add* = *TRUE*)
> *curve*(*pt*(*x*, *df* = *degf*), *lwd* = 2, *col* = "*blue*", *add* = *TRUE*)
> *lines*(*c*(*qt*(0.975, *degf*), *qt*(0.975, *degf*)), *c*(0, 0.975), *col* ="*red*", *lty* = 2, *lwd* = 2)
  > *lines*(*c*(− 100, *qt*(0.975, *degf*)), *c*(0.975, 0.975), *col* = "*red*", *lty* = 2, *lwd* = 2)
  > *text*(2.65, 0.5, *paste*("*P* = 0.05, *critical*(2 − *tailed*)*t* = ", *round*(*qt*(0.975,
    degf), 4), *sep* =""), *col* ="*red*", *srt* = 270, *cex* = 0.8)
  > *lines*(*c*(*qt*(0.025, *degf*), *qt*(0.025, *degf*)), *c*(0, 0.025), *col* ="*red*", *lty* = 2, *lwd* = 2)
  > *lines*(*c*(− 100, *qt*(0.025, *degf*)), *c*(0.025, 0.025), *col* ="*red*", *lty* = 2, *lwd* = 2)

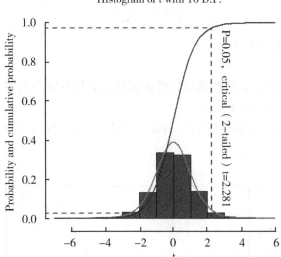

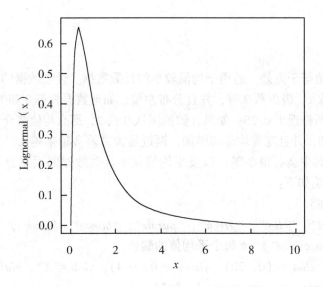

3. 对数正态分布

对数正态分布通常被认为是物种相对丰度的良好近似值，为右偏分布，可能的 x 值范围从零到正无穷大。x 值是从负到正无穷大的正态分布的 x 值的对数。

```
> plot ( seq ( 0, 10, 0.01 ), dlnorm ( seq ( 0, 10, 0.01 ) ), type = " l ", lwd = 2,
xlab = " X ", ylab = " Lognormal ( x ) " )
```

4. 逻辑斯蒂克分布

根据指定的参数数量，有几个"S"形分布族。

$$y = \frac{e^{ax+b}}{1 + e^{ax+b}}$$

```
> xv <- seq(-10, 10, 0.1)
> a <- 1
> b <- -0.5  #将beta更改为负数使函数从1开始并减小到零
> P <- a/(a + exp(a + b * xv))
> plot(xv, P, ylab ="Probability", xlab ="X", type ="l", lwd = 2)
```

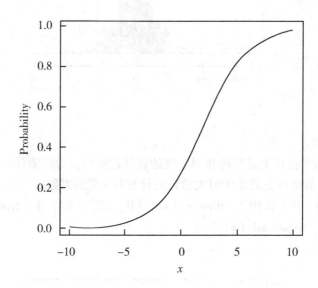

5. 泊松分布

泊松分布的均值等于方差，适用于均值较小的计数数据。计数数据的均值较小时，可能会出现很多0、少数1、极少数2等，并且分布左偏。如果数据只有0和1，则均值将介于0和1之间，方差逐渐趋近于0.25；如果计数范围从0到2，那么均值将介于0和2之间，方差将逐渐趋近于1.0，并且随着均值的增加，渐近最大方差会越来越大。泊松分布描述罕见事件的频率分布（其中会有很多零）以及平均值较小计数数据的误差分布。平均值从1到10对泊松分布的影响如下：

```
> inc <- 0.085
> p <- c("red", "blue", "green", "purple", "brown", "pink", "seagreen2", "violet", "orange", "turquoise")  #每个平均值的颜色
> plot(NULL, xlim = c(0, 20), ylim = c(0, 0.4), xlab ="X", ylab ="Poisson(x)",
main ="Poisson distributions with means 1：10")
> for(i in 1：10){
  for(j in 0：20){
    lines(c(j + (i - 1) * inc, j + (i - 1) * inc), c(0, dpois(j, i)), lwd =
```

3, $col = p[i]$)

   }}

> $par(new = TRUE)$

> $for(i \ in \ 1: 10) lines((0:20) + (i - 1) * inc, \ dpois(0:20, \ i), \ col = p[i])$

> $legendLabels = c(paste("mean =", \ 1:10))$

> $legend("topright", \ inset = 0.05, \ legend = legendLabels, \ col = p, \ lty = 1, \ cex =$
$0.8)$

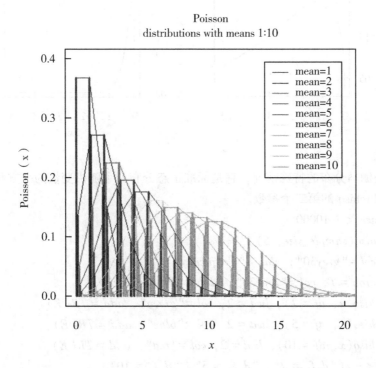

Poisson
distributions with means 1:10

6. 伽马分布

此分布由两个参数（alpha 和 beta）指定，并且通常非常类似于具有向右长尾值的偏斜数据。左侧无穷大或零取决于 alpha（<1 或>1）。R 语言 dgamma 函数采用 "dgamma（x，alpha，beta）" 的形式。由于无穷大无法绘制，从一个小的正数开始演示 x 向量。

> $par(mfrow = c(2, 2))$

> $xv < - seq(0.001, 5, 0.01)$

> $plot(xv, \ dgamma(xv, \ 0.5, \ 0.1), \ type ="l")$ #type ="l" 绘制线图

> $plot(xv, \ dgamma(xv, \ 0.5, \ 5), \ type ="l")$

> $plot(xv, \ dgamma(xv, \ 1.5, \ 0.5), \ type ="l")$

> $plot(xv, \ dgamma(xv, \ 1.5, \ 5), \ type ="l")$

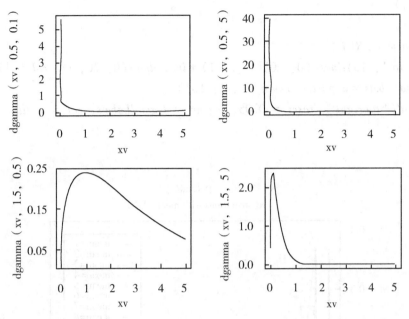

7. 卡方分布

卡方分布是伽马分布的特殊情况，它是标准正态分布 k 个随机变量的平方和，其中 k 是自由度，为函数 rchisq 的第二个参数。

```
> sample_size <- 10000
> x <- rchisq(sample_size, 5)
> hist(x, col ="grey30", ylab ="Frequency")
> hist(x, prob = T, col ="grey30", ylab ="Probability")
> curve(dchisq(x, df = 2), lwd = 2, col ="green", add = TRUE)
> curve(dchisq(x, df = 5), lwd = 2, col ="blue", add = TRUE)
> curve(dchisq(x, df = 10), lwd = 2, col ="red", add = TRUE)
> leg_text <- c("d.f. = 2", "d.f. = 5", "d.f. = 10")
> legend("topright", lwd = 2, col = c("green", "blue", "red"), leg_text)
```

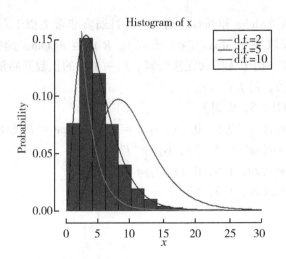

第二节　统计学进阶

一、百分位数的分布自由检验

中位数是对数据中心更"稳定"或"稳健"的度量。对于符号检验，在原假设下样本中大于（或者小于）中位数的观测值数量约为 1/2。p 值使用二项式概率计算。

例1：假设鱼的重量为 1.2、4.3、2.4、1.4、0.8、1.9、1.5 和 1.1 磅。假设检验：

$$H_0 : m = 2 \text{ 磅}, H_1 : m < 2 \text{ 磅}$$

其中，m 是鱼的平均重量。因为中位数是第 50 个百分位数，所以在零假设下，预计样本中大约一半鱼的重量不到 2 磅。如果 H_0 为真，则大于 2.0 的概率服从 $p=0.5$ 和 $n=8$ 的二项式分布。计算 p 值即为 8 条鱼里的 6 条、7 条或 8 条鱼小于 2 磅。当 $p=0.5$ 时，p 值为

$$\binom{8}{6}(0.5)^6(0.5)^2 + \binom{8}{7}(0.5)^7(0.5)^1 + \binom{8}{8}(0.5)^8(0.5)^0 = 0.1445$$

没有足够的证据拒绝 $\alpha = 0.10$ 原假设。对 p 值的解释是：如果鱼重量的中位数为 2 磅，从湖中重复抽取大小为 8 的随机样本，约有 14.45% 的样本将包含至少 6 条小于 2 磅的鱼。

例2：在距离工厂 5 英里范围内随机抽取 12 个土壤样品进行污染物检测，单位为百万分之一（ppm）：

6.2、4.1、3.5、5.1、5.0、3.6、4.8、4.1、3.6、4.7、4.3、4.2

如果该地区的土壤污染高于 4.0，工厂必须采取措施减少污染。假设检验（$\alpha = 0.05$）：

H_0：土壤污染中位数为 4.0ppm，H_1：土壤污染中位数大于 4.0ppm

p 值为 12 个样本中 9 个及以上高于 4.0，在零假设：12 个测量值中的每一个都有 0.5 的概率超过 4.0ppm。可以使用 R 命令 1-pbinom（8，12，0.5）得到 $p=0.073$，即接受 H_0。

分布自由检验的功效通常低于具有分布假设的检验，尤其是当假设接近真实时。例如，如果测量值来自正态分布，则单样本 t 检验的 p 值约为 0.04。以上例子使用模拟数据探索符号检验与 t 检验的功效。当数据存在"异常值"时，即"厚尾"时的情况，符号检验可以具有更好的功效。

即使不满足假设，t 检验也可以具有更好的功效，但分布自由检验可能仍然可取，因为 t 检验的"真实"检验规模可能与"目标"检验规模不同。例如，假设检验 $H_0: \mu = 4$，并且总体具有平均值 $\mu = 4$，但分布像伽马分布一样偏斜。如果我们从这个偏斜分布中重复采样并计算 t 统计量，该统计量不遵循总体为正态分布时的 $t(n-1)$ 密度。$t(n-1)$ 密度绘制在 t 统计量的直方图上；即当从偏斜分布中抽样时，值往往较低。在 $\alpha = 0.05$ 处拒绝零假设的比例约为 0.075。而当 $\alpha = 0.01$ 时，零假设被拒绝的比例大约是 0.03。样本需求量比正态分布 $\alpha = 0.05$ 时大 50%，大约是 $\alpha = 0.01$ 时的 3 倍，因此得到的 p 值平均来说会很小。

```
> nloop = 100000
> n = 12
> alpha = 1.8；beta = 1.8/4
> tstat = 1：nloop
> for（iloop in 1：nloop）｛
    y = rgamma（n，alpha，beta）
```

$$tstat \left[iloop \right] = \left(mean \left(y \right) -4 \right) / sd \left(y \right) * sqrt \left(n \right)$$
$$\}$$

> hist $\left(tstat, \, br=50, \, freq=FALSE \right)$

> xp1 $=-150$：$150/10$

> lines $\left(xp1, \, dt \left(xp1, \, n-1 \right), \, col=2, \, lwd=2 \right)$

> sum $\left(abs \left(tstat \right) > qt \left(0.975, \, n-1 \right) \right) / nloop$

$\left[1 \right]$ 0.07551

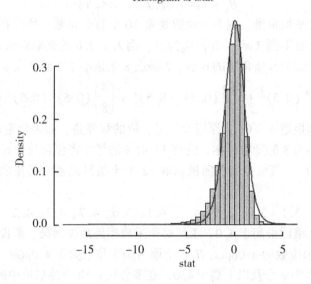

Histogram of tstat

当真实检验规模大于目标检验规模时，如上例，检验规模是"膨胀的"，而检验是"反保守的"，这种情况是要避免的，因为当我们拒绝 H_0 时，无法确定所依据的证据数量。在没有任何总体分布假设的情况下进行分布自由检验将防止反保守检验，但代价是具有较低的功效。

功效计算：确定拒绝备择假设时原假设的概率。在上例中，当真实中位数大于 4.0 ppm 时，备选假设为真。当真实的中位数被指定为某个值时，通过指定零假设中位数的百分位数来判断备择假设。当 4.0 ppm 实际上是土壤污染分布的第 30 个百分位时，可以计算拒绝 H_0 的概率。要计算大小为 12 的样本的功效，首先需要指定检验规模并推测决策规则。假设 $\alpha = 0.05$，当 12 个测量中有十个或更多的土壤测量值大于 4.0 ppm 时，拒绝 H_0。功效是当 4.0 ppm 是第 30 个百分位时拒绝 H_0 的概率。这是 1-pbinom $\left(9, \, 12, \, 0.7 \right)$，或 0.253。

如果将样本量增加到 24，可以找到 $\alpha = 0.05$ 的新决策规则：当 17 个或更多土壤测量值大于 4.0 ppm 时，我们拒绝 H_0。那么功效是 1-pbinom $\left(16, \, 24, \, 0.7 \right)$，即 0.565。

二、参数估计

如果 $\widehat{\theta}$ 是用于估计参数 θ 的随机变量，则 $\widehat{\theta}$ 的偏差定义为

$$B(\widehat{\theta}) = E(\widehat{\theta}) - \theta$$

如果 $B(\widehat{\theta}) = 0$，则估计量是无偏的。显然，无偏性对于估计量是重要的属性，但另一个需要考虑的因素是估计量的方差。如果一个估计量无偏但方差很大，而另一个估计量有一些偏差但方差较小，可能会选择有偏但方差较小的估计量。

衡量估计量优劣的标准是均方误差或 MSE。这被定义为

$$MSE(\widehat{\theta}) = E\left[(\widehat{\theta} - \theta)^2\right]$$

或从估计量到准确值的平均平方距离，类似于方差的定义。如果 $B(\widehat{\theta}) = 0$，MSE 实际上就是方差；也就是说，对于无偏估计量，MSE 和方差一致。否则，

$$V(\widehat{\theta}) = E\left\{\left[\widehat{\theta} - E(\widehat{\theta})\right]^2\right\}$$

$$= E\left\{\left[(\widehat{\theta} - \theta) + (\theta - E(\widehat{\theta}))\right]^2\right\}$$

$$= E\left\{(\widehat{\theta} - \theta)^2 + 2(\widehat{\theta} - \theta)(\theta - E(\widehat{\theta})) + (\theta - E(\widehat{\theta}))^2\right\}$$

$$= E\left\{(\widehat{\theta} - \theta)^2\right\} + 2E(\widehat{\theta} - \theta)(\theta - E(\widehat{\theta})) + (\theta - E(\widehat{\theta}))^2$$

$$= E\left\{(\widehat{\theta} - \theta)^2\right\} - (\theta - E(\widehat{\theta}))^2$$

$$= MSE(\widehat{\theta}) - B(\widehat{\theta})^2$$

即

$$MSE(\widehat{\theta}) = V(\widehat{\theta}) + B(\widehat{\theta})^2$$

将 MSE 分解为"精度"（方差）和"准确度"（偏差）。当然，两部分都小最好，有最小的 MSE，但在实践中这是不可能的，因为 MSE 取决于 θ 本身的值，但它是未知的。

如果只关注无偏估计量，可以根据相对效率来进行比较。假设 $\widehat{\theta}$ 和 $\widetilde{\theta}$ 是 θ 的无偏估计量。将 $\widehat{\theta}$ 相对于 $\widetilde{\theta}$ 的效率定义为

$$eff(\widehat{\theta}, \widetilde{\theta}) = \frac{V(\widetilde{\theta})}{V(\widehat{\theta})}$$

因此，如果 $\widehat{\theta}$ 相对于 $\widetilde{\theta}$ 的效率大于 1，则意味着 $\widehat{\theta}$ 的方差较小。在这种情况下，$\widehat{\theta}$ 比 $\widetilde{\theta}$ "更有效"。

例子 假设一个随机样本 $Y_1, \cdots, Y_n$，来自均值为 θ 的指数分布。使用样本均值估计 θ，分布的标准差也是 θ，下面的代码从 $\theta = 2$ 的指数总体中提取许多样本，并计算每个样本的均值和方差的估计值。

```
> n = 10; th = 2
> nloop = 100000
> thhat = 1: nloop
> thtil = 1: nloop
> for (iloop in 1: nloop) {
     y = rexp (n, 1/th)
     thhat [iloop] = mean (y)
     thtil [iloop] = sd (y)
```

```
    }
> mean ( (thhat−1/th)^2)
```
[1] 2.640236
```
> mean ( (thtil−1/th)^2)
```
[1] 2.389811

三、Delta 方法

假设 T_n 是一个随机变量序列，并假设

$$\sqrt{n}(T_n - \mu) \xrightarrow{D} N(0, \sigma^2)$$

上式 D 表示：当 $n \to \infty$ 时，分布收敛。

如果 $g(t)$ 是一个使得 $g'(\mu)$ 存在且不为零的函数，并且 $g''(t)$ 有界存在于包含 μ 的开区间，则

$$\sqrt{n}[g(T_n) - g(\mu)] \xrightarrow{D} N(0, \sigma^2[g'(\mu)]^2)$$

请注意，这给出了 $g(T_n)$ 方差的近似值以及 $g(T_n)$ 分布的近似值。可以使用这个近似分布来构造参数函数的置信区间。

例子 来自伯努利 (p) 分布的随机样本，近似最大似然估计（MLE）的概率方差：

样本比例 $\hat{p}$ 有均值 p 和方差 $p(1-p)/n$，所以

$$\sqrt{n}(\hat{p} - p) \xrightarrow{D} N(0, p(1-p))$$

定义 $g(p) = p/(1-p)$，$g(\hat{p})$ 是其 MLE，$g'(p) = (1-p)^{-2}$，则

$$\sqrt{n}[g(\hat{p}) - g(p)] \xrightarrow{D} N(0, p(1-p)^{-3})$$

$\hat{p}/(1-\hat{p})$ 的近似方差为 $p(1-p)^{-3}/n$

```
> n=30; p=0.2
> nloop=100000
> ohat=1: nloop
> for (iloop in 1: nloop) {
    x=rbinom (1, n, p)
    ohat [iloop] =x/n/ (1−x/n)
    }
> var (ohat)
```
[1] 0.01468624
```
> p/ (1−p)^3/n
```
[1] 0.01302083

N 需要多大才能成为"好的"近似值？对 $n=30$ 和 $p=0.2$ 进行模拟。真实方差约为 0.0147，而 delta 方法估计的方差为 0.0130。真实的方差比估计的方差大约大 13%。如果我们重复 $n=100$ 和 $p=0.2$ 的模拟，会发现真实方差仅比估计方差大 2% 左右。

四、评估置信区间：长度和覆盖概率

有两种方法可以评估置信区间。第一个是覆盖概率，或置信区间捕获参数的概率。

第二个评估是区间长度（有时称为宽度）。置信度或可信区间长度较小，反映更高的精度。

例子 设 Y_1，$\cdots$，Y_n 是 iid 泊松分布变量 $Poisson(\lambda)$，构建 λ 的 $100(1-\alpha)\%$ 置信区间，由中心极限定理得出：

$$\frac{\bar{Y}-\lambda}{\sqrt{\lambda/n}} \xrightarrow{D} N(0,1)$$

而 $\sqrt{\bar{Y}/n} \xrightarrow{p} \sqrt{\lambda/n}$，则

$$\frac{\bar{Y}-\lambda}{\sqrt{\bar{Y}/n}} \xrightarrow{D} N(0,1)$$

λ 的近似 95% 置信区间为 $\bar{Y} \pm 1.96\sqrt{\bar{Y}/n}$。R 代码如下：

```
> nloop = 100000
> q = qnorm (0.975)
> n = 20；lambda = 2
> cov = 0
> for (iloop in 1：nloop) {
    y = rpois (n，lambda)
    ybar = mean (y)
    lower = ybar-q * sqrt (ybar/n)
    upper = ybar+q * sqrt (ybar/n)
    if (lower<lambda & upper>lambda) {cov = cov+1}
}
> cov/nloop
[1] 0.94327
```

第一种方法：

$$P\left(-q < \frac{\bar{Y}-\lambda}{\sqrt{\lambda/n}} < q\right) \approx 1-\alpha$$

q 是标准正态分布 $1-\alpha/2$ 分位数，则

$$\bar{Y}+\frac{q^2}{2n} \pm \sqrt{\frac{\bar{Y}q^2}{n}+\frac{q^4}{4n^2}}$$

第二种方法：贝叶斯置信区间

如果 $\alpha = 1/4$ 且 $\beta = 1/16$，则 $Gamma(\alpha, \beta)$ 先验的均值为 4，标准差为 8。如果 $s = \sum_{i=1}^{n} y_i$，λ 的后验分布为 $Gamma(s+1/4, n+1/16)$，可以使用 qgamma (0.025，s+1/4，n+1/6) 和 qgamma (0.975，s+1/4，n+1/6) 分别计算置信区间的下限和上限。

```
> nloop = 10000；n = 20
> cov = 0
> alpha = 1/4
```

```
> beta = 1/16
> for (iloop in 1: nloop) {
    lambda = rgamma (1, alpha, beta)
    y = rpois (n, lambda)
    s = sum (y)
    lower = qgamma (0.025, s+alpha, n+beta)
    upper = qgamma (0.975, s+alpha, n+beta)
    if (lower<lambda & upper>lambda) {cov=cov+1}
  }
> cov/nloop
[1] 0.95
```

如果每个模拟数据集不固定 λ , 而是从先验分布中抽样, 则贝叶斯置信区间始终是"精确的"。如果两个置信区间具有相同的覆盖概率, 则较小长度的区间更可取。

五、Bootstrap 置信区间

Bootstrap 思想使用经验分布函数逼近累积分布函数 (CDF)。从 CDF F 分布中抽取随机样本 $x_1, \cdots, x_n$, 样本的经验分布函数 (EDF) 为:

$$\widehat{F}(x) = \frac{1}{n} \sum_{i=1}^{n} I\{x_i \leq x\}, \ x \in R$$

换句话说, EDF 是样本中小于或等于 x 的比例。以下代码从经验分布函数中有放回抽样, 与从真实数据向量 x 中抽样概率相同。

```
> nboot = 100000
> medboot = 1: nboot
> x = rnorm(1000, mean = 0, sd = 1)
> n = 50
> for(iboot in 1: nboot){
    bsamp = sample(x, n, replace = TRUE)
    medboot[iboot] = median(bsamp)
}
> hist(medboot, yaxt ="n", main ="", br = 30)
> b = sort(medboot)
> b[nboot * 0.025]
[1] -0.3241148
> b[nboot * 0.975]
[1] 0.3337285
> abline(v = b[nboot * 0.025], col ="red", lwd = 2, lty = 6)
> abline(v = b[nboot * 0.975], col ="red", lwd = 2, lty = 6)
```

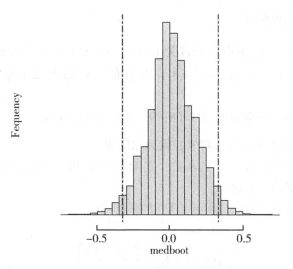

应用 boot 包中的 paulsen 数据集（豚鼠大脑中神经递质的测量值），求 90% 分位数的置信区间：

```
> library( boot)
> data( paulsen )
> x = paulsen $ y; n = length( x )
> i90 = round( 0.9 * n )
> nboot = 100000; b90 = 1: nboot
> for( iboot in 1: nboot ) {
      bsamp = sample( x, n, replace = TRUE )
      b90[ iboot ] = sort( bsamp )[ i90 ]
}
> b = sort( b90 )
> hist( b90, yaxt =" n", main ="", br = 30 )
> b_lower = round( b[ nboot * 0.025 ], 1 )
> b_upper = round( b[ nboot * 0.975 ], 1 )
> abline( v = b_lower, col =" red", lwd = 2, lty = 6 )
> abline( v = b_upper, col =" red", lwd = 2, lty = 6 )
```

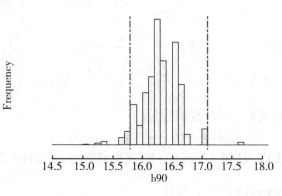

六、信息和最大似然估计

令随机变量 Y_1，…，Y_n 的联合密度为 $f_\theta(y_1, …, y_n)$，其似然函数为 $L(\theta; y_1, …, y_n) = L(\theta; y)$，其中 $y = (y_1, …, y_n)$，对数似然函数为 £$(\theta; y)$，随机向量 Y 为 $(Y_1, …, Y_n)$。

（1）评分函数 $U(\theta)$ 是对数似然 £$(\theta; y)$ 对参数 θ 的导数。

（a）评分数函数设为零，并求解 θ，得到 MLE $\hat{\theta}$。

（b）评分函数是样本随机变量的函数，用 MLE 估计得分函数 $U(\theta)$ 是一个均值为零的随机变量，其方差是 Fisher 信息。

（2）Fisher 信息是对数似然二阶导数期望值的负数：

$$I(\theta) = -E\left[\frac{\mathrm{d}^2 £\ (\theta;\ Y)}{\mathrm{d}\theta^2}\right]$$

Y_1，…，Y_n 是 iid，密度函数为 $f_\theta(y)$，则

$$I(\theta) = -nE\left[\frac{\mathrm{d}^2 £\ (\theta;\ Y)}{\mathrm{d}\theta^2}\right]$$

此处 $Y \sim f_\theta$。

（3）如果 $\hat{\theta}$ 是 θ 的 MLE，$I(\theta)$ 是信息，那么在满足一些宽松条件的情况下，以下近似分布成立，随着 n 的增加，近似值越来越接近真实密度函数：

$$\hat{\theta} \sim N(\theta, 1/I(\theta))$$

例子 随机变量 Y_1，…，Y_n 密度函数是 $f_\theta(y) = \theta(1-y)^{\theta-1}$，$y \in (0, 1)$，则

$$£\ (\theta;\ Y) = n\log(\theta) + (\theta-1)\sum_{i=1}^n \log(1-Y_i)$$

评分函数为

$$U(\theta) = \frac{\mathrm{d}£\ (\theta;\ Y)}{\mathrm{d}\theta} = \frac{n}{\theta} + \sum_{i=1}^n \log(1-Y_i)$$

MLE 估计为

$$\hat{\theta} = \frac{-n}{\sum_{i=1}^n \log(1-Y_i)}$$

其解析解为
设 $\theta > 0$，Y 是随机变量，其密度函数为：
$$f_\theta(y) = \theta(1-y)^{\theta-1},\ y \in (0, 1)$$
令 $W = -\log(1-Y)$，已知 $-\log(1-Y)$ 密度函数为 $Exp(\theta)$（即均值为 $1/\theta$），因此
$-\sum_{i=1}^n \log(1-Y) \sim Gamma(n, \theta)$，而且

$$\frac{-1}{\sum_{i=1}^{n} \log(1-Y)} \sim InvGamma(n, \theta)$$

服从 $InvGamma(n, \theta)$ 随机变量的均值是 $\theta/(n-1)$，方差是 $\theta^2/[(n-1)^2(n-2)]$，则

$$E(\hat{\theta}) = \frac{n\theta}{n-1}$$

$$V(\hat{\theta}) = \frac{n^2\theta^2}{(n-1)^2(n-2)}$$

正态分布近似解：

$$I(\theta) = -E\left(\frac{d}{d\theta}U(\theta)\right) = E\left(\frac{n}{\theta^2}\right) = \frac{n}{\theta^2}$$

方差的 MLE 估计近似为 θ^2/n，但因为 θ 未知，$\hat{\theta}$ 的标准误为 $\hat{\theta}/\sqrt{n}$。θ 的 95% 近似置信区间为

$$\hat{\theta} \pm 1.96\,\hat{\theta}/\sqrt{n}$$

假设 $\theta = 3$，$n = 40$，$f_\theta(y)$ 的密度函数为 $Beta(1, \theta)$，R 代码如下：

```
> n = 40; th = 3
> nloop = 100000
> ncap = 0
> for (iloop in 1: nloop) {
      y = rbeta (n, 1, th)
      thhat = -n/sum (log (1-y))      #计算估计量
      lower = thhat - 1.96 * thhat/sqrt (n)      #置信区间下界
      upper = thhat + 1.96 * thhat/sqrt (n)      #置信区间上界
      if (lower<th & upper>th) {ncap = ncap+1}      #是否捕获真实的参数
  }
> ncap/nloop
[1] 0.94948
```

覆盖率约为 0.95。

七、评估假设检验：检验量和功效

确定适当的统计模型，检验的功效取决于许多因素，包括检验统计量、检验量、样本量和"效应量"或者真值与原假设的差异程度，其他参数（例如检验正态总体均值时的方差）也会影响功效。在选择了检验统计量和 α 之后，研究人员往往希望提前知道检验功效是多少，以便选择样本量。

统计功效计算可以显示在功效曲线图中。

例 1：假设服从 $\chi^2(12)$ 的随机变量 $X_1, \cdots, X_{12}$，均值 $\mu = 100$，标准差 $\sigma = 2$，样本量 $n = 12$。$H_0: \sigma = 2$，$H_1: \sigma < 2$，显著水平 $\alpha = 0.01$。检验统计量

$$T = \frac{\sum\limits_{i=1}^{12} (X_i - 100)^2}{4}$$

如果 H_1 为真，上述统计量较小。当 $T < 3.571$（$\chi^2(12)$ 的 1% 分位数）时拒绝 H_0。$\sigma \in (0, 2)$，检验功效计算如下：

$$P(T < 3.571) = P\left(\frac{\sum\limits_{i=1}^{12} (X_i - 100)^2}{\sigma^2} < \frac{4 \times 3.571}{\sigma^2} \right)$$

绘制功效曲线 R 代码如下：

```
> sig = 1：200/100
> n = 12
> crit = qchisq(0.01, n)
> pwr = pchisq(4 * crit/sig^2, n)
> plot(sig, pwr, type ="l")
> abline(h = 0.01, col ="red", lwd = 2, lty = 2)
```

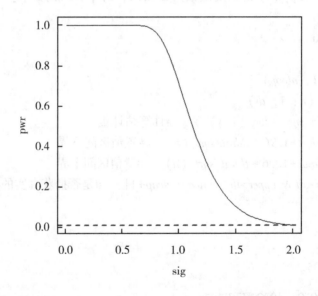

以上功效曲线中的虚线高度 $\alpha = 0.01$。可以看到：如果 $\sigma = 1.5$，有足够证据拒绝原假设的概率很低；确信零假设被（正确）拒绝之前，真正的标准差必须小于 $\sigma = 1$。

如果 $\sigma = 1.5$，统计功效与样本数 n 的曲线图代码如下：

```
> sig = 1.5
> n = 20：100
> crit = qchisq(0.01, n)
> pwr = pchisq(4 * crit/sig^2, n)
> plot(n, pwr, type ="l")
> abline(h = 0.8, col ="red", lwd = 2, lty = 2)
```

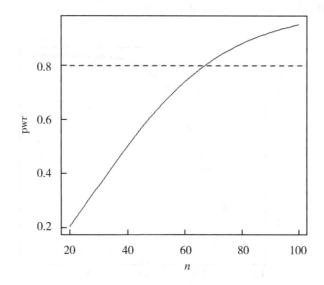

$n = 67$ 可以有 80% 的确定性检测到 $\sigma = 1.5$ 的真实标准差。

例 2：服从 $Beta(\theta, 1)$ 的随机变量 $Y_1, \cdots, Y_n$，检验 H_0：$\theta = 1$ 或 H_1：$\theta > 1$。在原假设下，总体分布是均匀的，而在备择假设下，密度向右"堆积"，平均值为 $\theta / (\theta + 1)$，因此期望值大于分布均匀的情况。

实际例子可能为模拟一只雄性飞鸟在白天随机选择照料巢穴的时间比例。假设雌雄鸟轮流照看巢穴和觅食。零假设模型可能是雄鸟在巢中的时间比例是均匀分布的，备择假设表示雄鸟倾向于花更多时间照料巢穴。

本例可以使用很多检验统计量，如检验统计量可以简单地是大于 1/2 的观察数；然后可以使用二项分布计算检验规模和功效。或者，使用各种方法估计 θ 并根据估计量定义检验统计量。例如，使用 delta 方法获得 θ 矩估计的近似分布，或可以使用 Fisher 信息将最大似然估计的分布近似为具有均值 θ 的正态分布，并估计方差。

假设有 40 个来自总体（如二项分布）的独立同分布样本（如研究人员可以随机选择 40 个巢穴）。如果 c 或更多的观察值大于 1/2 则拒绝 H_0，显著水平设为 0.05，用 R 函数 qbinom（0.95，40，1/2）得 25。因为分布是离散的，使用 1-pbinom（25，40，1/2）得到实际的显著水平（0.0403），说明有大于等于 26 个超过 1/2 小时的等待时间时拒绝 H_0，有 $\alpha \approx 0.04$。

对于每个 θ 值，雄鸟在巢中停留超过 1/2 小时的概率为 1-pbeta（1/2，theta，1），随着 θ 远离原假设 $\theta = 1$，功效增加。以下代码计算 $n = 40$ 时 θ 值介于 1 和 3 之间的功效。红色虚线表示 $\alpha = 0.05$。

```
> theta = 0：200/100 + 1
> n = 40
> crit = qbinom(0.95, n, 1/2)
> pr = 1 - pbeta(1/2, theta, 1)
> power = 1 - pbinom(crit, n, pr)
> plot(theta, power)
```

> $abline(h = 0.05, col = "red", lwd = 2, lty = 2)$

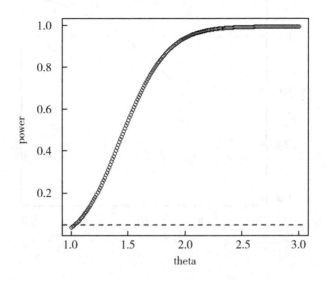

第一种方法，θ 的矩估法：

假设 $Y_1, \cdots, Y_n$，密度函数为

$$f_\theta(y) = \theta\, y^{\theta-1}, \; y \in (0, 1)$$

其均值为 $\theta/(1 + \theta)$，则

$$\widetilde{\theta} = \frac{\overline{Y}}{1 - \overline{Y}}$$

$$\sqrt{n}\,(\widetilde{\theta} - \theta) \xrightarrow{D} N\!\left(0, \; \frac{\theta\,(\theta + 1)^2}{\theta + 2}\right)$$

如果 H_0 为真，$\widetilde{\theta}$ 的方差近似为 $4/(3n)$，则

$$Z = \frac{\widetilde{\theta} - 1}{\sqrt{4/(3n)}} \approx N(0, 1)$$

对于较大的 n，近似值变得更好。较大的 Z 值支持 H_1，当 Z 的值大于 1.645（标准正态分布的 95% 百分位数）时拒绝 H_0。$\alpha = 0.05$ 时 n 需要多大？以下 R 代码从 $Beta(\theta, 1)$ 密度函数中对 1 到 3 之间的 201 个 θ 值进行抽样，并且对于每个 θ 值，找出 Z 大于临界值 1.645 的概率，即计算每个 θ 值功效。

```
> nloop = 10000
> n = 100
> theta = 0：200/100+1
> crit = qnorm（0.95）
> power = 1：201
> for（i in 1：201）{
        nrej = 0
```

```
for（iloop in 1：nloop）{
    y＝rbeta（n, theta［i］, 1）
    thtilde＝mean（y）/（1−mean（y））
    z＝（thtilde−1）/sqrt（4/3/n）
    if（z>crit）{nrej＝nrej+1}
  }
  power［i］＝nrej/nloop
  print（i+power［i］）
}
```

> n＝1：201

> plot（n, power）

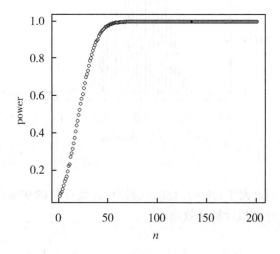

第二种方法，θ 的最大似然估计：

$$\widehat{\theta}=-\frac{n}{\sum_{i=1}^{n}\log(y_i)}$$

H_0 是逆伽马分布，但证明过程较难。相反，可以简单地模拟 $\widehat{\theta}$ 的零分布，即从均匀分布模拟 n 个样本，并计算每个样本的检验统计量，绘制接近真实零分布的检验统计量直方图。

> n = 100

> nloop = 1000000

> thetahat = 1：nloop

> for(iloop in 1：nloop){

    y = runif(n)

    thetahat［iloop］= − n/sum(log(y))

}

> hist(thetahat, br = 50)

> crit = sort(thetahat)［950000］

> crit

［1］ 1.188167

> $abline(v = 1.188167,\ col ="red",\ lwd = 2,\ lty = 2)$

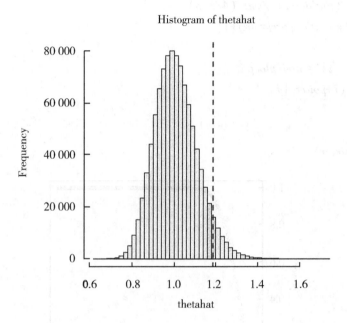

基于这个零分布，当 $\hat{\theta}$ 大于 crit = 1.188（模拟检验统计量的95%分位数）时，拒绝 H_0，可以使用这个临界值通过模拟计算功效曲线。

```
> nloop = 10000
> theta = 0：200/100 + 1
> power = 1：201
> for(i in 1：201){
    nrej = 0
    for(iloop in 1：nloop){
        y = rbeta(n, theta[i], 1)
        thetahat = - n/sum(log(y))
        if(thetahat > crit){nrej = nrej + 1}
    }
    power[i] = nrej/nloop
    print(i * 100 + power[i])
}
> plot(theta, power)
> abline(h = 0.05, col ="red", lwd = 2, lty = 2)
```

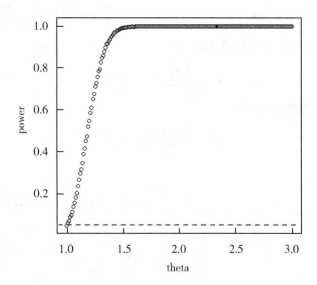

可以使用更大的 nloop 尽可能精确模拟零分布。

八、似然比检验

在实践中，似然比检验（LRT）因其广泛的适用性和最优性而广受欢迎。只要可以写出似然函数表达式，就可以使用 LRT。此外，如果无法找到 LRT 的精确分布，在很多情况下还可以给出近似分布。

检验 H_0：$\theta \in \Omega_0$ 或 H_1：$\theta \in \Omega_\alpha$，θ 可以是单个参数或参数向量。假设数据来自似然函数 $L(\theta; y)$，其中 y 是数据向量。令 $\Omega = \Omega_0 \cup \Omega_\alpha$，检验统计量是似然比的函数：

$$\lambda = \frac{\max_{\theta \in \Omega_0} L(\theta; y)}{\max_{\theta \in \Omega} L(\theta; y)}$$

请注意，λ 必须介于 0 和 1 之间。λ 大于 0，因为似然函数是联合概率密度，并且必须为正；λ 小于等于 1，因为分母是更大样本空间中的最大值，因此至少与分子一样大。

LRT 的决策规则是如果 λ "小" 则拒绝 H_0，也就是说，如果 $\lambda < k$，则拒绝 H_0，其中选择 k 使得当 H_0 为真时 $P(\lambda < k) = \alpha$。找到 k 往往很困难，可以使用 λ 的等效决策规则。

直观地说，如果 λ 的值已经接近 1，则允许 θ 的值在更大的集合（包含备择假设值）中并不会显著提高似然值，因此更简单的空模型几乎可以包括替代模型。如果 λ 的值很小，则替代模型的似然值远大于空模型的似然值，因此我们可能会拒绝空模型而支持替代模型。可以使用 α 量化临界值。

1. 精确 LRT 推断实例

假设随机变量 $Y_1, \cdots, Y_n$ 服从独立同分布（iid）$N(\mu, \sigma^2)$，H_0：$\mu = \mu_0$ 而 H_1：$\mu \neq \mu_0$。似然函数为：

$$L(\mu, \sigma^2; y) = \left(\frac{1}{2\pi\sigma^2}\right)^{n/2} exp\left\{-\frac{1}{2\sigma^2}\sum_{i=1}^{n}(y_i - \mu)^2\right\}$$

对于空模型，上式两边取对数，得

$$\pounds\ (\mu_0,\ \sigma^2;\ y) = \log L(\mu_0,\ \sigma^2;\ y) = (const) - \frac{n}{2}\log(\sigma^2) - \frac{1}{2\sigma^2}\sum_{i=1}^{n}\ (y_i - \mu_0)^2$$

将上式对 σ^2 求导数，并令导数为 0，得

$$\widehat{\sigma_0^2} = \frac{1}{n}\sum_{i=1}^{n}\ (y_i - \mu_0)^2$$

类似上述过程，替代模型可得

$$\widehat{\sigma^2} = \frac{1}{n}\sum_{i=1}^{n}\ (y_i - \bar{y})^2$$

LRT 表达式为

$$\lambda = \frac{L(\mu_0,\ \widehat{\sigma_0^2};\ y)}{L(\widehat{\mu},\ \widehat{\sigma^2};\ y)} = \frac{\left(\dfrac{1}{2\pi\widehat{\sigma_0^2}}\right)^{n/2} exp\left\{-\dfrac{1}{2\widehat{\sigma_0^2}}\sum_{i=1}^{n}\ (y_i - \mu_0)^2\right\}}{\left(\dfrac{1}{2\pi\widehat{\sigma^2}}\right)^{n/2} exp\left\{-\dfrac{1}{2\widehat{\sigma^2}}\sum_{i=1}^{n}\ (y_i - \bar{y})^2\right\}}$$

$$= \left(\frac{\widehat{\sigma^2}}{\widehat{\sigma_0^2}}\right)^{n/2} = \left(\frac{\sum_{i=1}^{n}\ (y_i - \bar{y})^2}{\sum_{i=1}^{n}\ (y_i - \mu_0)^2}\right)^{n/2}$$

当 $\lambda' = \dfrac{\sum_{i=1}^{n}\ (y_i - \bar{y})^2}{\sum_{i=1}^{n}\ (y_i - \mu_0)^2}$ 很小时 λ 也很小，因为 n 是正数，所以当 λ' 很小时拒绝 H_0。虽

然 λ' 式中分子和分母都是正态分布随机变量的平方和，但是由于分子和分母不独立，所以 λ' 并不服从 F 分布。将 λ' 式分母进行改写，得

$$\sum_{i=1}^{n}\ (y_i - \mu_0)^2 = \sum_{i=1}^{n}\ (y_i - \bar{y} + \bar{y} - \mu_0)^2$$

$$= \sum_{i=1}^{n}\ (y_i - \bar{y})^2 + 2(\bar{y} - \mu_0)\sum_{i=1}^{n}\ (y_i - \bar{y}) + n\ (\bar{y} - \mu_0)^2$$

$$= \sum_{i=1}^{n}\ (y_i - \bar{y})^2 + n\ (\bar{y} - \mu_0)^2$$

所以

$$\lambda' = \frac{1}{1 + \dfrac{n\ (\bar{y} - \mu_0)^2}{\sum_{i=1}^{n}\ (y_i - \bar{y})^2}}$$

λ' 很小时拒绝 H_0，等同于

$$\lambda'' = \frac{n\ (\bar{y} - \mu_0)^2}{\sum_{i=1}^{n}\ (y_i - \bar{y})^2}$$

很大时，拒绝 H_0。此时，λ'' 服从 F 分布。因 $\bar{Y}$ 和 S^2 是独立的两个随机变量，改写 λ''

式得

$$(n-1)\lambda'' = \frac{(\bar{y}-\mu_0)^2}{S^2/n}$$

上式为 T 统计量的平方，即

$$T = \sqrt{(n-1)\lambda''} = \frac{\bar{y}-\mu_0}{S/\sqrt{n}}$$

即在 H_0 下，T 的分布为 $t(n-1)$，而 T^2 服从 $F(1, n-1)$。

2. LRT 的近似分布

很多情况下 LRT 找不到精确分布，可以转而求 $-2\log(\lambda)$ 的近似分布。

例子 假设对两个二项式分布 $S_1 \sim Binom(n_1, p_1)$ 和 $S_2 \sim Binom(n_2, p_2)$ 进行假设检验，$H_0: p_1 = p_2$ 或 $H_1: p_1 \neq p_2$。似然函数为：

$$L(p_1, p_2; s_1, s_2) = p_1^{s1}(1-p_1)^{n1-s1}p_2^{s2}(1-p_2)^{n2-s2}$$

似然比为

$$\lambda = \left(\frac{\widehat{p_0}}{\widehat{p_1}}\right)^{s1}\left(\frac{\widehat{p_0}}{\widehat{p_2}}\right)^{s2}\left(\frac{1-\widehat{p_0}}{1-\widehat{p_1}}\right)^{n1-s1}\left(\frac{1-\widehat{p_0}}{1-\widehat{p_2}}\right)^{n2-s2}$$

此处 $\widehat{p_0} = (s_1+s_2)/(n_1+n_2)$，$\widehat{p_1} = s_1/n_1$ 和 $\widehat{p_2} = s_2/n_2$。此式很难找到零分布的精确分布，但可以使用威尔克（Wilk）定理进行假设检验，即

$$-2\log(\lambda) \sim \chi^2(r-r_0)$$

此处，r 为 H_1 的自由度，r_0 为 H_0 的自由度。

使用威尔克（Wilk）定理，上例变为

$$-2\log(\lambda) = -2\left[s_1\log\left(\frac{\widehat{p_0}}{\widehat{p_1}}\right) + s_2\log\left(\frac{\widehat{p_0}}{\widehat{p_2}}\right) + (n_1-s_1)\log\left(\frac{1-\widehat{p_0}}{1-\widehat{p_1}}\right) + (n_2-s_2)\log\left(\frac{1-\widehat{p_0}}{1-\widehat{p_2}}\right)\right]$$

因 $\lim\limits_{p\to 0}p\log(p) = 0$，可以得到 $-2\log(\lambda)$ 任意参数值的估计量，如 $\widehat{p_1} = 0$，可以将上式等号右边第一项替换为 0。

根据 Wilk 定理，当 H_0 为真时，$-2\log(\lambda)$ 的分布近似为 $\chi^2(1)$，并且随着样本量的增加，近似值越来越好。使用模拟方法的 R 语言代码如下：

```
> nloop = 1000000
> n1 = 20; n2 = 20; p1 = 0.18; p2 = 0.18
> loglam = 1: nloop
> for(iloop in 1: nloop){
      s1 = rbinom(1, n1, p1)
      s2 = rbinom(1, n2, p2)
      p0hat = (s1+s2)/(n1+n2)
      p1hat = s1/n1
      p2hat = s2/n2
      if(s1 > 0){t1 = s1 * log(p0hat/p1hat)} else{t1 = 0}
      if(s2 > 0){t2 = s2 * log(p0hat/p2hat)} else{t2 = 0}
      if(s1 < n1){t3 = (n1-s1) * log((1-p0hat)/(1-p1hat))} else {t3 = 0}
```

$$if(s2 < n2)\{t4 = (n2 - s2) * \log((1 - p0hat)/(1 - p2hat))\} \ else \ \{t4 = 0\}$$
$$\log lam[iloop] = -2 * (t1 + t2 + t3 + t4)$$

}

> $hist(\log lam, br = 50, freq = FALSE)$
> $xp1 = 0: 200/10$
> $lines(xp1, dchisq(xp1, 1), col = "red", lwd = 2, lty = 1)$
> $sum(\log lam > qchisq(0.95, 1))/nloop$
[1] 0.058658

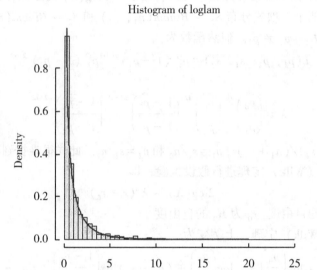

当样本量变大时，检验量分布越来越接近 α 的真实分布。

3. 一维参数的威尔克定理证明

假设进行 $H_0: \theta = \theta_0$ 或 $H_1: \theta \neq \theta_0$，定义似然比：

$$\lambda = \frac{L(\theta_0; y)}{L(\hat{\theta}; y)}$$

此处，$\hat{\theta}$ 是参数的最大似然估计。

$$-2\log(\lambda) = 2[\log(L(\hat{\theta}; y)) - \log(L(\theta_0; y))]$$
$$= 2[\pounds(\hat{\theta}; y) - \pounds(\theta_0; y)]$$

$\hat{\theta}$ 对数似然函数的泰勒展开为：

$$\pounds(\theta; y) \approx \pounds(\hat{\theta}; y) + \pounds'(\hat{\theta}; y)(\theta - \hat{\theta}) + \frac{1}{2}\pounds''(\hat{\theta}; y)(\theta - \hat{\theta})^2$$

由最大似然估计量定义得 $\pounds'(\hat{\theta}; y) = 0$，用 θ_0 替代 θ 得

$$2[\pounds(\theta_0; y) - \pounds(\hat{\theta}; y)] \approx \pounds''(\hat{\theta}; y)(\theta_0 - \hat{\theta})^2$$

回顾 Fisher 信息定义

$$I(\theta) = -E[\pounds''(\theta; Y)]$$

当 n 很大时，$I(\theta) \approx -\pounds''(\hat{\theta}; y)$，有大数定律得 $\hat{\theta}$ 趋近于 θ，得

$$-2\log(\lambda) \approx I(\theta)(\theta_0 - \hat{\theta})^2$$

因 $I(\theta)^{-1}$ 近似等于 MLE 中的方差，H_0 为真时

$$I(\theta)^{1/2}(\theta_0 - \hat{\theta}) \approx N(0, 1)$$

因服从正态分布随机数的平方和服从卡方分布，得

$$-2\log(\lambda) \approx \chi^2(1)$$

但是，这种方法并不总是成立，如均匀分布 $Unif(0, \theta)$，因其似然函数在 $\hat{\theta}$ 处不连续，所以上述证明过程在 $\pounds'(\hat{\theta}; y) = 0$ 不正确。

九、分类数据的卡方检验

拟合优度检验

假设服从多项式分布变量 $Y = (Y_1, \cdots, Y_n)$，概率 $p = (p_1, \cdots, p_J)$，即对 $i = 1, \cdots, n$，$P(Y_i = j) = p_j$，$j = 1, \cdots, J$，且 Y_i 是独立随机变量。假设零分布 $H_0: p = p_0$。随机变量 S_j 是 $Y_i = j$ 的数量，且 $j = 1, \cdots, J$，而且 $\sum_{j=1}^{J} S_j = n$，$S = (S_1, \cdots, S_J)$。似然函数为

$$L(p; S) = \prod_{j=1}^{J} p_j^{S_j}$$

备择假设下样本比例的最大似然估计为 $\hat{p_j} = S_j/n$，似然比为

$$\lambda = \frac{\prod_{j=1}^{J} p_{0j}^{S_j}}{\prod_{j=1}^{J} \left(\frac{S_j}{n}\right)^{S_j}} = \prod_{j=1}^{J} \left[\frac{e_j}{S_j}\right]^{S_j}$$

此处，$e_j = np_{0j}$ 是第 j 个类型观察值的期望，则

$$-2\log = 2\left[\sum_{i=1}^{J} S_j\log\left(\frac{S_j}{e_j}\right)\right]$$

H_0 为真时，以上统计量服从 $\chi^2(J-1)$。可以通过泰勒展开近似上式，令 $f(x) = x\log(x/c)$，$f'(x) = 1 + \log(x/c)$ 和 $f''(x) = 1/x$，只考虑 c 点附近 x 泰勒展开的前三项：

$$x\log(x/c) \approx x - c + \frac{1}{2c}(x - c)^2$$

因 $\sum_{i=1}^{J} S_j = \sum_{i=1}^{J} e_j = n$，应用上述泰勒展开结果似然比得

$$-2\log(\lambda) \approx 2\sum_{i=1}^{J}\left[S_j - e_j + \frac{1}{2e_j}(S_j - e_j)^2\right] = \sum_{i=1}^{J} \frac{(S_j - e_j)^2}{e_j}$$

此式称为 Pearson 卡方检验统计量，是统计学入门教材或课程中的内容（没有似然比推导），其计算相对容易。如计算某物种特定性状各基因型比例是否等于 $1:2:1$，分别使用

以上两种形式：$X_1 = 2\left[\sum\limits_{i=1}^{J} S_j \log\left(\dfrac{S_j}{e_j}\right)\right]$ 和 $X_2 = \sum\limits_{i=1}^{J} \dfrac{(S_j - e_j)^2}{e_j}$。以下应用 R 语言模拟 H_0，样本数为 40，共模拟 1 百万次。

```
> k = 3; p0 = c(0.25, 0.5, 0.25)
> nloop = 1000000
> x1 = 1: nloop; x2 = 1: nloop
> n = 40; e = p0 * n
> for(iloop in 1: nloop){
      s = rmultinom(1, n, p0)
      x1[iloop] = 2 * sum(s * log(s/e))
      x2[iloop] = sum((s - e)^2/e)
}
> sum(x1 > qchisq(0.95, 2), na.rm = TRUE)/(nloop - sum(is.na(x1)))
[1] 0.05084386
> sum (x2>qchisq (0.95, 2))/nloop
[1] 0.05258
```

结果表明：两种方法基本近似。下图比较了在 H_0 下模拟 1000 个 $X1$ 和 $X2$ 的值。可以看出对于较小的值（更多支持 H_0 为真），检验统计量彼此非常接近，但对于较大的值（更多支持 H_1 为真），检验统计量可能出现差异，有时 $X1$ 较大，有时 $X2$ 较大；两变量与 $\chi^2(2)$ 分位数的概率图拟合得较好，几乎没有出现偏离。

```
> k = 3; p0 = c(0.25, 0.5, 0.25)
> nloop = 1000
> x1 = 1: nloop; x2 = 1: nloop
> n = 40; e = p0 * n
> for(iloop in 1: nloop){
      s = rmultinom(1, n, p0)
      x1[iloop] = 2 * sum(s * log(s/e))
      x2[iloop] = sum((s - e)^2/e)
}
> plot(sort(x1), sort(x2), xlab ="x1", ylab ="x2")   #x1 和 x2
> abline(0, 1, col ="red", lwd = 3, lty = 1)
> plot(qchisq(1: nloop/(nloop + 1), 2), sort(x1), xlab = "Chi(2)", ylab ="x1")   #Chi(2) 和 x1
> lines(c(0, 20), c(0, 20), col = 2, lwd = 3)
> plot(qchisq(1: nloop/(nloop + 1), 2), sort(x2), xlab = "Chi(2)", ylab ="x2")   #Chi(2) 和 x2
> lines(c(0, 20), c(0, 20), col = 2, lwd = 3)
```

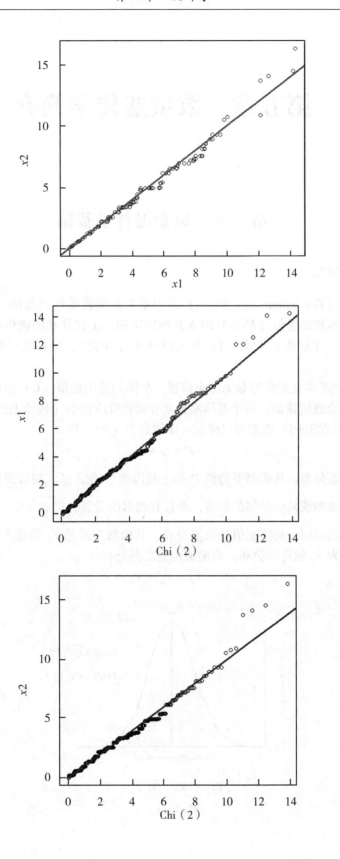

第五章　数量遗传学简介

第一节　数量遗传学基础

一、无穷小模型

无穷小模型（The Infinitesimal Model）是简单有效的数量性状遗传模型，该理论认为：数量性状是由遗传和非遗传（环境）因素共同决定的，子代性状的遗传遵循正态分布（均值为亲本平均数，方差独立于亲本）。在大群体中（异交），进行选择后，其方差仍保持不变。

Fisher 提出的基本变异模型是无穷小模型，个体的基因型值（G）由许多基因座（理论上无限多）的联合效应累加，每个基因座独立分离且效应很小（理论上是无穷小）。将环境偏差（E）和个体的基因型值相加以确定个体的表型（P），即

$$P = G + E$$

表型值为正态分布，其表型平均值 $\bar{P}$ 等于基因型平均值 $\bar{G}$。相等的原因是假设环境偏差可以等概率地增加或减少个体的表型，并且有相似的量级，即 $\bar{E} = 0$。这一假设在遗传方差的剖分时也依然适用。基因型值是均值为 $\bar{G}$，基因型方差是 V_G 的正态分布。环境方差是均值为 0 且方差为 V_E 的正态分布。表型值也是正态分布：

$$V_P = V_G + V_E$$

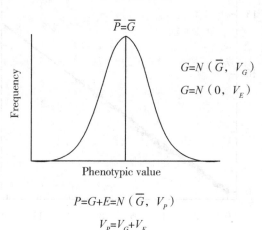

$\bar{P} = \bar{G}$

$G = N(\bar{G}, V_G)$

$G = N(0, V_E)$

$P = G + E = N(\bar{G}, V_P)$

$V_P = V_G + V_E$

数量遗传学的基本任务之一是量化遗传和环境组分引起表型变异的比例，亲属之间的相似性、环境因素以及对自然和人工选择的反应都会影响这一任务。在某些情况下，性状的方差以均值的平方为尺度（变异系数的平方 $CV_P^2 = V_P / \bar{P}^2$），以避免尺度效应并能够比较不同数量性状之间的变异。

无穷小模型的理论基础在实践中总是不能满足，因为基因的数量不是无限的，它们的效应也不是相等和无穷小的。事实上，实验结果表明，大多数基因的效应微小，具有大效应的基因座比例较低。此外，数量性状位点经常发生相互作用，并且它们的频率表现出依赖性。但是，该模型依然可以用作预测方法。此外，该模型后续还会包括显性效应、基因座之间的频率依赖性（连锁不平衡）和效应之间的相互作用（上位性）等。如稀有基因可以使数量性状频率分布偏斜（左偏还是右偏是一个值得讨论的问题）。

二、遗传模型

实现遗传模型基本上有三种方法：①群体方差组分法，②个体方差组分法，③个体基因座法。前两种主要用于数量性状遗传建模，而最后一种可用于数量性状遗传建模和简单孟德尔遗传性状建模（例如单基因座）。基于个体的模型（individual-based model，IBM）的优点是可以很容易地结合复杂的群体动态、频率依赖性等约束。然而，IBM 往往是计算密集型（尤其是个体位点模型）。遗传变异本身可以剖分为加性、显性和上位性组分，这里我们先只考虑加性效应。

1. 群体方差组分（PVC）法

本方法除涉及以上表型和方差剖分公式外，还涉及遗传力等。遗传力是衡量由于加性遗传效应造成的亲属之间的相似程度。估计遗传力的一种简单方法是将后代的平均性状值与中亲值回归。如果没有家系内部而非家系之间饲养环境的相似性造成的环境效应，没有母系（或父系）效应，则该回归的斜率等于性状的遗传力。狭义遗传力（h^2）的一般定义是加性遗传方差与表型方差的比值：

$$h^2 = \frac{\sigma_G^2}{\sigma_P^2}$$

遗传力衡量基因加性效应占总方差的比例。遗传力为 0 意味着变异完全是环境决定，而遗传力为 1 意味着变异完全是由基因的加性效应决定。后代和父母之间的一般关系是

$$\mu_{后代} = (1 - h^2)\mu_{群体} + h^2\mu_{亲本}$$

其中 μ 是指平均值。在定向选择下，亲本的平均值大于或小于群体的平均值，具体取决于选择的方向，通过重新排列上式，选择反应为

$$\mu_{后代} - \mu_{群体} = h^2(\mu_{亲本} - \mu_{后代})$$

$$R = h^2 S = \frac{\sigma_G^2}{\sigma_P^2}S$$

其中 S 是选择差。上式称为育种家方程（Breeder's equation）。用表型标准差来写 S 通常更方便：

$$S = i\sigma_P$$

其中 i 称为选择强度，

$$i = \frac{S}{\sigma_P} = \frac{z}{P}$$

P 为每一代选择的比例，z 是截断点的纵坐标。假设选择总体的前 P 比例来应用截断选择，可以使用以下 R 代码计算选择强度：

```
> Vp <- 1 #表型方差
> P <- 0.2 #选择比例
> x <- -qnorm (P, mean=0, sd=1) #x 值
> z <- exp (-0.5 * x^2) / (sqrt (2 * pi)) #z
> i <- z/P #选择强度
> S <- i * sqrt (Vp) #选择差
> S
```

[1] 1.39981

每一代的变化是一个常数，因此世代间的性状平均值是直线关系，如：

$$\mu_{t+1} = \mu_t + h^2 S$$

自然选择通常是稳定的，而不是定向的。经常用二次适应度函数和高斯适应度函数。在后一个函数下，性状的适应度 W 可以写为

$$W = e^{-\frac{1}{2}\left[\frac{(x-\theta)^2}{\omega}\right]}$$

其中 θ 是适应度的最大值，ω 是稳定选择强度的度量，选择强度随着 ω 的增加而减小。稳定选择可以合并到单性状模型中：

$$R_t = \frac{\sigma_G^2}{\omega + \sigma_P^2}(\theta - \mu_{群体,\ t})$$

即选择反应是与最优值的距离函数，因此是世代的函数。随着时间的推移，群体平稳地移动到最优值。

将上述模型扩展到多个性状需要引入性状间的相关性。相关性是由基因的一因多效性，基因间的连锁或环境因素引起的。假设环境和遗传的协方差是独立的，可以将性状 X 和 Y 之间的表型协方差 σ_{PXY} 分解为两个协方差的和：

$$\sigma_{PXY} = \sigma_{GXY} + \sigma_{EXY}$$

因相关系数 r 为

$$r = \frac{\sigma_{XY}}{\sigma_X \sigma_Y}$$

表型相关性可以从上述关系中获得：

$$r_{PXY} = r_G \frac{\sigma_{GX}\sigma_{GY}}{\sigma_{PX}\sigma_{PY}} + r_E \frac{\sigma_{EX}\sigma_{EY}}{\sigma_{PX}\sigma_{PY}}$$
$$= r_G \sqrt{h_X^2 h_Y^2} + r_E \sqrt{(1-h_X^2)(1-h_Y^2)}$$

对于多个性状，育种家方程可以使用矩阵形式扩展为

$$\Delta \bar{z} = GP^{-1}S$$

此处 $\Delta \bar{z}$ 是性状均值变化向量，G 是加性遗传方差–协方差矩阵，P 是表型方差–协方差矩阵，S 是选择差向量，-1 表示逆矩阵。对于二性状，可以写成显式矩阵形式：

$$\begin{pmatrix} \Delta \bar{z}_1 \\ \Delta \bar{z}_2 \end{pmatrix} = \begin{pmatrix} \sigma_{G1}^2 & \sigma_{G12} \\ \sigma_{G21} & \sigma_{G2}^2 \end{pmatrix} \begin{pmatrix} \sigma_{P1}^2 & \sigma_{P12} \\ \sigma_{P21} & \sigma_{P2}^2 \end{pmatrix}^{-1} \begin{pmatrix} S_1 \\ S_2 \end{pmatrix}$$

定向截断选择反应与单性状模型相同，因为这两个性状每代都会发生固定的变化，但在

这种情况下，变化量是选择差和性状相关性的函数。

```
> h2 <- c (0.2, 0.4) #遗传力
> Vp <- c (1, 2) #表型方差
> Rp <- 0.4 #表型相关
> Ra <- 0.15 #遗传相关
> Va <- h2 * Vp #h2 = Va/Vp
> Covp <- Rp * sqrt (Vp [1] * Vp [2]) #r = Cov/SD1SD2
> Cova <- Ra * sqrt (Va [1] * Va [2]) #r = Cov/SD1SD2
> Gmatrix <- matrix (c (Va [1], Cova, Cova, Va [2]), 2, 2) #G 矩阵
> Pmatrix <- matrix (c (Vp [1], Covp, Covp, Vp [2]), 2, 2) #P 矩阵
```

环境相关必须位于-1 和+1 之间，上述代码不能保证这一点。因此，有必要进行检查：

```
> Re <- (Rp - Ra * sqrt(h2[1] * h2[2]))/sqrt((1 - h2[1]) * (1 - h2[2]))
> if(abs(Re) > 1)stop(c("problem with Re"))
```

遗传力不太可能对最终平衡产生影响，但肯定会影响达到该值所需的时间（如果存在）以及该值的变化。

对于三性状：

```
NX <- 3 #性状数
# 遗传相关性在对角线以上，在对角线以下
H2 <- matrix(c(0.4, 0.7, 0.3,
               0.6, 0.5, 0.1,
               0.4, 0.6, 0.3), NX, NX, byrow = TRUE)
# 构建表型协方差矩阵
# 请注意，初始协方差设置为1(任意)
CovP <- matrix(1, NX, NX)# 表型方差
diag(CovP) <- c(1.5, 1.0, 0.5)# 对角线元素 = 方差
CovA <- matrix(0, NX, NX)
CovE <- matrix(0, NX, NX)
for(i in 1: NX)
  {
  CovA[i, i] <- CovP[i, i] * H2[i, i]# = Vp * h2
  CovE[i, i] <- CovP[i, i] - CovA[i, i]# 方差
# 检查环境方差是否为正
  if(CovE[i, i] < 0)stop(c("Problem with CovE"))
}
# 表型和遗传协方差
N.minus.1 <- NX - 1
for(i in 1: N.minus.1)
{
  jj <- i + 1
  for(j in jj: NX)
```

```
{
  CovP [i, j] <- H2 [j, i] * sqrt (CovP [i, i] * CovP [j, j])
  CovP [j, i] <- CovP [i, j]
  CovA [i, j] <- H2 [i, j] * sqrt (CovA [i, i] * CovA [j, j])  #Ra * sqrt (VaxVay)
  CovA [j, i] <- CovA [i, j]
  CovE [i, j] <- CovP [i, j] - CovA [i, j]  #表型减遗传方差
  CovE [j, i] <- CovE [i, j]
}
}
```

$$\Delta \bar{z} = G(W + P)^{-1} S(\mu - \theta)$$

其中 W 是半正定矩阵，W 的对角线元素是直接作用于性状的稳定选择强度的度量，而非对角线元素则衡量相关选择的强度，即选择共同作用于两个性状的程度。如果 W 是一个半定正矩阵，那么它的特征值都是非负的：这可以通过调用 eigen（Wmatrix）\$ values 来检查。

上述方法假设群体无限大，并且可能难以在包含约束的场景中使用。

2. 个体方差组分（IVC）模型

可以通过从具有特定均值和方差的正态函数生成随机数来创建个体的表型值。例如

$h2 <- 0.5$ # 遗传力

$Vp <- 1$ # 表型方差

$Va <- h2 * Vp$ # 加性遗传方差

$Ve <- Vp - Va$ # 环境方差

$SD.A <- sqrt(Va)$

$SD.E <- sqrt(Ve)$

$mu <- 3$ # 平均基因型值

$set.seed(10)$ # 设置随机数种子

$N <- 1000$ # 群体规模

$G.X <- rnorm(N, mean = mu, sd = SD.A)$ # 基因型值

$E.X <- rnorm(N, mean = 0, sd = SD.E)$ # 环境值

$P.X <- G.X + E.X$ # 表型值

检查是否为正定矩阵：

$a <- eigen(CovA) \$ values$ #CovA 的特征值

$print(a)$

$for(i \ in \ 1: NX)\{ if(a[i] < 0) stop(c("CovA \ not \ positive \ definite"))\}$

$a <- eigen(CovE) \$ values$ #CovE 的特征值

$print(a)$

$for(i \ in \ 1: NX)\{ if(a[i] < 0) stop(c("CovE \ not \ positive \ definite"))\}$

稳定选择：

$$W(z) = exp\left[-\frac{1}{2}(z - \theta)^T \omega^{-1}(z - \theta) \right]$$

其中 z 是性状向量，θ 是性状最优值的列向量，上标 T 表示矩阵转置，ω 是描述选择面的

矩阵，对角线元素描述稳定选择的强度（类似于双变量正态分布），非对角线表示相关选择的强度。

SELECTION <- function（z，Theta，w. matrix）

{

　Diff <- z-theta

　Fitness <- exp（-0. 5 * t（Diff）% * %solve（w. matrix）% * %Diff）

　return（Fitness）

}

所有个体的适应度向量在主程序中使用 R 函数 apply 计算：

W <- apply（X=P. X，MARGIN=1，FUN=SELECTION，Theta，w. matrix）

人工选择实验中进行等级顺序选择，个体根据表型值排序或多个性状的函数（称为指数选择），选择比例的顶部或底部个体作为亲本繁殖下一代。如

P. selected <- 0. 25 #选择比例

N. Pop <- 100

计算选择的数量，必须是整数

N. selected <- round（P. selected * N. Pop）

Ranked. Data <- order（P. X［，1］）#查找排列索引

P. X <- MP. X［Ranked. Data，］#按升序重新排序 P. X

阈值选择是最简单的方法，因为它只需要选择那些高于或低于阈值的个体。

SELECTION <- function（Phenotype，T0）

{

　n<-length（Phenotype）

　W <- matrix（0，n）

　W［Phenotype>T0］<- 1 #将 1 分配给高于阈值的个体

　return（W）

}

新的遗传平均值是根据传回主程序的适应度向量计算。在随机交配和性状无性别差异的假设下，种群新的遗传平均值由下式给出：

$$\mu = \frac{\sum_{i=1}^{N} W_i G_i}{\sum_{i=1}^{N} W_i}$$

其中，W_i 是第 i 个体的适应度，G_i 是它的遗传值。

mu <- sum（Fitness * G. X）/sum（Fitness）

如果在性状值或选择方面存在性别差异，则需要两个向量，每个性别一个。随机交配情况下，新的遗传平均值将是：

$$\mu = \frac{1}{2}\left(\frac{\sum_{i=1}^{N_{Male}} W_{i,\,Male} G_{i,\,Male}}{\sum_{i=1}^{N_{Male}} W_{i,\,Male}} + \frac{\sum_{i=1}^{N_{Female}} W_{i,\,Female} G_{i,\,Female}}{\sum_{i=1}^{N_{Female}} W_{i,\,Female}} \right)$$

3. 个体基因座（IL）法

假设每个性状由多个（从两个到数百个）基因座组成，每个基因座有两个或多个等位基因，对于加性模型，其表型值为等位基因值的总和，加上平均值为 0，方差由遗传力确定的正态分布环境值。这两个性状之间的遗传相关性是由影响这两个性状的共同基因座引起的。设 X 独特的基因座数（"x" 基因座）为 n_x，Y 独特的基因座数（"y" 基因座）为 n_y，共同的基因座数（"c" 基因座）为 n_c。假定所有基因座均未连锁且不存在上位性。性状基因型平均值为

$$\mu_X = 2n_x\mu_x + 2n_c\mu_c$$
$$\mu_Y = 2n_y\mu_y \pm 2n_c\mu_c$$

此处，μ_k 是第 k 个基因座的平均值。Y 的 $\pm$ 号取决于两个性状是正相关（+）还是负相关（−）。遗传方差为

$$\sigma_{GX}^2 = 2n_x\sigma_x^2 + 2n_c\sigma_c^2$$
$$\sigma_{GY}^2 = 2n_y\sigma_y^2 + 2n_c\sigma_c^2$$

σ_{GXY} 正遗传相关为

$$\sigma_{GXY} = E[(x - \mu_x)(y - \mu_y)]$$
$$= E\{[(x + c) - (n_x\mu_x + n_c\mu_c)][(y + c) - (n_y\mu_y + n_c\mu_c)]\}$$
$$= E[(x - n_x\mu_x)(y - n_y\mu_y)] + E[(x - n_x\mu_x)(c - n_c\mu_c)]$$
$$+ E[(y - n_y\mu_y)(c - n_c\mu_c)] + E[(c - n_c\mu_c)^2]$$
$$= 0 + 0 + 0 + E[(c - n_c\mu_c)^2]$$
$$= 2n_c\sigma_c^2$$

对于负相关，结果为

$$\sigma_{GXY} = -2n_c\sigma_c^2$$

G 矩阵为

$$\begin{pmatrix} 2n_x\sigma_x^2 + 2n_c\sigma_c^2 & \pm 2n_c\sigma_c^2 \\ \pm 2n_c\sigma_c^2 & 2n_y\sigma_y^2 \pm 2n_c\sigma_c^2 \end{pmatrix}$$

为了对上述模型进行编程，每个性状由两个矩阵组成（一个用于独特基因座，另一个用于公同基因座，这两个性状共构成三个矩阵），其中列对应于基因座，行对应于个体。假设二倍体生物，前半列代表一组基因座，后半列代表另一组基因座。假设我们采用最简单的模型，其中每个基因座有两个等位基因，一个对遗传值贡献是 0，另一个对遗传值贡献是 1。则

$$\mu_X = 2n_x p_x + 2n_c p_c$$
$$\sigma_{GX}^2 = 2n_x p_x(1 - p_x) + 2n_c p_c(1 - p_c)$$
$$\sigma_{GXY} = \pm 2n_c p_c(1 - p_c)$$

Y 性状也可得到类似结果。如果 $n_x = n_y = n$，则遗传相关为

$$r_G = \pm \frac{n_c p_c(1 - p_c)}{np(1 - p) + n_c p_c(1 - p_c)}$$

其中，p 是每个性状独有的基因座的频率。构建遗传相关性和性状均值的等高线图，R 代码如下。

```
rm(list = ls())                        # Remove all objects from memory
RG  <- function(P, n, nc){nc * P[2] * (1 - P[2])/(n * P[1] * (1 - P[1]) +
nc * P[2] * (1 - P[2]))}
TRAIT <- function(P, n, nc){2 * (P[1] * n + P[2] * nc)}
    ninc <- 20# Number of increments in which frequency range is divided
    P.unique <- seq(0.01, 0.99, length = ninc)    # Loci unique to a trait
    P.common <- seq(0.01, 0.99, length = ninc)# Loci common to both traits
# Create all combinations
    Combinations <- expand.grid(P.unique, P.common)
    N.unique <- 30                         # Nos of unique loci per trait
    N.common <- 25                         # Nos of common loci per trait
# Calculate Rg for all combinations
    Rg <- apply(X = Combinations, MARGIN = 1, FUN = RG, N.unique, N.common)
# Create matrix of Rg for contour plotting
# Columns = changing P.common, Rows = changing P.unique
    Rg.matrix <- matrix(Rg, ninc, ninc)
    par(mfrow = c(2, 2))                   # Divide graphics page
    contour(P.unique, P.common, Rg.matrix, xlab = "Freq of unique alleles", ylab
="Freq of common alleles")
# Calculate trait values
    Trait <- apply(X = Combinations, MARGIN = 1, FUN = TRAIT, N.unique,
N.common)
    Trait.matrix <- matrix(Trait, ninc, ninc)# Convert to matrix
    contour(P.unique, P.common, Trait.matrix, xlab = "Freq of unique alleles",
ylab ="Freq of common alleles")
    h    <- cbind(Combinations, Rg, Trait)    # Combine combinations and Rg
    y    <- order(Rg)                          # Get order for Rg
    x    <- h[y, ]                             # Create an ordered set
    x                                          # Print set
```

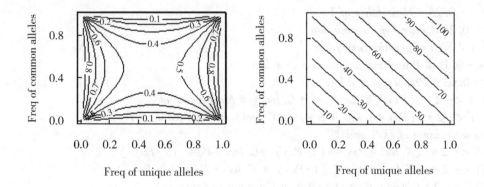

注意，一系列组合可以提供相同的遗传相关性，并且它们会导致不同的性状均值。选择的特定组合可能会影响遗传参数的变化率，例如遗传力和遗传相关性。将以上遗传相关公式

重排得

$$p^2 - p + \left(\frac{1 - r_G}{r_G}\right)\left(\frac{n_c}{n}\right)p_c(1 - p_c) = 0$$

上式可用于求 p。重排遗传力公式得

$$\sigma_E^2 = \frac{(1 - h^2)\sigma_G^2}{h^2}$$

上式可用于计算环境方差。重排表型相关公式得

$$r_E = \frac{r_P - r_G\sqrt{h_X^2\,h_Y^2}}{\sqrt{(1 - h_X^2)(1 - g_Y^2)}}$$

同样可得

$$\sigma_{EXY} = r_E\sigma_{EX}\sigma_{EY}$$

R 代码如下。

```
Pxy <- 0.16 # Proportion at x or y loci
Pc <- 0.63 # Proportion of c loci
rm (list=ls ( ) ) # Remove all objects from memory
ASSIGN.LOCI <- function (G.loci, N.Pop, P)
{
  Total.loci <-N.Pop * 2 * G.loci #Totalnumberoflociinpopulation
  Alleles <- runif (Total.loci) # Generate random number 0-1
  Alleles [Alleles<P] <- 0 # Set appropriate alleles to 0
  Alleles [Alleles>P] <- 1 # Set appropriate alleles to 1
  return (Alleles)
} # End of function
##################### Main Program #####################
set.seed (10) # Initialize random number generator
N.Pop <- 6 # Population size at each generation
X.loci <- Y.loci <- 5 # Loci per gamete unique to X or Y
C.loci <- 3 # Loci per gamete common to X and Y
h2.X <- 0.5 # heritability of X
h2.Y <- 0.25 # Heritability of Y
Rp <- 0.25 # Phenotypic correlation
S <- 1 # Sign of genetic correlation
Pxy <- 0.16 # Proportion unique to x or y loci
Pc <- 0.63 # Proportion of c loci
Trait.X <- 2 * (Pxy * X.loci + Pc * C.loci) # Mean value of X
Trait.Y <- 2 * (Pxy * Y.loci + S * Pc * C.loci) # Mean value of Y
# Genetic variance of iX/i and Y
VarGX <- 2 * (X.loci * Pxy * (1-Pxy) +C.loci * Pc * (1-Pc) )
VarGY <- 2 * (Y.loci * Pxy * (1-Pxy) + C.loci * Pc * (1-Pc) )
CovGXY <- 2 * C.loci * Pc * (1-Pc) # Genetic covariance
```

```
Rg <- S * CovGXY/sqrt(VarGX * VarGY) # Genetic correlation
print(c(Rg, VarGX, VarGY, Trait.X, Trait.Y)) # Print out values
# Calculate the environmental correlation
Re <- (Rp - Rg * sqrt(h2.X * h2.Y))/sqrt((1 - h2.X) * (1 - h2.Y))
# Check that this Re is possible
if(abs(Re) > 1) stop(c("Re not possible"))
# Environmental Variances and Standard deviations
Ve.X <- (1 - h2.X) * VarGX/h2.X # Environmental variance for X
SDe.X <- sqrt(Ve.X) # Environmental SD for X
Ve.Y <- (1 - h2.Y) * VarGY/h2.Y # Environmental variance for Y
SDe.Y <- sqrt(Ve.Y) # Environmental SD for Y
CovE <- Re * SDe.X * SDe.Y # Environmental covariance
Ematrix <- matrix(c(Ve.X, CovE, CovE, Ve.Y), 2, 2) # Covariance matrix
# Nos of loci in each category
Nx.Alleles <- ASSIGN.LOCI(X.loci, N.Pop, Pxy) #AllelesuniquetoX
Ny.Alleles <- ASSIGN.LOCI(Y.loci, N.Pop, Pxy) #AllelesuniquetoY
Nc.Alleles <- ASSIGN.LOCI(C.loci, N.Pop, Pc) #AllelescommontoX&Y
# Now make three matrices for loci in individuals
G.Xmatrix <- matrix(Nx.Alleles, N.Pop, 2 * X.loci) #Xcomposition
G.Ymatrix <- matrix(Ny.Alleles, N.Pop, 2 * Y.loci) # Y composition
G.Cmatrix <- matrix(Nc.Alleles, N.Pop, 2 * C.loci) # C composition
```

获取实际的基因型值

```
G.X <- rowSums (G.Xmatrix) + rowSums (G.Cmatrix) # X Genotypic values
VarGX <- var (G.X) # Vg for X
G.Y<-rowSums (G.Ymatrix) +rowSums (G.Cmatrix) #YGenotypicvalues
VarGY <- var (G.Y) # Vg for Y
print (c (VarGX, VarGY))
```

创建表型值

```
#install.packages("MASS")
library('MASS')
Env <- mvrnorm(n = N.Pop, mu = c(0, 0), Sigma = Ematrix) # Environmental values
P.X <- G.X + Env[, 1] # Vector of X phenotypes
P.Y <- G.Y + Env[, 2] # Vector of Y phenotypes
VarPX <- var(P.X) # Phenotypic variance of X
VarPY <- var(P.Y) # Phenotypic variance of Y
```

实际的遗传力由下式给出

```
h2.X <- VarGX /VarPX # Heritability of X
h2.Y <- VarGY/VarPY # Heritability of Y
print (c (h2.X, h2.Y)) # Print results
```

使用函数 cor 很容易获得相关性

```
Rg <- cor (G.X, G.Y) # Genetic correlation
Rp <- cor (P.X, P.Y) # Phenotypic correlation
```

print（*c*（*Rg*，*Rp*））

选择函数为

SELECTION <- function（*Phenotype*，*Genotype*，*T0*）# *Selection function*

{

  Selected <- Genotype［*Phenotype>T0*，］# *Selection*

  return（*Selected*）# *Return matrix of selected genotypes*

}

产生配子函数为

GAMETE<-function（*X*，*G.loci*）#*Pick loci for gamete pool*

{

  Y<-sample（*x=X*，*size=G.loci*，*replace=FALSE*）#*Randomly select G.loci*

  return（*Y*）

}

突变

假设一个位点发生突变的概率非常小，则突变总数将遵循泊松分布：

$$P(x) = \frac{e^{-\lambda x}}{\lambda!}$$

其中 x 是突变数，λ 是平均值，给出为 $\lambda = P_M N_{Pop} 2 n_{loci}$，其中 P_M 是每个基因座的突变率，N_{Pop} 是种群大小，n_{loci} 是相关基因座的数量。突变数量的分布由 R 函数 rpois 给出：

N.mutations <- rpois（1，*lambda*）

模拟中有用的函数：

（1）Temp <- matrix（X）# Convert X to a vector

（2）使用 R 函数 runif 和 ceiling 产生 1 和 T.loci 之间的随机整数：

Row <- ceiling（*runif*（*N.mutations*，*min=0*，*max=T.loci*））

（3）每一行中的值都会更改，从 0 到 1 或从 1 到 0：

Temp［*Row*］*<-*（*abs*（*Temp*［*Row*］*-1*））

综上所述，完整的函数（其中 Pmut 是突变概率）是

```
MUTATION <- function（X, Pmut, G.loci, N.inds）
{
  T.loci <- N.inds * 2 * G.loci # Total number of alleles
  lambda <- Pmut * T.loci # Mean number of mutations in population
  N.mutations <- rpois（1, lambda）# Number of mutations
  Row <- ceiling（runif（N.mutations, min=0, max=T.loci））
  Temp <- matrix（X）# Convert matrix to a vector
  Temp［Row］<-（abs（Temp［Row］-1））# Change relevant row entries
  X <- matrix（Temp, N.inds, 2 * G.loci）# Convert back to a matrix
  return（X）
} # End function
```

三、应用举例

1. 使用 PVC 模型绘制稳定选择下两个性状轨迹

```
rm(list = ls())# Clear workspace
    h2 <- c(0.2, 0.4)        # Set heritabilities
    Vp <- c(1, 2)            # Set phenotypic variances
    Rp <- 0.4               # Set phenotypic correlation
    Ra <- 0.15              # Set genetic correlation
# Check that Re is possible
  Re <- (Rp - Ra * sqrt(h2[1] * h2[2]))/sqrt((1 - h2[1]) * (1 - h2[2]))
  if(abs(Re) > 1)
{
  print(c("problem with Re", Re))
  stop
}
    Va  <- h2 * Vp                              # Using h2 = Va/Vp
    Covp <- Rp * sqrt(Vp[1] * Vp[2])# Using r = Cov/SD1SD2
    Cova   <- Ra * sqrt(Va[1] * Va[2])# Using r = Cov/SD1SD2
    Gmatrix <- matrix(c(Va[1], Cova, Cova, Va[2]), 2, 2)# G matrix
    Pmatrix <- matrix(c(Vp[1], Covp, Covp, Vp[2]), 2, 2)  # P matrix
    Theta <- c(2, 2)                         # Optimum trait values
    Maxgen <- 100                                # Number of generations
    par(mfrow = c(2, 2))                      # Divide graphic page
    Wmatrix <- matrix(c(2, 0, 0, 3), 2, 2)   # Set the W matrix
    Trait <- matrix(0, Maxgen, 2)       # Pre - assign space for trait values
    Trait[1, ] <- 10                     # Initial trait values
    for(Igen in 2: Maxgen)                    # Iterate over generations
{
# Delta z
    Delta.Z  <-  Gmatrix% * %solve(Wmatrix  +  Pmatrix)% * %(Trait[Igen - 1, ] - Theta)
    Trait[Igen, ] <- Trait[Igen - 1, ] - Delta.Z   # New trait value
}                                              # End of Igen loop
# Set axis values for graphing
    min.y <- min.x <- min(Trait); max.y <- max.x <- max(Trait)
# Plot by generation
    Generation <- seq(from = 1, to = Maxgen)
    plot(Generation, Trait[, 1], ylim <- c(min.y, max.y), xlim = c(0, Maxgen),
ylab = 'Trait', type = 'l')
    lines(seq(from = 1, to = Maxgen), Trait[, 2], lty = 2)
# Plot Trait 2 on Trait 1
    plot(Trait[, 1], Trait[, 2])
    lines(Trait[, 1], Trait[, 2])
print(c(Rp, Ra, Re))
eigen(Wmatrix) $values
```

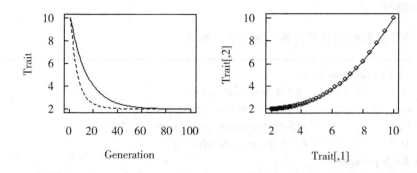

输出结果显示两个性状（左）和它们的联合进化（右）的稳定选择过程。

> print（c（Rp, Ra, Re））

［1］0. 400000 0. 150000 0. 516113

2. 使用 IVC 模型解决生活史模型

```
rm （list＝ls （ ） ）                        # Remove all objects from memory
    SELECTION <- function （X） # Function to calculate new mean value
{
    As <- 1; Bs <- 0. 5; Af <- 0; Bf <- 4        # Parameter values
    Survival                      <- As-Bs * X ［, 1］          # Survival
    Survival ［Survival<0］ <- 0                      # Check on sign
    Fecundity                     <- Af+Bf * X ［, 1］          # Fecundity
    Fecundity ［Fecundity<0］ <- 0                      # Check on sign
    X. Fitness                    <- Survival * Fecundity # Fitness
    mu                            <- sum （X. Fitness * X ［, 2］） /sum （X. Fitness）
    return （mu）
} # End of selection function
################# Main program #################
    set. seed （100）                  # Initialize random number generator
    N           <- 100              # Set population size
    MaxGen      <- 2000             # Number of generations
    Output  <- matrix （0, MaxGen, 2）    # Create file for output
    h2          <- 0. 5             # Set heritability
    Vp      <- （.1） ^2             # Set Phenotypic variance
    Va          <- Vp * h2              # Calculate Additive genetic variance
    Ve          <- Vp-Va                # Calculate Environmental variance
    mu      <- 1. 5                 # Initial trait mean genetic value
    SDa         <- sqrt （Va）           # SD of Va
    SDe         <- sqrt （Ve）           # SD of Ve
    for （Igen in 1: MaxGen）           # Iterate over generations
{
# Generate Genetic and environmental values using normal distribution
    GX          <- rnorm （N, mean＝mu, sd＝SDa）  # Genetic values
    EX          <- rnorm （N, mean＝0, sd＝SDe）   # Environmental values
```

```
    PX          <- GX + EX                    # Phenotypic values
# Combine phenotypic and genetic values
    X              <- cbind(PX, GX)
    Output[Igen, 1] <- Igen                   # Store generation
    Output[Igen, 2] <- mean(PX)               # Store mean phenotype
# Calculate new mean genetic value by applying fitness criterion
    mu             <- SELECTION(X)            # apply SELECTION
} # End of Igen loop
# Plot trajectory over generations
    plot(Output[1: MaxGen, 1], Output[1: MaxGen, 2], type = 'l',       xlab = 'Gen-
eration', ylab = 'Trait value')
    mean(Output[500: MaxGen, 2])                     # Mean phenotype
    sd(Output[500: MaxGen, 2])                       # SD of mean
```

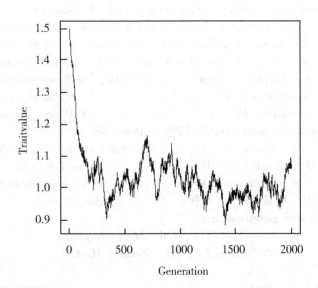

3. 使用 IVC 模型分析定向选择对单个性状的影响

```
rm (list=ls ())                              # Remove all objects from memory
SELECTION <- function (Male, Female) # Function to calculate new mean value
{
# Mean genetic value of males, mu. M, and females, mu. F
# Col1 = Phenotypic value, col 2 = Genetic value, col 3 = Morph code
    mu. M      <- sum (Male [, 3] * Male [, 2]) /sum (Male [, 3])
    mu. F      <- sum (Female [, 3] * Female [, 2]) /sum (Female [, 3])
    mu      <- (mu. M + mu. F) /2      # New population mean
    return (mu)
}
####################### Main program #######################
```

```
    set. seed(100)                          # Initialize random number generator
    N               <- 100                  # Set population size
    Prop. LW <- 0.85                        # Set initial proportion LW
    Z. LW           <- - qnorm(Prop. LW)    # Threshold. Values greater are LW
    MaxGen          <- 10                   # Number of generations
    Output    <- matrix(0, MaxGen, 4)       # Create file for output
    h2              <- 0.5                   # Set heritability of liability
    Vp         <- 1                         # Set Phenotypic variance
    Va              <- Vp * h2               # Calculate Additive genetic variance
    Ve              <- Vp - Va               # Calculate Environmental variance
    mu         <- 0                         # Initial mean genetic liability
  SDa           <- sqrt(Va)                 # SD of Va
  SDe           <- sqrt(Ve)                 # SD of Ve
    for(Igen in 1: MaxGen)                  # Iterate over generations
{
# Generate Genetic and environmental values using normal distribution
    GM                  <- rnorm(N, mean = mu, sd = SDa)   # Genetic values of males
    GF                  <- rnorm(N, mean = mu, sd = SDa)   # Genetic values of females
    EM                  <- rnorm(N, mean = 0, sd = SDe)    # Environmental values of males
    EF                  <- rnorm(N, mean = 0, sd = SDe)    # Environmental value of females
    PM             <- GM + EM                              # Phenotypic value of males
    PF             <- GF + EF                              # Phenotypic value of females
# Calculate wing morphs by comparing liability to threshold
    Male. Morph        <- matrix(1, N)              # Set all initially to SW(= 1)
    Male. Morph[PM > Z. LW] <- 0                    # Set LW to 0
    Female. Morph      <- matrix(1, N)              # Set all initially to SW(= 1)
    Female. Morph[PF > Z. LW] <- 0                  # Set LW to 0
# Combine phenotypic and genetic values
    Male               <- cbind(PM, GM, Male. Morph)
    Female             <- cbind(PF, GF, Female. Morph)
# Store data
    Output[Igen, 1] <- Igen                         # Generation
    Output[Igen, 2] <- mean(PM + PF)/2              # Mean liability
    Output[Igen, 3] <- sum(Male. Morph)/N           # Proportion of SW males
    Output[Igen, 4] <- sum(Female. Morph)/N         # Proportion of SW females
# Calculate new mean genetic value by applying fitness criterion
    mu <- SELECTION(Male, Female)
} # End of Igen loop
    par(mfrow = c(2, 2))         # Divide graphics page into quadrats
# Plot proportion of SW males, and SW females over generation on same graph
    plot(Output[, 1], Output[, 3], pch ="M", xlab = 'Generation', ylab = 'Proportion
Short Wings')
    lines(Output[, 1], Output[, 3])                 # Males
    points(Output[, 1], Output[, 4], pch ="F")      # Females
    lines(Output[, 1], Output[, 4])                 # Females
    plot(Output[, 1], Output[, 2], xlab = 'Generation', ylab = 'Mean liability')
    lines(Output[, 1], Output[, 2])
```

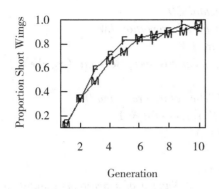
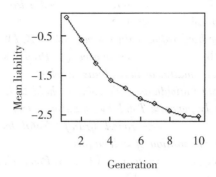

4. 使用 IL 模型分析定向选择对单个性状的影响

```
rm ( list = ls ( ) )     # Clear memory
    SELECTION <- function ( Morph, Genotype)
{
    Selected <- Genotype [ Morph == 1, ] # 1 = SW, 0 = LW
    return ( Selected )
} # End function
################### Function Mutation ##################
MUTATION <- function ( X, N. mutations, Total. loci, N. ind)
{
# Apply mutation by randomly selecting N. mutations
    Row            <- ceiling ( runif ( N. mutations, min = 0, max = Total. loci) )
    Temp           <- matrix ( X )
    Temp [ Row ] <- ( abs ( Temp [ Row ] −1 ) )
    X              <- matrix ( Temp, N. ind, N. loci)
    return ( X )
} # End function
################## Function Gamete ##################
GAMETE <- function ( X, G. loci, N. loci)     # Pick loci for gamete
{
    Y <- sample ( x = X, size = G. loci, replace = FALSE ) # Random G. loci from N. loci
    return ( Y )
}
##################### Main Program #####################
    set. seed (100) # Initialize random number generator
    P              <- 0. 0001          # Probability of mutation at a locus
    N. Pop          <- 1000            # Population size at each generation
    G. loci         <- 100            # Loci per gamete
    N. loci         <- G. loci * 2     # Loci per individual
    Total. loci     <- N. Pop * N. loci  # Total number of loci in population
    H2             <- 0. 5             # Heritability
    Vg             <- 0. 5 * G. loci    # Additive genetic variance
    Ve             <- ( 1−H2 ) * Vg/H2  # Environmental variance
```

```
    SD. E            <- sqrt (Ve)     # Environmental SD
    Prop. LW         <- 0.85                # Set initial proportion LW
# Set Threshold value. Values greater than Z. LW are LW
    Z. LW                <- qnorm (1-Prop. LW, mean=G. loci, sd=sqrt (Vg+Ve))
# Generate   matrix of individuals in which
# rows hold individuals while columns hold loci. Allelic values are 1 and 0
# Randomly generate Total. loci number of loci with values of 0 & 1
    Dl               <- round (runif (Total. loci))
# Genetic composition of individuals
    Genotype         <- matrix (Dl, N. Pop, N. loci)
    Maxgen           <- 30                      # Number of generations simulation runs
    Output           <- matrix (0, Maxgen, 5) # Allocate space for output
    Output [, 1]     <- seq (from=1, to=Maxgen) # First col=generation
    for (Igen in 1: Maxgen) # Iterate over generations
{
    Env. X           <- rnorm (N. Pop, mean=0, sd=SD. E) # Environmental deviations
# Phenotypic values   of liability
    Phenotype <- rowSums (Genotype) + Env. X
    Vg               <- var (rowSums (Genotype)) # Calculate the genetic variance
    Vp               <- var (Phenotype)              # Phenotypic variance
    H2               <- Vg/Vp                        # heritability
    Morph <- matrix (1, N. Pop)                      # Set morphs initially to SW
    Morph [Phenotype > Z. LW] <- 0                   # Change relevant individuals to LW
    Prop. SW              <- sum (Morph) /N. Pop # Proportion SW
    Output [Igen, 2]     <- Prop. SW                 # Store proportion SW
    Output [Igen, 3]     <- H2                       # Store heritability
#################### Apply Selection ####################
    if (Igen < 10)    # No selection until after generation 10
{
    Parents <- Genotype                              # No selection
} else
{
    Parents <- SELECTION (Morph, Genotype)    # Apply selection
}
    N. Parents <- nrow (Parents)                     # Number of parents
# Form next Generation
# Apply   Mutation
# Mean number of mutations in population
    lambda           <- P * N. Parents * N. loci
# Number of mutations using a Poisson distribution
    N. mutations     <- rpois (1, lambda)
    Output [Igen, 4] <- N. mutations # Store number of mutations this generation
# Apply function MUTATION to generate mutant loci
    Genotype             <- MUTATION (Genotype, N. mutations, Total. loci, N. Pop)
# Mating
# Produce gametes for female offspring
```

Select from each row G. loci at random
We do not distinguish individual loci
Note that this creates a matrix of G. loci rows and N. Females columns
The matrix is transposed to produce the required matrix
    Gametes   <- apply(Parents, 1, GAMETE, G. loci, N. loci)
    Gametes   <- t(Gametes)   # Convert to proper matrix
Produce N. Pop offspring by selecting at random with replacement
    Output[Igen, 5] <- N. Parents
Get N. Pop gametes from "females"
    n   <- seq(1, N. Parents)
    G. Index   <- sample(x = n, size = N. Pop, replace = TRUE)
    F. Gametes   <- Gametes[G. Index,]
Get N. Pop gametes from "males"
    G. Index   <- sample(x = n, size = N. Pop, replace = TRUE)
    M. Gametes   <- Gametes[G. Index,]
New Genotypes
    Genotype   <- cbind(F. Gametes, M. Gametes)# Combine gametes
}
par(mfrow = c(2, 2))# Divide graph page into four quadrats
plot(Output[, 1], Output[, 2], xlab = 'Generation', ylab = 'Proportion SW', type = 'l')
plot(Output[, 1], Output[, 3], xlab = 'Generation', ylab = 'Heritability', type = 'l')
plot(Output[, 1], Output[, 4], xlab = 'Generation', ylab = 'Nos of mutations', type = 'l')
plot(Output[, 1], Output[, 5], xlab = 'Generation', ylab = 'Nos of Parents', type = 'l')

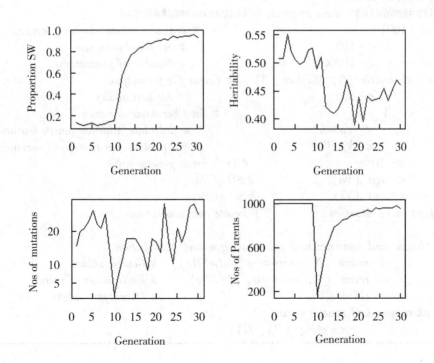

5. 使用 IVC 模型分析密度依赖选择

数学背景

（1）$t+1$ 世代的群体是 t 世代群体的 Ricker 函数：

$$N_{t+1} = N_t \alpha e^{-\beta N_t}$$

（2）适合度是每个个体留下的后代数量。因此，个体适应度 W_i 也等于队列规模 N_i，是

$$W_i = N_i = \alpha_i e^{-\beta_i N_{Pop}}$$

并且新的平均性状值和种群大小是（省略了世代的下标）

$$\mu_\alpha = \frac{\sum_{i=1}^{N_{Pop}} W_i G_{\alpha, i}}{\sum_{i=1}^{N_{Pop}} W_i}$$

$$N_{Pop} = \sum_{i=1}^{N_{Pop}} W_i$$

其中 N_{Pop} 是总群体规模，$G_{\alpha, i}$ 是第 i 个个体的遗传值。

```
rm (list = ls ())                          # Remove all objects from memory
    SELECTION <- function (X, N) # Function to calculate new mean value
{
    BETA              <- X [, 1] * 0.001
# Beta
    X. Fitness   <- X [, 1] * exp (-BETA * N)                    # Fitness
    mu           <- sum (X. Fitness * X [, 2]) /sum (X. Fitness)  # New mu
    N            <- round (sum (X. Fitness))              # Popn size
    return (c (mu, N))                                    # Return values
}  # End of selection function
##################### Main program #####################
    set. seed (100)                         # Initialize random number generator
    N           <- 100               # Set population size
    MaxGen      <- 10000             # Number of generations
    Output  <- matrix (0, MaxGen, 3)   # Create file for output
    h2          <- 0.5               # Set heritability
    Vp      <- .1                    # Set Phenotypic variance
    Va          <- Vp * h2           # Calculate Additive genetic variance
    Ve          <- Vp-Va             # Calculate Environmental variance
    mu      <- 10                    # Trait mean genetic value
SDa     <- sqrt (Va)        # SD of Va
SDe     <- sqrt (Ve)        # SD of Ve
    for (Igen in 1: MaxGen)         # Iterate over generations
{
# Generate Genetic and environmental values using normal distribution
    GX          <- rnorm (N, mean = mu, sd = SDa)   # Genetic values
    EX          <- rnorm (N, mean = 0, sd = SDe)    # Environmental values
    PX          <- GX + EX           # Phenotypic values
# Combine phenotypic and genetic values
    X               <- cbind (PX, GX)
```

```
    Output[Igen, 1] <- Igen                          # Store generation
    Output[Igen, 2] <- mean(PX)                       # Store mean phenotype
    Output[Igen, 3] <- N                              # Store popn size
# Calculate new mean genetic value by applying fitness criterion
    B                    <- SELECTION(X, N)
    mu                   <- B[1]                       # New mu
    N                    <- B[2]                       # New population size
} # End of Igen loop
    par(mfrow = c(2, 2))                              # Divide graphics page into quadrats
    plot(Output[10: MaxGen, 1],          Output[10: MaxGen, 2], type = 'l',
xlab = 'Generation', ylab = 'Trait value')
    plot(Output[10: MaxGen, 1], Output[10: MaxGen, 3], type = 'l', xlab =
'Generation', ylab = 'Population Size, N')
# Print out mean trait value and mean population size
    c(mean(Output[2000: MaxGen, 2]), mean(Output[1000: MaxGen, 3]))
```

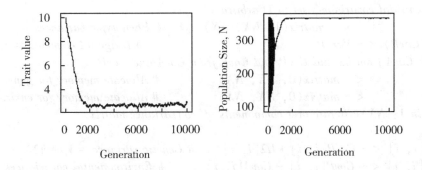

6. 使用 IVC 模型对权衡（trade-off）方向选择进行分析

```
rm (list = ls ())                          # Clear workspace
    library (MASS)                         # Load library MASS
    SELECTION <- function (Trait. P, Trait. A)
{
# Determine fitness from trait X ( = trait 1)
# Traits with negative value have zero fitness, e. g. zero fecundity
    Fec                  <- Trait. P [, 1]  # Preliminary fecundities
    Fec [Trait. P [, 1] <0] <- 0            # Adjust fecundity of individuals
    Total. Fec           <- sum (Fec)       # Total fecundity of popn
    NewX1                <- sum (Fec * Trait. A [, 1]) /Total. Fec   # New mean X
    NewX2                <- sum (Fec * Trait. A [, 2]) /Total. Fec   # New mean Y
    Mean. A              <- c (NewX1, NewX2)                          # Combine
    return (Mean. A)
} # End of function
##################### MAIN PROGRAM #####################
    set. seed (100)                        # Initialize random number generator
```

175

```
    Npop  < - 1000                    # Population size
    MaxGen           < - 10              # Nos of generations for simulation
    Output           < - matrix(0, MaxGen, 3)# Allocate storage for trait
######################## Create initial matrices ######################
# In this version the sexes are ignored
# This assumes that selection acts equally
# Give. Hmatrix is a dataframe with genetic correlations in upper diagonal
# heritabilities along the diagonal and phenotypic correlations in the lower diagonal
    NX           < - 2                        # Number of traits
# Matrix of heritabilities and correlations
    H2           < - matrix(c(0.4,  - 0.8,
                        - 0.7, 0.5), 2, 2, byrow = TRUE)
    Mean. A       < - c(3, 3)              # Initial additive genetic means
    Mean. E       < - c(0, 0)              # Environmental means
    Var. P        < - c(1, 0.5)            # Phenotypic variances
# Phenotypic Covariance matrix
# Note that initial covariances set to 1(arbitrary)
    CovP             < - matrix(1, NX, NX)       # Phenotypic variances
    diag(CovP) < - Var. P                        # Diagonal elements = variances
# Establish CovA from h2 and CovP and CovE from CovA and CovP
    CovA           < - matrix(0, NX, NX)        # Allocate memory for genetic matrix
    CovE           < - matrix(0, NX, NX)        # Allocate memory for envir. matrix
    for(i in 1: NX)# Iterate over components of(co)variance matrix
{

    CovA[i, i] < - CovP[i, i] * H2[i, i]       # Genetic variance = Vp * h2
    CovE[i, i] < - CovP[i, i] - CovA[i, i]        # Environmental covariances
    if(CovE[i, i] < 0)stop(print(c("CovE cannot be", i, j, CovE[i, i])))
}
# Phenotypic and genetic covariances
    N. minus. 1 < - NX - 1
    for(i in 1: N. minus. 1)
{

        jj  < - i + 1
        for(j in jj: NX)
{

        CovP[i, j] < - H2[j, i] * sqrt(CovP[i, i] * CovP[j, j])# Phenotypic covariance
        CovP[j, i] < - CovP[i, j]                    # Matrix symmetrical
        CovA[i, j] < - H2[i, j] * sqrt(CovA[i, i] * CovA[j, j])# Genetic covariance
        CovA[j, i] < - CovA[i, j]                    # Matrix symmetrical
        CovE[i, j] < - CovP[i, j] - CovA[i, j]          # Environ. covariance
        CovE[j, i] < - CovE[i, j]
} # End of j loop
} # End of i loop
##################### Start Simulation ##########################
```

```
    for( Igen in 1： MaxGen )# Iterate to MaxGen
{
# Generate additive and environmental values
    Trait. E        <- mvrnorm( Npop, mu = Mean. E, Sigma = CovE)    # Environ.
    Trait. A        <- mvrnorm( Npop, mu = Mean. A, Sigma = CovA)    # Genetic
    Trait. P        <- Trait. A + Trait. E                          # Phenotypic
# Store data
    Output[ Igen, 1]        <- Igen
    Output[ Igen, 2]        <- mean( Trait. P[ , 1])               # X
    Output[ Igen, 3]        <- mean( Trait. P[ , 2])               # Y
    Mean. A                 <- SELECTION( Trait. P, Trait. A)      # New X and Y
} # End of Igen loop
# Plot results
    ymin <- min( Output[ , 2： 3]); ymax <- max( Output[ , 2： 3])# Trait X
    plot( Output[ , 1], Output[ , 2], xlab = "Generations", ylab = "Trait  X( solid) and
Y( dotted)", type = 'l', ylim = c( ymin, ymax))         # Trait X on generation
    lines( Output[ , 1], Output[ , 3], lty = 2)                # Trait Y on generation
```

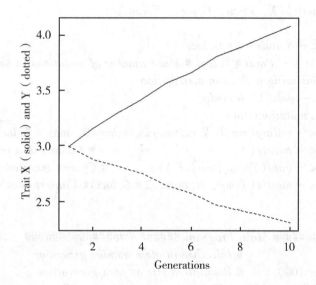

该图显示，对性状 X 的选择会增加性状 X，但由于负相关，性状 Y 的值会下降。

7. 使用 IL 模型对权衡方向选择进行分析

```
rm ( list = ls ( ) )                              # Remove all objects from memory
    ASSIGN. LOCI <- function ( G. loci, N. Pop, P)
{
    Total. loci   <- N. Pop * 2 * G. loci   # Total number of loci in   population
    Alleles <- runif ( Total. loci)     # Generate random number 0-1
    #Alleles [ Alleles < P] <- 0         # Allocate to 0s
```

```
    #Alleles[Alleles > P] < - 1          # Allocate to 1s
    Temp  < - Alleles                    # Assign values to temporary vector
    Alleles[Temp < P] < - 1              # Assign 1
    Alleles[Temp > P] < - 0              # Assign 0
        return(Alleles)
} # End of function
###################### SELECTION #######################
SELECTION  < - function(Phenotype, Genotype, T0) # Selection function
{
    Selected  < - Genotype[Phenotype > T0, ] # Selection
    return(Selected)                         # Return selected genotypes
} # End function
###################### GAMETE #######################
GAMETE  < - function(X, G. loci)   # Pick loci for gamete pool
{
  Y < - sample(x = X, size = G. loci, replace = FALSE) # Randomly select G. loci
  return(Y)
}
################## Function Mutation ##################
MUTATION  < - function(X, Pmut, G. loci, N. inds)
{
    T. loci          < - N. inds * 2 * G. loci
    lambda           < - Pmut * T. loci # Mean number of mutations in population
# Number of mutations using a Poisson distribution
    N. mutations  < - rpois(1, lambda)
# Randomly select N. mutations rows
    Row          < - ceiling(runif(N. mutations, min = 0, max = T. loci))
    Temp         < - matrix(X)                       # Convert to a vector
    Temp[Row]    < - (abs(Temp[Row] - 1))            # Convert mutated rows
    X            < - matrix(Temp, N. inds, 2 * G. loci) # Convert back to matrix
    return(X)
} # End function
###################### Main Program #######################
    set. seed(10)             # Initialize random number generator
    N. Pop       < - 1000      # Population size at each generation
    X. loci  < - Y. loci < - 30 # Loci per gamete unique to X
    C. loci    < - 25          # Loci per gamete common to X and Y
    h2. X < - 0. 4             # heritability of X
    h2. Y < - 0. 5             # Heritability of Y
    S        < - - 1           # Sign of genetic correlation
    Rp  < - - 0. 7             # Phenotypic correlation
    Pxy      < - 0. 68         # Proportion at x or y loci
    Pc       < - 0. 47         # Proportion of c loci
    TraitX < - 2 * (Pxy * X. loci + Pc * C. loci)        # Initial mean trait value of X
    TraitY < - 2 * (Pxy * X. loci + S * Pc * C. loci) # Initial mean trait value of Y
```

```
    VarGX  <- 2 * (X.loci * Pxy * (1 - Pxy) + C.loci * Pc * (1 - Pc))# Vg of X
    VarGY  <- VarGX                                   # Vg of Y
    CovGXY  <- 2 * C.loci * Pc * (1 - Pc)             # Genetic covariance
    Rg  <- S * CovGXY/sqrt(VarGX * VarGY)             # Genetic correlation
    print(c(Rg, TraitX, TraitY))                      # Print values
# Calculate the environmental correlation
    Re            <- (Rp - Rg * sqrt(h2.X * h2.Y))/sqrt((1 - h2.X) * (1 - h2.Y))
# Check that this Re is possible
    if(abs(Re) > 1)stop(c("Re not possible"))
# Environmental Variances and Standard deviations
    Ve.X          <- (1 - h2.X) * VarGX/h2.X       # Environmental variance for X
    SDe.X         <- sqrt(Ve.X)                    # Environmental SD for X
    Ve.Y          <- (1 - h2.Y) * VarGY/h2.Y       # Environmental variance for Y
    SDe.Y         <- sqrt(Ve.Y)                    # Environmental SD for Y
    CovE          <- Re * SDe.X * SDe.Y            # Environmental covariance
    Ematrix       <- matrix(c(Ve.X, CovE, CovE, Ve.Y), 2, 2)# Covariance matrix
# Nos of loci in each category
    Nx.Alleles  <- ASSIGN.LOCI(X.loci, N.Pop, Pxy)  # Alleles unique to X
    Ny.Alleles  <- ASSIGN.LOCI(Y.loci, N.Pop, Pxy)  # Alleles unique to Y
    Nc.Alleles  <- ASSIGN.LOCI(C.loci, N.Pop, Pc)   # Alleles common to X & Y
# Now make three matrices for loci in individuals
    G.Xmatrix <- matrix(Nx.Alleles, N.Pop, 2 * X.loci)  # X composition
    G.Ymatrix <- matrix(Ny.Alleles, N.Pop, 2 * Y.loci)  # Y composition
    G.Cmatrix <- matrix(Nc.Alleles, N.Pop, 2 * C.loci)  # C composition
######################## Iterate over generations ######################
    Maxgen    <- 40                      # Number of generations simulation runs
    Output    <- matrix(0, Maxgen, 9)    # Allocate space for output
    T0        <- matrix(TraitX, Maxgen, 1)# Set T0 for generations
    T0[1: 5] <- - 100   # Set t0 so that 1st 5 gens there is no selection
    for(Igen in 1: Maxgen)               # Iterate over generations
{
# Get actual genotypic values
    G.X <- rowSums(G.Xmatrix) + rowSums(G.Cmatrix)   # X Genotypic values
    VarGX <- var(G.X)                                # Vg for X
    G.Y <- rowSums(G.Ymatrix) + S * rowSums(G.Cmatrix)  # Y Genotypic values
    VarGY <- var(G.Y)                                # Vg for Y
# Create phenotypic values
    Env    <- mvrnorm(n = N.Pop, mu = c(0, 0), Sigma = Ematrix)# Environmental
values
    P.X    <- G.X + Env[, 1]                         # Vector of X phenotypes
    P.Y    <- G.Y + Env[, 2]                         # Vector of Y phenotypes
    VarPX  <- var(P.X)                               # Phenotypic variance of X
    VarPY  <- var(P.Y)                               # Phenotypic variance of Y
    h2.X   <- VarGX /VarPX                           # Heritability of X
    h2.Y   <- VarGY/VarPY                            # Heritability of Y
```

```
    Rg <- cor (G. X, G. Y)                          # Genetic correlation
    Rp <- cor (P. X, P. Y)                          # Phenotypic correlation
# Store results
    Output [Igen, 1: 9] <- c (Igen, VarGX, VarGY, mean (P. X), mean (P. Y),
h2. X, h2. Y, Rg, Rp)
# Apply Selection. Note that selection here is only a function of X
    ParentX     <- SELECTION (P. X, G. Xmatrix, T0 [Igen])
    ParentY     <- SELECTION (P. X, G. Ymatrix, T0 [Igen])
    ParentC     <- SELECTION (P. X, G. Cmatrix, T0 [Igen])
# Form Gamete pool
    GameteX     <- apply (ParentX, 1, GAMETE, X. loci)
    GameteX     <- t (GameteX)             # Convert to proper matrix
    GameteY     <- apply (ParentY, 1, GAMETE, Y. loci)
    GameteY     <- t (GameteY)             # Convert to proper matrix
    GameteC     <- apply (ParentC, 1, GAMETE, C. loci)
    GameteC     <- t (GameteC)             # Convert to proper matrix
    N. Parents <- nrow (ParentX)        # Number of available parents
    n           <- seq (1, N. Parents) # sequence 1 to N. Parents
# Get 2 * N. Pop random indices with replacement
    G. Index    <- sample (x=n, size=2 * N. Pop, replace=TRUE)
# Get gametes from gamete pool
    S. GameteX <- GameteX [G. Index,]
    S. GameteY <- GameteY [G. Index,]
    S. GameteC <- GameteC [G. Index,]
# Form next generation
    n1          <- N. Pop+1
    n2          <- 2 * N. Pop
    G. Xmatrix <- cbind (S. GameteX [1: N. Pop,], S. GameteX [n1: n2,])
    G. Ymatrix <- cbind (S. GameteY [1: N. Pop,], S. GameteY [n1: n2,])
    G. Cmatrix <- cbind (S. GameteC [1: N. Pop,], S. GameteC [n1: n2,])
# Mutations
    Pmut        <- 0. 0001   # Mutation probability
    G. Xmatrix <- MUTATION (G. Xmatrix, Pmut, X. loci, N. Pop)
    G. Ymatrix <- MUTATION (G. Ymatrix, Pmut, Y. loci, N. Pop)
    G. Cmatrix <- MUTATION (G. Cmatrix, Pmut, C. loci, N. Pop)
} # Next generation
    par (mfrow=c (2, 2))
```

```
# Plot phenotypic value on generation
    ymin < - min(Output[, 4:5]); ymax < - max(Output[, 4:5])# Limits on y
    plot(Output[, 1], Output[, 4], xlab = 'Generation', ylab = 'Phenotypes', type =
'l', ylim = c(ymin, ymax))
    lines(Output[, 1], Output[, 5], lty = 2)
# Plot genetic variances on generation
    ymin < - min(Output[, 2:3]); ymax < - max(Output[, 2:3])# Limits on y
    plot(Output[, 1], Output[, 2], xlab    =    'Generation', ylab    =    'Genetic
variances', type = 'l', ylim = c(ymin, ymax))
    lines(Output[, 1], Output[, 3], lty = 2)
# Plot heritabilities on generation
    ymin < - min(Output[, 6:7]); ymax < - max(Output[, 6:7])# Limits on y
    plot(Output[, 1], Output[, 6], xlab = 'Generation', ylab = 'Heritabilities', type =
'l', ylim = c(ymin, ymax))
    lines(Output[, 1], Output[, 7], lty = 2)
# Plot correlations on generation
    ymin < - min(Output[, 8:9]); ymax < - max(Output[, 8:9])# Limits on y
    plot(Output[, 1], Output[, 8], xlab = 'Generation', ylab = 'Correlations', type =
'l', ylim = c(ymin, ymax))
    lines(Output[, 1], Output[, 9], lty = 2)
```

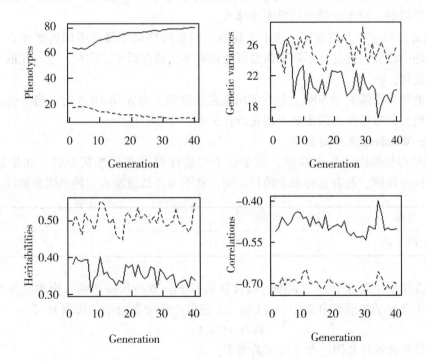

实线显示性状 X 的结果, 虚线显示性状 Y 的结果; 但在相关图中, 实线表示遗传相关, 虚线表示表型相关。

第二节 基因频率变化

一、常染色体基因和基因型频率计算

基因座基因 A，并且该基因座有两个不同等位基因 A_1 和 A_2，三种可能的基因型 A_1A_1、A_1A_2 和 A_2A_2。基因和基因型的频率如下：

	基因		基因型		
	A_1	A_2	A_1A_1	A_1A_2	A_2A_2
频率	p	q	P	H	Q

即 $p + q = 1$，$P + H + Q = 1$，基因频率和基因型频率关系：

$$p = P + \frac{1}{2}H$$

$$q = Q + \frac{1}{2}H$$

1. 基因和基因型频率变化的原因

（1）种群大小。从代际间传递的基因是亲代基因的样本。因此，基因频率受连续世代间的抽样变异影响，亲本数越少抽样变异越大。

（2）生育力和生存力的差异。亲本之间的不同基因型可能具有不同的繁殖力，基因频率可以在传递中改变。此外，不同基因型可能具有不同的存活率。因此，下一代的基因频率可能会发生变化。

杂合子的频率不能大于 50%，最大值出现在基因频率为 $p = q = 0.5$ 时。当等位基因的基因频率较低时，稀有等位基因主要出现在杂合子中，纯合子很少。

2. Hardy-Weinberg 定律的应用

（1）隐性等位基因的基因频率。当杂合子与显性纯合子无法区分时，如果基因型是 Hardy-Weinberg 比例，没有选择和非随机交配，就不需要知道所有三种基因型的频率。即

显性	杂合	隐性
$2q/(1 + q)$	$2q(1 - q)$	q^2

（2）"携带者（杂合子）"频率。假设服从 Hardy-Weinberg 平衡，则包括纯合子在内的所有个体中杂合子的频率由 $2q(1 - q)$ 给出。正常个体中杂合子的频率 H' 为

$$Aa/(AA + Aa)$$

其中 a 是隐性等位基因，令 q 为 a 的频率，则

$$H' = \frac{2q(1 - q)}{(1 - q)^2 + 2q(1 - q)} = \frac{2q}{1 + q}$$

（3）Hardy-Weinberg 平衡的检验。如果所有基因型都可识别，则可以检验观察到的基因型频率与 Hardy-Weinberg 平衡群体的一致性。根据 Hardy-Weinberg 定律，后代的基因型

频率由其亲本的基因频率决定。如果种群处于 Hardy-Weinberg 平衡状态，则亲本和后代中的基因频率相同，因此根据后代的基因频率可以计算亲本基因型频率的期望。检验不一致的原因很多，例如过多的杂合子可能是由于对纯合子的选择性，或者由于亲代雄性和雌性的基因频率不同引起的。

根据亲本的基因型频率得到所有可能的交配类型的频率，然后根据孟德尔比率得到每种交配类型的子代之间的基因型频率，共有 9 种交配，随机交配时的频率是通过将边际频率相乘得出的。一些交配类型是等效的，不同类型的数量可以减少到 6 种。

			母本基因型和频率		
			$A_1 A_1$	$A_1 A_2$	$A_2 A_2$
			P	H	Q
父本基因型和频率	$A_1 A_1$	P	P^2	PH	PQ
	$A_1 A_2$	H	PH	H^2	HQ
	$A_2 A_2$	Q	PQ	HQ	Q^2

交配		后代的基因型和频率		
类型	频率	$A_1 A_1$	$A_1 A_2$	$A_2 A_2$
$A_1 A_1 \times A_1 A_1$	P^2	P^2	—	—
$A_1 A_1 \times A_1 A_2$	$2PH$	PH	PH	—
$A_1 A_1 \times A_2 A_2$	$2PQ$	—	$2PQ$	—
$A_1 A_2 \times A_1 A_2$	H^2	$\frac{1}{4}H^2$	$\frac{1}{2}H^2$	$\frac{1}{4}H^2$
$A_1 A_2 \times A_2 A_2$	$2HQ$	—	HQ	HQ
$A_2 A_2 \times A_2 A_2$	Q^2	—	—	Q^2
	合计	$\left(P + \frac{1}{2}H\right)^2$	$2\left(P + \frac{1}{2}H\right)\left(Q + \frac{1}{2}H\right)$	$\left(Q + \frac{1}{2}H\right)^2$
	=	p^2	$2pq$	q^2

Hardy-Weinberg 平衡可以轻松扩展到多个等位基因，令纯合子基因型 $A_i A_i$ 频率为 p_i^2，杂合子基因型 $A_i A_j$ 频率为 $2p_i p_j$，有 n 个纯合子和 $n(n-1)/2$ 个杂合子，称为全局杂合子期望频率（expected global frequency of heterozygotes），即

$$H = 1 - \sum_{i=1}^{n} p_i^2$$

也称为期望杂合性或基因多样性，是基因座所在群体遗传变异的量度。在多等位基因座的情况下，遗传多样性也可以用等位基因多样性或等位基因丰度衡量，其定义为群体中分离基因座的平均等位基因数。

Hardy-Weinberg 平衡群体的基因型频率可在多个世代中保持不变。除了配子随机交配外，还必须满足一系列条件。

（1）群体规模必须是无限大，因此不会因为随机漂变而使基因频率变化。

（2）基因座孟德尔分离，杂合子产生相同数量的携带等位基因 A 和 a 的配子。

（3）等位基因频率不受性别影响。

（4）群体不应有突变或迁移现象。

（5）每种基因型的个体必须具有相同的生存率和繁殖力，并且两个配子的受精能力也必须相同，即不存在对等位基因或基因型的选择。

R 语言例子

```
> install. packages("tidyverse")
> library(tidyverse)
> p <- 0.8
> q <- 1 - p
> (q + p) == 1
[1] TRUE
> A1A1_e <- p^2
> A1A2_e <- 2 * (p * q)
> A2A2_e <- q^2
> c (A1A1_e, A1A2_e, A2A2_e)
[1] 0.64 0.32 0.04
> sum (c (A1A1_e, A1A2_e, A2A2_e))
[1] 1
```

3. 绘制预期的基因型频率

```
> p <- seq(0, 1, 0.01)
> q <- 1 - p
> A1A1_e <- p^2
> A1A2_e <- 2 * (p * q)
> A2A2_e <- q^2
> geno_freq <- data.frame(p, q, A1A1_e, A1A2_e, A2A2_e)
> geno_freq <- pivot_longer(geno_freq, c(A1A1_e, A1A2_e, A2A2_e),
                            names_to = "genotype",
                            values_to = "freq")
> a <- ggplot(geno_freq, aes(p, freq, colour = genotype)) +
geom_line() +
labs(x = "p frequency", y = "Genotype frequency")
> a + theme_light() + theme(legend.position = "bottom")
```

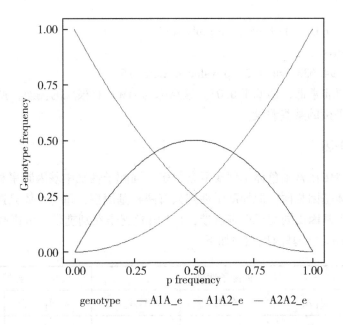

genotype — A1A_e — A1A2_e — A2A2_e

4. 检验与 Hardy-Weinberg 期望的偏差

```
> A1A1 <- 80
> A1A2 <- 15
> A2A2 <- 55
> observed <- c(A1A1, A1A2, A2A2)
> n <- 2 * sum(observed)
> p <- (2 * (A1A1) + A1A2)/n
> q <- (2 * (A2A2) + A1A2)/n
> c(p, q)
[1]0.5833333 0.4166667
> A1A1_e <- p^2
> A1A2_e <- 2 * (p * q)
> A2A2_e <- q^2
> expected_freq <- c(A1A1_e, A1A2_e, A2A2_e)
> expected <- expected_freq * 150
> mydata <- cbind(observed, expected)
> rownames(mydata) <- c("A1A1", "A1A2", "A2A2")
> mydata
     observed expected
A1A1       80 51.04167
A1A2       15 72.91667
A2A2       55 26.04167
> mychi <- chisq.test (observed, p = expected_freq)
```

> *mychi*

   Chi-squared test for given probabilities

data： observed

X-squared = 94.633，df = 2，p-value < 2.2e-16

可以看到 p 值非常低，远低于 0.05。这意味与 HWE 有很大的偏差，换句话说，违反了 Hardy-Weinberg 平衡的某些假设。

二、性连锁基因

性连锁基因遗传比常染色体基因要复杂得多。同配子性别中基因频率和基因型频率之间的关系与常染色体基因相同，但异配子性别只有两种基因型，每个个体只携带一个基因。群体中 2/3 的性连锁基因由同配子性别携带，1/3 由异配子性别携带。考虑频率为 p 和 q 的两个等位基因 A_1 和 A_2，令基因型频率如下。

	同配子性别			异配子性别	
	$A_1 A_1$	$A_1 A_2$	$A_2 A_2$	A_1	A_2
频率	P	H	Q	R	S

同配子性别中 A_1 的频率 $p_f = P + \dfrac{1}{2}H$，异配子性别中 A_1 的频率 $p_m = R$。整个群体中 A_1 的频率为

$$\bar{p} = \frac{2}{3}p_f + \frac{1}{3}p_m$$

$$= \frac{1}{3}(2p_f + p_m)$$

$$= \frac{1}{3}(2P + H + R)$$

现在，如果雄性和雌性之间的基因频率不同，那么群体就不平衡。整个种群中的基因频率没有改变，但随着种群接近平衡，它在两种性别之间的分布会发生波动。因为，雄性只能从母亲获得性连锁基因，因此 p_m 等于上一代的 p_f；雌性从父母双方获得性连锁基因，因此 p_f 等于上一代 p_m 和 p_f 的平均值。

$$p'_m = p_f$$
$$p'_f = \frac{1}{2}(p_m + p_f)$$

两种性别的频率之差为

$$p'_f - p'_m = \frac{1}{2}(p_m + p_f) - p_f$$

$$= -\frac{1}{2}(p_f - p_m)$$

结果为上一代基因频率差异的一半，但方向相反。因此，两性之间的基因频率分布会发生波动，但在连续几代中差异会减半，并且群体迅速接近平衡，即两种性别中的频率相等。

R 代码如下。

```
pmint = 0
pfint = 1.0
generation = 6
pm = pf = pcom = pdiff = matrix(0, generation)
for(i in 1: generation)
{
  if(i == 1){
    pm[i] = pmint
    pf[i] = pfint
    pcom[i] = (2/3) * pfint + (1/3) * pmint
    pdiff[i] = pfint - pmint
  } else {
    pm[i] = pf[i - 1]
    pf[i] = 0.5 * (pm[i - 1] + pf[i - 1])
    pcom[i] = (2/3) * pf[i] + (1/3) * pm[i]
    pdiff[i] = - 0.5 * (pf[i - 1] - pm[i - 1])
  }
}
generation = c(1: generation)
plot(pm ~ generation, type = "b", col = "red", lty = 1, lwd = 2, xlab = "Generation",
ylab = "Gene frequency")
lines(pf ~ generation, type = "b", col = "black", lty = 2, lwd = 2)
lines(pcom ~ generation, col = "blue", lty = 3, lwd = 2)
legend("bottomright",
legend = c("Males", "Females", "Males & Females Combined"),
col = c("red", "black", "blue"), lty = c(1, 2, 3), lwd = 2)
```

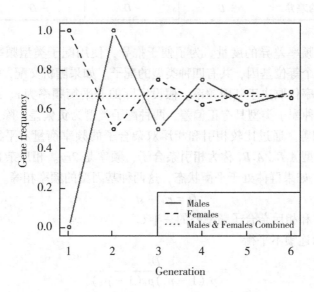

> *pdiff*

```
           [ , 1]
[1,]    1. 00000
[2,]  - 0. 50000
[3,]    0. 25000
[4,]  - 0. 12500
[5,]    0. 06250
[6,]  - 0. 03125
```

多个等位基因

假设有两个群体，一个基因型为 $A_1A_1B_1B_1$ 组成，另一个基因型 $A_2A_2B_2B_2$。假设两群体每种性别的数量相等，并允许随机交配，两个基因座各有两个等位基因，则有 9 种可能的基因型，但其中只有 3 种会出现在第一代后代中，即两个原始纯合子和双杂合子。由两个基因座决定的性状之间将存在完全连锁，类似由单个基因决定。随着随机交配的进行，其他基因型会出现在后代中，但频率不会立即达到平衡，并且性状之间的初始连锁将逐渐消失。如果两个基因座相邻，则基因频率达到平衡需要更长的时间，因为其他基因型的出现取决于两个基因座之间的重组。两个或多个基因座的不平衡称为配子期不平衡或连锁不平衡。不平衡可能由不同基因频率的群体混合，或者小群体的随即漂变引起。通过选择可以产生和维持不平衡。随机交配群体接近平衡的速率可以推断如下。

基因	A_1	A_2	B_1	B_2
基因频率	p_A	q_A	p_B	q_B
配子类型	$A_1 B_1$	$A_1 B_2$	$A_2 B_1$	$A_2 B_2$
平衡频率	$p_A p_B$	$p_A q_B$	$q_A p_B$	$q_A q_B$
实际频率	r	s	t	u
实际频率与平衡频率的差异	$+ D$	$- D$	$- D$	$+ D$

实际频率与平衡频率差异的度量。为了便于推导，使用配子类型频率。考虑两个基因座，每个基因座有两个等位基因，共有四种类型的配子。如果随机交配，则种群处于平衡状态，平衡时的配子频率仅取决于基因频率。假设实际的非平衡频率为 r、s、f 和 m，与平衡频率的偏差为 D，两种配子类型具有正偏差，两种配子类型为负偏差。除正负号外，每种配子类型的 D 值必须相等。通过比较相引和相斥双杂合子的频率衡量不平衡性。无论两个基因座是否连锁，基因型 A_1B_2/A_2B_1 称为相引杂合子，频率是 $2ru$。相斥杂合子是 A_1B_2/A_2B_1，并且它的频率是 $2st$。如果群体处于平衡状态，这两种基因型频率相等。D 表示为

$$D = ru - st$$

因此 D 等于相引和相斥杂合子频率差的一半。

也可以用 r^2 表示连锁不平衡

$$r^2 = \frac{D^2}{p_A(1 - p_A)p_B(1 - p_B)}$$

由于 D 是协方差，p_A（$1-p_A$）是从基因座 A 随机抽取的等位基因的方差，同理 p_B（$1-$

p_B）是从基因座 B 随机抽取的等位基因的方差，则 r^2 是相关系数平方。

例子

单倍型		观察数	观察频率	期望频率	期望数
A	B				
+	+	4	0.085	$p_A p_B = 0.06$	2.8
+	–	4	0.085	$p_A q_B = 0.11$	5.2
–	+	13	0.277	$q_A p_B = 0.30$	14.1
–	–	26	0.553	$q_A q_B = 0.53$	24.9

问（1）确定两个位点是否处于连锁不平衡；（2）计算连锁不平衡系数 D。

解（1）令 p 表示+等位基因在每个基因座的频率，q 表示–等位基因的频率。两个位点的基因频率估计值为 $p_A = 8/47 = 0.17$；$q_A = 39/47 = 0.83$；$p_B = 17/47 = 0.36$；$q_B = 30/47 = 0.64$。期望单倍型频率和数量如上表右侧所示。

期望数与观察数非常吻合，差异无统计学意义（$\chi^2_{[1]} = 0.93$；$P > 0.5$）。因此，该群体在这些位点处于连锁平衡。可能因位点距离较近，也说明非常紧密连锁的基因座不一定处于连锁不平衡状态。

（2）上表给出了观察到的单倍型频率，其中 $D = ru - st = (0.085)(0.553) - (0.085)(0.277) = 0.023$。$D$ 的绝对值取决于基因频率。D 的范围是-0.25 到 0.25；如果 $p_A = q_A = p_B = q_B = 0.5$，且 $r = u = 0$，$s = t = 0.5$，则 $D = -0.25$；或 $s = t = 0$ 且 $r = u = 0.5$，则 $D = 0.25$。如果基因频率不完全相等，则 D 的绝对值将在此范围内。因此，D 通常表示为 D/D_{max}，其中 D_{max} 是观察到的基因频率最大值。由上表可知，$s = p_A q_B - D \geqslant 0$，且 $t = q_A p_B - D \geqslant 0$，因此 $D \leqslant p_A q_B$ 且 $D \leqslant q_A p_B$。因此 D_{max} 是 $p_A q_B$ 或 $q_A p_B$ 中的较小者。对于此例，D_{max} 为 0.11，因此 $D/D_{max} = 0.21$。D 的计算值是其最大值的21%。大的样本量对于检测连锁不平衡是必要的，特别是当基因频率存在极端值时。

当处于连锁不平衡状态的群体随机交配时，位点间不平衡程度会随世代而逐渐减少，其速度取决于连续两代中配子类型的频率。如果两个基因座在同一条染色体上且临近，后代的 D 可以从四种配子类型中的任何一种频率获得，所以只考虑 $A_1 B_1$ 类型，它有两种方式出现在后代配子中。第一，非重组体 $A_1 B_1 / AxBx$ 产生，下标 x 表示两个等位基因中的任何一个。以这种方式产生 $A_1 B_1$ 的频率是 $r(1-c)$，r 是 $A_1 B_1$ 在亲本配子中的频率，c 是重组率。第二，它可以从基因型 $A_1 B_x / A_x B_1$ 的重组体中产生。$A_1 B_x$ 染色体的频率是 p_A，$A_x B_1$ 染色体的频率是 p_B。所以 $A_1 B_1$ 出现的频率是 $p_A p_B c$。因此子代配子中 $A_1 B_1$ 的频率为

$$r' = r(1-c) + p_A p_B c$$

后代中的连锁不平衡是

$$D' = r' - p_A p_B$$
$$= r(1-c) - p_A p_B(1-c)$$
$$= (r - p_A p_B)(1-c)$$
$$= D(1-c)$$

进而推得

$$D'' = D'(1 - c) = D(1 - c)^2$$

t 世代后，连锁不平衡得

$$D_t = D_0(1 - c)^t$$

基因座不必连锁也可以不平衡。不连锁基因座 $c = \dfrac{1}{2}$，每一世代随机交配，则不平衡程度减半。对于连锁的基因座，不平衡衰减得更慢。

上述等式可以推广到任何数量基因座的不平衡，$(1-c)$ 被定义为配子通过一世代而没有任何基因座之间重组的概率。基因座数量越多，不重组的概率越小；如果有两个未连锁的基因座，则为 $\dfrac{1}{2}$、3个 $\dfrac{1}{4}$ 和4个 $\dfrac{1}{8}$。因此，多位点不平衡比2位点衰减得更快，后者很快就会占主导地位。当同时研究多个基因座时，不平衡更有可能在成对的基因座中发现，而不出现在联合研究多个基因座的情况下。

连锁不平衡常出现在自然群体的基因座之间，重组没有足够时间消除最初的不平衡。紧密连锁并不一定意味着基因座处于连锁不平衡状态，紧密连锁的基因座也可能处于连锁平衡状态；完全不连锁的基因座也可能处于连锁不平衡状态。例如，同一基因座具有不同基因频率的两个群体混合在一起。群体连锁不平衡可以反映群体繁衍历史，单个基因座因在一个世代随机交配后达到 Hardy-Weinberg 平衡。出现连锁不平衡的其他原因可能是小群体中不同基因座等位基因之间的随机关联，以及针对特定等位基因组合的选择。

如果 $c \ll 1$，那么上式可以近似为

$$D_t \approx D_0 e^{-ct}$$

可以推导

$$t = [\ln(D_t / D_0)] / [\ln(1 - c)] \approx \ln(D_0 / D_t)/c$$

可以计算出不平衡衰减到一定比例所需的时间。例如，如果两个基因座的遗传距离为1cM，这相当于1%的重组（$c = 0.01$），则不平衡减少一半所需的时间将是 $t \approx [\ln(2)] / 0.01 \approx 70$ 代。

R 代码如下。

1. 二基因座遗传规律

```
# > install.packages("clipp")
> library(clipp)
> pa1 <- c(0.9, 0.1); names(pa1) <- c(" -", " +")
> pa2 <- c(0.5, 0.5); names(pa2) <- c("A", "a")
> (geno_freq1 <- geno_freq_monogenic(pa1, TRUE))
-/- -/+ +/+
0.81 0.18 0.01
> (geno_freq2 <- geno_freq_monogenic(pa2, TRUE))
A/A A/a a/a
0.25 0.50 0.25
> (trans1 <- trans_monogenic(2, TRUE))
   gm   gf  1/1 1/2  2/2
```

```
1 1/1 1/1 1.00 0.0 0.00
2 1/1 1/2 0.50 0.5 0.00
3 1/1 2/2 0.00 1.0 0.00
4 1/2 1/1 0.50 0.5 0.00
5 1/2 1/2 0.25 0.5 0.25
6 1/2 2/2 0.00 0.5 0.50
7 2/2 1/1 0.00 1.0 0.00
8 2/2 1/2 0.00 0.5 0.50
9 2/2 2/2 0.00 0.0 1.00
> (trans2 <- trans_monogenic (2))
        [, 1] [, 2] [, 3]
[1,] 1.00   0.0 0.00
[2,] 0.50   0.5 0.00
[3,] 0.00   1.0 0.00
[4,] 0.50   0.5 0.00
[5,] 0.25   0.5 0.25
[6,] 0.00   0.5 0.50
[7,] 0.00   1.0 0.00
[8,] 0.00   0.5 0.50
[9,] 0.00   0.0 1.00
> (cl <- combine_loci (geno_freq1, geno_freq2, trans1, trans2, TRUE))
$ geno_ freq
-/-_A/A -/-_A/a -/-_a/a -/+_A/A -/+_A/a -/+_a/a +/+_A/A +/+_A/a +/+_a/a
0.2025  0.4050  0.2025   0.0450  0.0900   0.0450  0.0025   0.0050   0.0025
$ trans
       gm        gf -/-_A/A -/-_A/a -/-_a/a -/+_A/A -/+_A/a -/+_a/a +/+_A/A
1   -/-_A/A -/-_A/A 1.0000   0.000  0.0000   0.000    0.00   0.000  0.0000
2   -/-_A/A -/-_A/a 0.5000   0.500  0.0000   0.000    0.00   0.000  0.0000
略
+/+_A/a +/+_a/a
1   0.000   0.0000
2   0.000   0.0000
略
$ genotype_decoder
  joint. genotype genotype1 genotype2
1       -/-_A/A      -/-       A/A
2       -/-_A/a      -/-       A/a
3       -/-_a/a      -/-       a/a
4       -/+_A/A      -/+       A/A
5       -/+_A/a      -/+       A/a
```

6	−/+_a/a	−/+	a/a
7	+/+_A/A	+/+	A/A
8	+/+_A/a	+/+	A/a
9	+/+_a/a	+/+	a/a

```
> sum (cl $ geno_freq)
[1] 1
> apply (cl $ trans [, − (1:2)], 1, sum)
[1] 1 1 1 1 1 1 1 1 1 1 1 1 1 1 1 1 1 1 1 1 1 1 1 1 1 1 1 1 1 1 1 1 1 1 1 1
[37] 1 1 1 1 1 1 1 1 1 1 1 1 1 1 1 1 1 1 1 1 1 1 1 1 1 1 1 1 1 1 1 1 1 1 1 1
[73] 1 1 1 1 1 1 1 1 1
```

2. LD 的衰减 (一)

```
library(RColorBrewer)
D0 <- 0.25
r <- c(0.01, 0.1, 0.5)
t <- 0:100
plot(x = range(t), y = c(0, 0.25), type = "n", ylab = "D", xlab
="Generations(t)", cex.lab = 1.4, cex.axis = 1.2)
cols = brewer.pal(3, "Dark2")
sapply(1:length(r), function(i){
Dt <- D0 * (1 − r[i])^t
lines(t, Dt, col = cols[i], lwd = 3)
})
legend(x ="topright", lty = 1, col = cols, legend = paste("c =", r), cex = 1.4, lwd =
3)
```

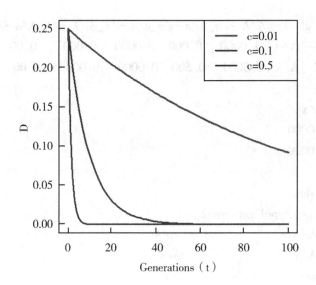

3. LD 的衰减（二）

```
library(RColorBrewer)
D0 <- 0.25
r <- 0:50/100
plot(x = range(r), y = c(0, 0.25), type ="n", ylab ="D", xlab ="Recombination
fraction(c)", cex.lab = 1.4, cex.axis = 1.2)
ts <- c(5, 10, 100)
cols = brewer.pal(3, "Dark2")
sapply(1:length(r), function(i){
Dt <- D0 * (1 - r)^ts[i]
lines(r, Dt, col = cols[i], lwd = 3)
})
legend(x ="topright", lty = 1, col = cols, legend = paste("t =", ts), cex = 1.4, lwd =
3)
```

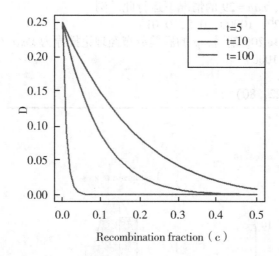

Recombination fraction（c）

4. MCMC 估计等位基因频率

设 p 的先验分布为均匀分布 $[0, 1]$。对 n 个个体进行抽样，基因型 AA 的数量为 n_{AA}、基因型 Aa 为 n_{Aa}、基因型 aa 为 n_{aa}。以下 R 代码用于从 p 的后验分布中抽样。

```
prior = function (p) {
  if ( (p<0) || (p>1) ) {
    return (0) }
  else {
    return (1) }
}
likelihood = function (p, nAA, nAa, naa) {
  return (p^ (2 * nAA) * (2 * p * (1-p) ) ^nAa * (1-p) ^ (2 * naa) )
}
psampler = function (nAA, nAa, naa, niter, pstartval, pproposalsd) {
```

```
 p = rep (0, niter)
 p [1] = pstartval
 for (i in 2: niter) {
   currentp = p [i-1]
   newp = currentp + rnorm (1, 0, pproposalsd)
   A = prior (newp) * likelihood (newp, nAA, nAa, naa) / (prior (currentp) * likeli-
hood (currentp, nAA, nAa, naa) )
   if (runif (1) <A) {
     p [i] = newp      #以 min (1, A) 概率接受转移
   } else {
     p [i] = currentp   #拒绝转移
   }
 }
 return (p)
}
#在 nAA=50、nAa=21、naa=29 的情况下运行此示例
z=psampler (50, 21, 29, 10000, 0.5, 0.01)
#121 个 A 和 79 个 a, 共 200 基因, p 的后验分布经理论推导为 Beta (121+1, 79 +1)
x=seq (0, 1, length=1000)
hist (z, prob=T)
lines (x, dbeta (x, 122, 80) )
```

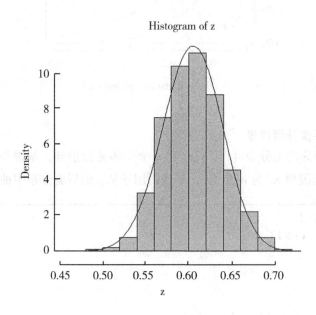

Histogram of z

丢弃（burnin）前 5000 次 z 抽样

> hist (z [5001: 10000])

194

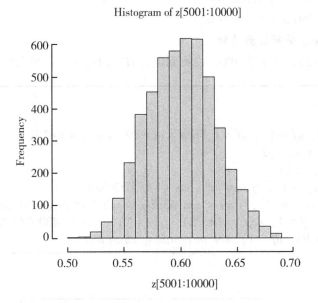

Histogram of z[5001:10000]

5. 估计等位基因频率方差

RR	RA	AA	p_R	V
100	200	100		
150	100	150		
200	0	200		
4	72	324		
22	36	342		
40	0	360		

```
tab<-matrix (c (100, 200, 100, 150, 100, 150, 200,
        0, 200, 4, 72, 324, 22, 36, 342, 40, 0, 360), ncol=3, byrow=TRUE)
pr<- (tab [, 1] +tab [, 2] /2) /400 #freq of reference
f<-1-tab [, 2] /400/ (2 * pr * (1-pr) ) # inbreeding coefficient f
v<-pr * (1-pr) * (1+f) /2/400 # variance from genotype counts
round (cbind (tab, pr, f, v), digits=5)
```

```
              pr    f      v
[1,] 100 200 100 0. 5 0. 0 0. 00031
[2,] 150 100 150 0. 5 0. 5 0. 00047
[3,] 200   0 200 0. 5 1. 0 0. 00062
[4,]   4  72 324 0. 1 0. 0 0. 00011
```

[5,] 22 36 342 0. 1 0. 5 0. 00017
[6,] 40 0 360 0. 1 1. 0 0. 00023

6. Hardy-Weinberg 平衡检测功效

（1）如果 f=0.125，样本数 100，检测到偏离 *HW* 的可能性有多大？

```
ni < - 100
f < - 0. 125
pchisq(qchisq(0.95, df = 1), df = 1, ncp = ni * f^2, lower = FALSE)
#density of chisq with ncp nf2
x < - seq(0.2, 20, 0.1)
plot(x, dchisq(x, df = 1), type ="h", col ="#FF000080",
    xlab = expression(chi^2), ylab ="probability density") #chisq prob dens
lines(x, dchisq(x, df = 1, ncp = ni * f^2), type ="h", col ="#0000FF80")
abline(v = qchisq(0.95, df = 1)) # 95th centile of chisq dist
```

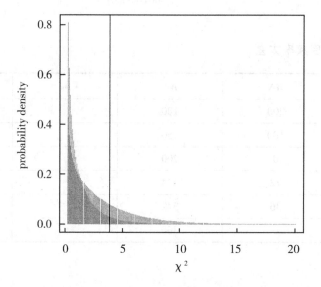

（2）当 f=0.125，功效为 0.8 时，需要多少样本来检测 *HW* 的偏离？

```
ns < - 1: 10 * 100
round(pchisq(qchisq(0.95, df = 1), df = 1, ncp = ns * f^2, lower = FALSE), digits = 3)
ni < - 500
f < - 0. 125
pchisq(qchisq(0.95, df = 1), df = 1, ncp = ni * f^2, lower = FALSE)
plot(x, dchisq(x, df = 1), type ="h", col ="#FF000080",
    xlab = expression(chi^2), ylab ="probability density")
lines(x, dchisq(x, df = 1, ncp = ni * f^2), type ="h", col ="#0000FF80")
#density of chisq with ncp nf2
abline(v = qchisq(0.95, df = 1)) # 95th centile of chisq dist
```

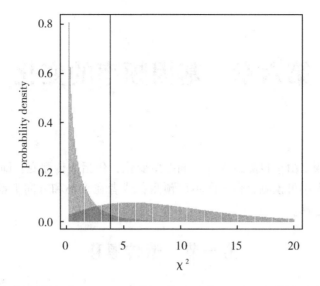

7. HWE 的 G 检验

G 检验使用两个似然比的对数作为检验统计量，也称为似然比检验或对数似然比检验。

```
## HWE example
O.AA = 89
O.Aa = 2
O.aa = 9
## G - test for HWE
HWE.Gtest = function(O.AA, O.Aa, O.aa){
    #this function takes three arguments, each of the genotypes
    n = O.AA + O.Aa + O.aa;  #total number of individuals
    p = (O.AA + O.Aa/2)/n;   #allele frequency
    E.AA = n * p^2;  #expected number of hom A
    E.Aa = n * 2 * p * (1 - p);   #expected number of hets
    E.aa = n * (1 - p)^2;   #expected number of hom a
    G = 0;
    if(O.AA > 0)   #note that log(0) is undefined, and treated as 0
        G = G + 2 * O.AA * log(O.AA/E.AA);
    if(O.Aa > 0)
        G = G + 2 * O.Aa * log(O.Aa/E.Aa);
    if(O.aa > 0)
        G = G + 2 * O.aa * log(O.aa/E.aa);
    p.value = 1 - pchisq(G, 1);   #p - value comes from chi - squared distribution
    return(c(G, p.value));
}
```

```
> HWE.Gtest (O.AA, O.Aa, O.aa)
[1] 4.752647e+01 5.426659e-12
```

第六章　基因频率的变化

真实群体基因频率由于自然或人为影响发生变化，包括遗传漂变，即等位基因频率由于偶然性随机变化，大小可预测，但方向不可预测；或者在大小和方向上都可以预测的影响，例如突变、迁移和选择。

第一节　遗传漂移

遗传漂变是等位基因频率的随机变化，是繁殖过程中配子随机抽样的结果。假设群体规模为 $N=10$ 个亲本，其中等位基因 A 和 a 的频率最初为 $p_0=0.6$ 和 $q_0=0.4$。如果这 10 个亲本随机交配产生相同数量的后代，则产生 20 个随机抽样的配子。在这个过程中，预计 60% 的配子（即 12 个）带有等位基因 A（即下一代期望频率为 $p_1=0.6$）和 40%（即 8 个）的等位基因 a。但是，抽样可以给出其他可能性，例如，假设出现 14 个等位基因 A 和 6 个等位基因 a，即 p_1 增加到 0.7，p_2 减少到 0.3。这种变化也可能出现相反的方向（p_1 减少而 p_2 增加）。因此，在第三代中，预计 70% 的配子携带等位基因 A，30% 的配子携带等位基因 a。同样，也可能发生其他频率超过其期望的增加或减少。在极少的情况下，可能只有等位基因 A 的配子进行抽样，在这种情况下 $p=1$ 和 $q=0$，所有后代都是 AA 基因型的纯合子，即 A 已在群体中固定，而等位基因 a 丢失。这种情况是不可逆的，没有其他影响等位基因频率的因素，世代足够长时，最终都会出现这种情况。无论种群规模如何，遗传漂变都会不可避免地导致给定等位基因的固定或丢失，而且群体规模越小，这个过程就越快。

Wright-Fisher 理想种群特点

（1）每个世代群体规模都为 N 的二倍体生物，不区分性别。

（2）配子随机配对，包括自交。

（3）常染色体基因座，两个等位基因 A 和 a，初始频率分别为 p_0 和 q_0。基因座处于 Hardy-Weinberg 平衡，AA、Aa 和 aa 基因型初始基因型频率分别为 p_0^2、$2p_0q_0$ 和 q_0^2。

（4）没有其他改变等位基因频率的因素（突变、迁移和选择）。

遗传漂变可以看作服从二项分布 $2N$ 个样本的概率问题，每一代的方差为

$$\sigma_{qt}^2 = p_0 q_0 \left[1 - \left(1 - \frac{1}{2N} \right)^t \right] \text{ 或 } \sigma_p^2 = p_0 q_0 \left[1 - exp\left(-\frac{t}{2 N_e} \right) \right]$$

其中 N_e 为有效群体含量。遗传漂变导致等位基因的固定或丢失，即纯合子频率的增加和杂合子频率的降低。根据定义，不同基因座（或同一基因座的群体）的频率方差等于频率平方的平均值减去平均值的平方，$\sigma_{qt}^2 = \overline{q_t^2} - \overline{q_t}^2$，期望频率等于初始频率，$\overline{q_t} = q_0$，$t$ 世代纯合子 aa 的期望频率是 $\overline{q_t^2} = q_0^2 + \sigma_{qt}^2$，即纯合子 AA 和 aa 的频率相对于初始频率增加了 σ_{qt}^2，

而降低了杂合子的频率（ H_t ）。因此，三种基因型的期望频率是

$$AA: p_0^2 + \sigma_{qt}^2$$
$$Aa: 2p_0 q_0 - 2\sigma_{qt}^2 = H$$
$$aa: q_0^2 + \sigma_{qt}^2$$

当 $t \to \infty$ 时， $\sigma_{q_{t \to \infty}}^2 = p_0 q_0$ ，因此 AA、Aa 和 aa 基因型，预期的基因型频率分别为 p_0、0 和 q_0。也就是说，等位基因 A 或 a 将被固定，杂合子个体将趋近消失。因此，遗传漂移意味着杂合性或基因多样性的减少。

R 语言模拟遗传漂变

```
library（ggplot2）
library（tidyr）
#群体大小为 10
N <- 10
ngen <- 1000
p_init <- 0.5
n10 <- rep（NA, ngen）
n10［1］<- p_init
for（i in 2：ngen）{
  nA1 <- rbinom（1, 2 * N, n10［i-1］）
  n10［i］<- nA1 / （2 * N）
}
#群体大小为 100
N <- 100
ngen <- 1000
p_init <- 0.5
n100 <- rep（NA, ngen）
n100［1］<- p_init
for（i in 2：ngen）{
  nA1 <- rbinom（1, 2 * N, n100［i-1］）
  n100［i］<- nA1 / （2 * N）
}
#群体大小为 1000
N <- 1000
ngen <- 1000
p_init <- 0.5
n1000 <- rep（NA, ngen）
n1000［1］<- p_init
for（i in 2：ngen）{
  nA1 <- rbinom（1, 2 * N, n1000［i-1］）
  n1000［i］<- nA1 / （2 * N）
}
#画图用世代数
g <- seq（1, 1000, 1）
#整合三种情形到 data.frame
mydrift <- data.frame（g, n10, n100, n1000）
```

```
# 使用 pivot_longer 让数据易于绘图
mydrift_long < - pivot_longer(mydrift, - g, names_to = "pop_size", values_to = "p")
# 画图
p < - ggplot(mydrift_long, aes(g, p, colour = pop_size)) +
  geom_line() + labs(x = "No. generations", y = "Allele freq(p)")
# 加图例说明
p + theme_bw() + theme(legend. position = "bottom")
```

此处 pivot_longer ( ) 将在不同列中所有的模拟组合成一列 p，并创建一个新列 pop_size，指示数据来自列的名称。

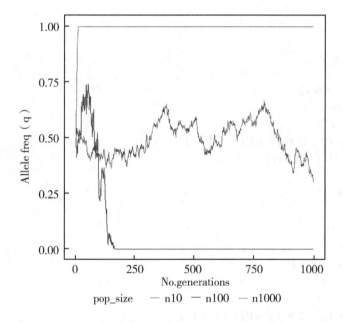

不同群体大小基因频率的变化

```
library(ggplot2)
Alleles < - c("A", "B")
sample_size < - c(5, 10, 20, 50, 100)
df < - data. frame(N = rep(sample_size, each = 50), FreqA = NA)
for(row in 1: nrow(df)){
  a < - sample(Alleles, size = df $ N[row], replace = T)
  f < - sum(a == "A")/ length(a)
  df $ FreqA[row] < - f
}
summary(df)
p < - ggplot(df, aes(x = factor(N), y = FreqA)) + geom_boxplot()
p + xlab("Population Size") + ylab("Estimated Allele Frequency")
```

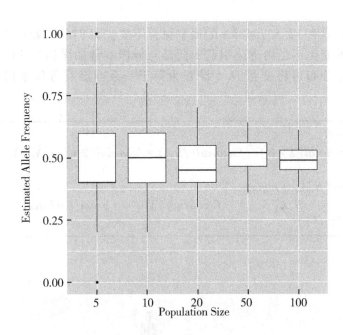

上图显示随着 N 的增加，估计的等位基因频率的变异逐渐减少（大数定律或中心极限定理）。如果群体规模较小，每个交配事件发生概率可能有很大的波动。在其他条件相同的情况下，频率在每一代都发生变化，其变化量与群体规模成反比。

应用概率论知识可以确定在给定随机交配和小样本情况下，下一代中观察到特定数量等位基因的概率，二倍体等位基因系数遵循二项式展开。

$$P(N_A \mid N, \ p_A) = \frac{2N!}{N_A! \ (2N - N_A)!} p_A^{N_A} (1 - p_A)^{2N - N_A}$$

上式 $\dfrac{2N!}{N_A! \ (2N - N_A)!}$ 为二项式系数，表示通过随机抽样获得 N_A 种两个等位基因为 A 的不同方式。$p_A^{N_A} (1 - p_A)^{2N - N_A}$ 表示已知群体中 A 等位基因的频率 p_A 每次出现该方式的概率。

例如 $N = 20$ 二倍体杂合子个体，$N_A = N_B = 20$。计算下一代中恰好观察到 20 个 A 等位基因概率的 R 语言：

```
p <- 0.5
N <- 20
N.A <- 20
#二项式系数
coef <- factorial (2 * N) / (factorial (N.A) * factorial (2 * N - N.A))
coef
#概率
prob <- p^N.A * (1 - p) ^ (2 * N - N.A)
prob
#一次随机交配后 N_A = 20 的概率
Prob.20.A <- coef * prob
> Prob.20.A
[1] 0.1253707
```

表示等位基因频率只有 12.5370688% 的概率保持不变，而 87.4629312% 的概率等位基因频率会改变。这种变化不是由进化引起，而是与低样本量抽样相关的随机过程。预期等位基因出现的整个分布可将变量 $N.A$ 设置为等于一系列潜在等位基因数（从 0 到 $2 * N$）得到：

```
N.A < - 0：(2 * N)
Frequency < - factorial(2 * N)/(factorial(N.A) * factorial(2 * N - N.A)) * p^N.A * (1 - p)^(2 * N - N.A)
df < - data.frame(N.A, Frequency)
ggplot(df, aes(x = N.A, y = Frequency)) + geom_bar(stat = "identity") + xlab(expression(N[a]))
```

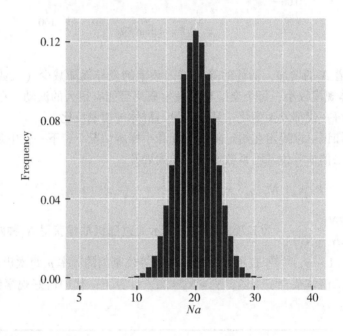

即使上图的尾部，概率也不为零（这里是前 10 个条目）
> $df[1：10,]$

	N. A	Frequency
1	0	9.094947e-13
2	1	3.637979e-11
3	2	7.094059e-10
4	3	8.985808e-09
5	4	8.311872e-08
6	5	5.984548e-07
7	6	3.490986e-06

8　　7 1.695622e-05

9　　8 6.994440e-05

10　　9 2.486912e-04

结果表示由杂合子开始，在一次随机交配事件之后，种群可能已经只有 A 等位基因，或者只有 aa 纯合子。分布的形状不仅受 N 的影响，还受 p 的影响。如等位基因的频率为 0.10 时：

```
p <- 0.1
Frequency <- factorial(2 * N)/(factorial(N.A) * factorial(2 * N - N.A)) * p^N.A * (1 - p)^(2 * N - N.A)
df <- data.frame(N.A, Frequency)
ggplot(df, aes(x = N.A, y = Frequency)) + geom_bar(stat = "identity") + xlab(expression(N[a]))
```

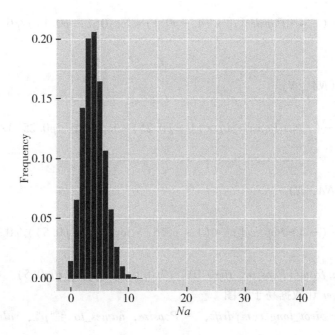

遗传漂变的后果

等位基因频率偏离 0.5 越多，群体就越有可能固定等位基因。

1. 基因固定时间

基因固定概率与等位基因频率和种群大小有关系，两个等位基因（频率 p 和 q），群体规模为 Ne 的种群，预期的固定时间 t_{fix}（以世代为单位）为：

$$t_{fix} = \frac{-4 N_e (1 - p) \log(1 - p)}{p}$$

R代码如下。

```
#Time to Fixation
library(ggplot2)
library(tidyr)
N <- 100000
Popsize <- seq(1, N, 1)
p0.01 <- 0.01
tfix0.01 <- rep(NA, N)
for(i in 1: N){
    tfix0.01[i] <- (-4 * Popsize[i] * (1 - p0.01) * log10(1 - p0.01))/p0.01
}
p0.1 <- 0.1
tfix0.1 <- rep(NA, N)
for(i in 1: N){
    tfix0.1[i] <- (-4 * Popsize[i] * (1 - p0.1) * log10(1 - p0.1))/p0.1
}
p0.25 <- 0.25
tfix0.25 <- rep(NA, N)
for(i in 1: N){
    tfix0.25[i] <- (-4 * Popsize[i] * (1 - p0.25) * log10(1 - p0.25))/p0.25
}
p0.5 <- 0.5
tfix0.5 <- rep(NA, N)
for(i in 1: N){
    tfix0.5[i] <- (-4 * Popsize[i] * (1 - p0.5) * log10(1 - p0.5))/p0.5
}
mydrift <- data.frame(Popsize, tfix0.01, tfix0.1, tfix0.25, tfix0.5)
# 使用 pivot_longer 让数据易于绘图
mydrift_long <- pivot_longer(mydrift, -Popsize, names_to = "p", values_to = "pop")
# 画图
p <- ggplot(mydrift_long, aes(Popsize, pop, colour = p)) +
    geom_line() + labs(x = "Population Size(N)", y = "Expected Time
to Fixation(generations)")
# 加图例说明
p + theme_bw() + theme(legend.position = "right")
```

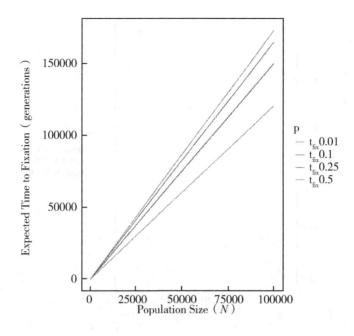

2. 等位基因频率随时间的变化（等位基因频率相同）

```
#Variance in allele frequencies through time
p < - 0.5
q < - 0.5
t < - 100
Gen < - seq(1, t, 1)
Ne10 < - 10
sigmaNe10 < - rep(NA, t)
sigmaNe10 < - p * q * (1 - exp( - Gen/(2 * Ne10)))
Ne100 < - 100
sigmaNe100 < - rep(NA, t)
sigmaNe100 < - p * q * (1 - exp( - Gen/(2 * Ne100)))
Ne1000 < - 1000
sigmaNe1000 < - rep(NA, t)
sigmaNe1000 < - p * q * (1 - exp( - Gen/(2 * Ne1000)))
mydrift < - data.frame(Gen, sigmaNe10, sigmaNe100, sigmaNe1000)
# 使用 pivot_longer 让数据易于绘图
mydrift_long < - pivot_longer(mydrift, - Gen, names_to = "Ne", values_to = "pop")
# 画图
p < - ggplot(mydrift_long, aes(Gen, pop, colour = Ne)) +
    geom_line() + xlab("Generation(t)") + ylab(expression(sigma[p]^2))
# 加图例说明
p + theme_bw() + theme(legend.position = "right")
```

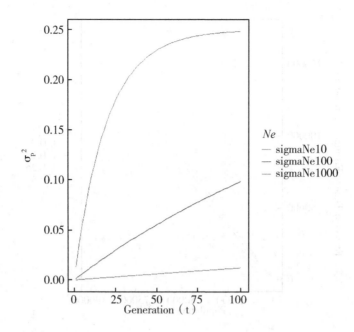

3. 等位基因频率随时间的变化（*Ne* 相同）

```
#Expected variance in allele frequencies through time
Ne < - 100
t < - 100
Gen < - seq(1, t, 1)
p < - 0. 10
sigmap0. 10 < - rep(NA, t)
sigmap0. 10 < - p * (1 - p) * (1 - exp( - Gen/(2 * Ne)))
p < - 0. 25
sigmap0. 25 < - rep(NA, t)
sigmap0. 25 < - p * (1 - p) * (1 - exp( - Gen/(2 * Ne)))
p < - 0. 50
sigmap0. 50 < - rep(NA, t)
sigmap0. 50 < - p * (1 - p) * (1 - exp( - Gen/(2 * Ne)))
mydrift < - data. frame(Gen, sigmap0. 10, sigmap0. 25, sigmap0. 50)
# 使用 pivot_longer 让数据易于绘图
mydrift_long < - pivot_longer(mydrift, - Gen, names_to = "p", values_to = "pop")
#画图
p < - ggplot(mydrift_long, aes(Gen, pop, colour = p)) +
  geom_line() + xlab("Generation(t)") + ylab(expression(sigma[p]^2))
#加图例说明
p + theme_bw() + theme(legend. position = "right")
```

以上两个图表的区别为如下。

（1）不同有效种群含量时，群体规模越大，等位基因频率随时间变化越稳定。对于 $Ne = 1000$，与其他种群规模相比，等位基因频率的变化相对较小，即使在 100 代之后也是如此。

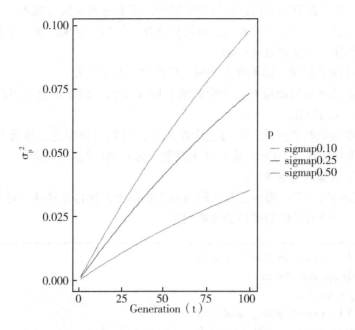

（2）等位基因频率不同时，在等位基因频率较低的情况下，方差小于等位基因频率较大的群体（当 $p = \dfrac{1}{\pounds}$ 时最大化，其中 $\pounds$ 是等位基因的数量）。二个等位基因频率越接近，遗传变异越大。

等位基因丢失的时间

等位基因固定时间与消失时间有关，其公式为

$$t_{loss} = -\ln(p)\,\frac{4\,N_e p}{(1-p)}$$

突变与遗传漂变

如果考虑突变，等位基因消失的时间 t_{loss} 会稍作修改。突变通常是增加而不是降低等位基因消失率。因为随机突变（两个以上等位基因）更有可能使等位基因 A 变成其他等位基因，而不是使其他等位基因变成 A。当且仅当 $N_e\mu$ 非常小（例如 << 1），对于非零突变率 μ，消失时间近似为

$$t_{loss} = \frac{1}{\mu}$$

但 $N_e\mu$ 不可忽略时

$$t_{loss} = \frac{\ln(N_e\mu) + \gamma}{\mu}$$

其中 γ 是欧拉常数（Masel 等；2007）。

4. 分子进化的中性理论

自 20 世纪 60 年代提出分子进化的中性理论以来，遗传漂变在分子进化中的作用一直备受争议。中性分子变化可能是以下几种。

（1）不破坏调控序列的非编码 DNA 变化。例如，在人类基因组中，只有大约 2% 的基

因组编码蛋白质。其余部分主要由进化过程中的转座子和逆转录病毒插入、重复、假基因和一般基因组杂乱而成。目前的估计表明，即使包含保守区域、功能区域、非编码区域，人类基因组中也只有不到10%受到进化影响。

（2）编码区的同义突变，即不改变密码子编码氨基酸的变化。

（3）对编码氨基酸的功能没有巨大影响的非同义变化，例如不会过多改变氨基酸的大小、电荷或疏水特性的变化。

（4）影响表型的氨基酸变化，但与适应性无关，例如一种突变会导致耳朵形状略有改变，或者会阻止生物体活过50岁的变异（大多数个体在20多岁时繁殖）。

5. 遗传漂移导致杂合性丢失

在没有新突变的情况下，遗传漂移会缓慢减少群体中性遗传多样性，等位基因会缓慢漂移到高频或低频，并随着时间的推移丢失或固定。

```
wf <- function (N, ngens, p0=1/3, mu=0) {
N <- 2 * N   # diploid adjustment
# initialize an empty matrix
gns <- matrix (NA, nrow=ngens, ncol=N)
# initialize the first generation, with two alleles, one at freq p0
alleles <- 2
gns [1,] <- sample (1: 2, N, replace=TRUE, prob=c (p0, 1–p0) )
for (i in 2: ngens) {
  gns [i,] <- gns [i-1, sample (1: N, N, replace=TRUE) ]
  if (mu > 0) {
    # add mutations to this generation
    muts <- rbinom (N, 1, prob=mu)
    new_alleles <- sum (muts)
    alleles <- alleles + new_alleles
    if (new_alleles) {
      # there are mutations, add to population.
      gns [i,] <- ifelse (muts, sample (alleles), gns [i,] )
    }
  }
}
gns
}
het <- function (x) {
tbl <- table (x)
1 - sum ( (tbl/sum (tbl) ) ^2)
}
sim<-replicate (100, wf (N=100, ngens=150) )
h <- apply (sim, 1, het)
plot (h, type='l', xlab='generation', ylab='heterozygosity')
```

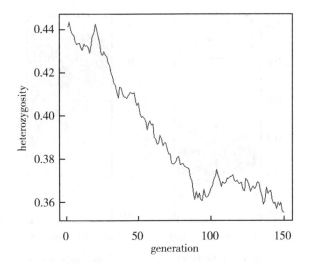

```
p0 < - 0.3
N < - 500
ngens < - 150
my. sims < - replicate(40, wf(N = N, ngens = ngens, p0 = p0))
layout(t(1: 2))
plot(type = "n", y = c(0, 1), x = c(0, ngens), xlab = "Time, generations", ylab
="Frequency, p", cex. lab = 1.4, cex. axis = 1.2)
apply(my. sims, 3, function(sim){
    lines(c(p0, apply(sim == 1, 1, mean)),, col = adjustcolor("black", 0.3))
    })
lines(c(p0, apply(my. sims[,, 1] == 1, 1, mean)), col ="red", lwd = 2)
lines(rowMeans(apply(my. sims, 3, function(sim){c(p0, apply(sim        ==       1, 1,
mean))}))), col ="blue", lwd = 2)
abline(h = p0, col ="blue", lwd = 2, lty = 3)
legend(x = "topright", legend = c("1 sim.", "Mean sim.", "Expectation"), col =
c("red", "blue", "blue"), lty = c(1, 1, 2), bg ="white")
plot(type = "n", y = c(0, 0.5), x = c(0, ngens), xlab = "Time, generations",
ylab ="Heterozygosity", cex. lab = 1.4, cex. axis = 1.2)
apply(my. sims, 3, function(sim){
    lines(c(2 * p0 * (1 - p0), apply(sim, 1, het)), col = adjustcolor("black", 0.3))
    })
lines(c(2 * p0 * (1 - p0), apply(my. sims[,, 1], 1, het)), col ="red", lwd = 2)
lines(rowMeans(apply(my. sims, 3, function(sim){apply(sim, 1, het)}))), col
="blue", lwd = 2)
lines(0: ngens, 2 * p0 * (1 - p0) * (1 - 1/(2 * N))^(0: ngens), col ="blue", lty = 3,
lwd = 2)
```

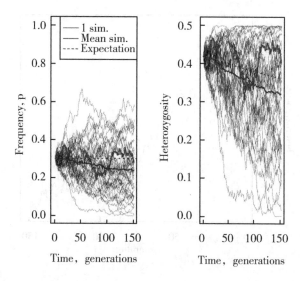

Time, generations   Time, generations

```
#install.packages("plotrix")
library("plotrix")
simulate.pop  <- function(N.vec = rep(5, 30), const.RS = TRUE, mutation =
TRUE, mut.rate = 0.1, for.class = TRUE, initial.state = "all.black", plot.freqs =
FALSE, mult.pop = FALSE, pops = FALSE) {
    stopifnot(initial.state                                                   %in%
c("all.black", "all.diff", "two.alleles", "single.mut"))
    if(plot.freqs){ layout(c(1, 2)); par(mar = c(1, 2, 0, 1))}
    if(for.class){
        line.lwd <- 1
        line.col <-"black"
        mut.line.lwd <- 1
        mut.line.col <-"black"
    } else {
        line.lwd <- 0.5
        line.col <-"grey"
        mut.line.lwd <- 1
        mut.line.col <-"grey"
    }
    num.gens <- length(N.vec) - 1
    if(! mult.pop){
        ind.pop.par <- matrix(1, nrow = max(N.vec), ncol = num.gens + 1)
        ind.pop <- matrix(1, nrow = max(N.vec), ncol = num.gens + 1)
    } else {
        ind.pop.par <- pops[["ind.pop.par"]]
        ind.pop  <- pops[["ind.pop"]]
    }
```

```r
    num.gens <- length(N.vec) - 1
    offset <- 0.1
    plot(c(1, num.gens), c(0.5, max(N.vec)) + c(-offset, offset), type="n", axes=
FALSE, xlab="", ylab="")
    mtext(side=1, line=0, "Generations")
    text(1, 0.5, "Past")
    text(num.gens-1, 0.5, "Present")
    track.cols <- list()
    N <- N.vec[1]
            if(initial.state          ==        "all.black")my.cols          <-
rep("black", 2*N)   #sample(rainbow(2*N))
    if(initial.state=="all.diff")my.cols <- sample(rainbow(2*N))
    if(initial.state=="two.alleles")   my.cols <-   rep(c("blue", "red"), N)
    if(initial.state=="single.mut")   my.cols <-   c("red", rep("blue", 2*N-1))
    stopifnot((2*N)==length(my.cols))
    track.cols[[1]] <- my.cols
    points(rep(1, N), 1:N+offset, pch=19, cex=1.3, col=my.cols[(1:N)*2])
    points(rep(1, N), 1:N-offset, pch=19, cex=1.3, col=my.cols[(1:
N)*2-1])
    for(i in 1:num.gens){
        N.new <- N.vec[i+1]
        N.old <- N.vec[i]
        points(rep(i, N.old), 1:N.old + offset, pch=19, cex=1.3, col=
my.cols[(1:N.old)*2])
        points(rep(i, N.old), 1:N.old - offset, pch=19, cex=1.3, col=
my.cols[(1:N.old)*2-1])
        new.cols <- rep("black", 2*N.new)
        if(const.RS){
            repro.success <- rep(1/N.old, N.old)
        } else {
            repro.success <- sample(c(rep(0.5/(N.old), N.old - 2), c(0.25,
0.25)), replace=FALSE)
            }
        for(ind in 1:N.new){
        this.pop.par <- ind.pop.par[ind, i+1]
        available.pars        <-        (1:N.old)[which(ind.pop[1:N.old, i]
== this.pop.par)]
    par        <-        sample(available.pars, 2, replace        =        FALSE, prob        =
repro.success[which(ind.pop[1:N.old, i] == this.pop.par)])
        which.allele.1 <- sample(c(-1, 1), 1)
        if(i != num.gens){ lines(c(i, i+1), c(par[1] + which.allele.1 * offset,
ind - offset), col=line.col, lwd=line.lwd)}
            new.cols[2*ind-1] <- my.cols[2*par[1] + ifelse(which.allele.1 == 1,
0, -1)]
```

```
            which. allele. 2 < - sample( c( - 1, 1), 1)
            if( i ! = num. gens) { lines( c( i, i + 1), c( par[ 2] + which. allele. 2 * offset,
ind + offset), col = line. col, lwd = line. lwd) }
            new. cols[ 2 * ind] < - my. cols[ 2 * par[ 2] + ifelse( which. allele. 2 == 1,
0, - 1)]
            if( mutation) {
            if( runif( 1) < mut. rate) {
                new. cols[ 2 * ind - 1] < - sample( rainbow( 4 * N), 1)
                if( i ! = num. gens) { lines( c( i, i + 1), c( par[ 1] +
which. allele. 1 * offset, ind - offset), col = mut. line. col, lwd = mut. line. lwd) }
                }
            if( runif( 1) < mut. rate) {
                new. cols[ 2 * ind] < - sample( rainbow( 4 * N), 1)
                if( i ! = num. gens) { lines( c( i, i + 1), c( par[ 2] +
which. allele. 2 * offset, ind + offset), col = mut. line. col, lwd = mut. line. lwd) }
                }
            }
        }

    ##redraw points to cover lines
    points( rep( i, N. old), 1: N. old + offset, pch = 19, cex = 1. 3, col =
my. cols[ ( 1: N. old) * 2])
    points( rep( i, N. old), 1: N. old - offset, pch = 19, cex = 1. 3, col =
my. cols[ ( 1: N. old) * 2 - 1])
    my. cols < - new. cols
    track. cols[ [ i + 1] ] < - my. cols
    if( ! const. RS) sapply( which( repro. success  > 1/N. old), function( ind) {
draw. circle( x = i, y = ind, radius = 0. 2, nv = 100, border = NULL, col = NA, lty = 1, lwd =
1) } )
    }
#recover( )
  if( plot. freqs) {
    plot( c( 1, num. gens), c( 0, 1), type = "n", axes = FALSE, xlab = "",
ylab = "")
    all. my. cols < - unique( unlist( track. cols))
    if( ! mult. pop) {

    my. col. freqs  < -   sapply( track. cols, function( my. gen) { sapply( all. my. cols,
function( my. col) { sum( my. gen == my. col) } ) } )
    sapply( all. my. cols,
function( col. name) { lines( my. col. freqs[ col. name, ]/( 2 * N. vec), col  =  col. name,
lwd = 2) } );
        } else {
        for( pop in 1: max( ind. pop)) {
            my. col. freqs < - sapply( 1: num. gens, function( gen) {
#recover( )
            my. gen < - track. cols[ [ gen] ]
```

```
                    if (all (ind. pop. par [ind. pop [, gen] ==pop, gen] ==0) ) return
(rep (NA, length (all. my. cols) ) )    #if pop doesn't exist in this gen.
                    these. inds<-which (ind. pop [, gen] ==pop)
                    my. gen<-c (my. gen [these. inds * 2], my. gen [these. inds * 2-1] )
                    sapply (all. my. cols, function (my. col) {
                        sum (my. gen==my. col)
                    } ) } )
                    rownames (my. col. freqs) <-all. my. cols
        sapply ( all. my. cols [ - length ( all. my. cols ) ], function ( col. name )       { lines
( my. col. freqs [col. name,] / (2 * 5), col=col. name, lwd=2, lty=pop) } );
                        }
                        }
            axis (2)
        }
}
```

> single. crash < - c(rep(10, 5), rep(3, 2), rep(10, 5))

> repeated. crash   < -   c(rep(10, 5), rep(3, 2), rep(10, 5), rep(3, 2), rep(10, 5))

> simulate. pop(N. vec = rep(5, 15), const. RS = TRUE, mutation = FALSE, for. class = TRUE, initial. state ="all. diff")

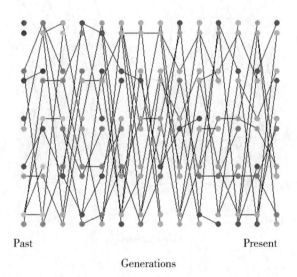

Past   Present

Generations

> simulate. pop(N. vec = rep(5, 15), const. RS = TRUE, mutation = FALSE, for. class = TRUE, initial. state ="two. alleles")

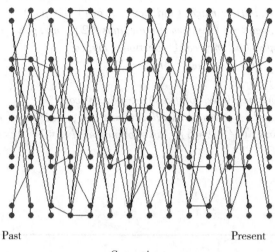

Past   Present

Generations

> *simulate. pop*(*N. vec = single. crash*, *const. RS = TRUE*, *mutation = FALSE*, *for. class = TRUE*, *initial. state =" all. diff"*)

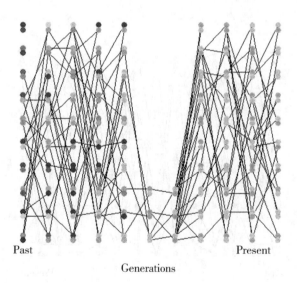

Past   Present

Generations

> *simulate. pop*(*N. vec = repeated. crash*, *const. RS = TRUE*, *mutation = FALSE*, *for. class = TRUE*, *initial. state =" all. diff"*)

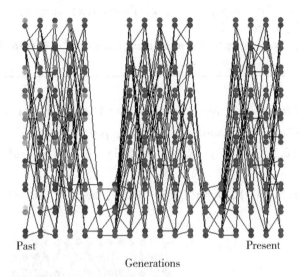

Past   Present

Generations

> $simulate.pop(N.vec = rep(10, 10), const.RS = FALSE, mutation = FALSE,$
$for.class = TRUE, initial.state = "all.diff")$

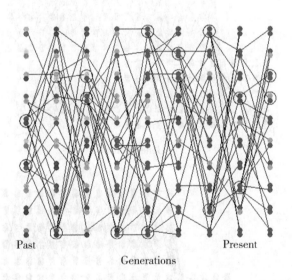

Past   Present

Generations

```
####Incomplete lineage sorting
one.out.of.3 <- c(rep(1, 5), rep(0, 10))
two.out.of.3 <- c(rep(1, 5), rep(2, 5), rep(0, 5))
three.out.of.3 <- c(rep(1, 5), rep(2, 5), rep(3, 5))
pops <- list()
pops[["ind.pop.par"]] <- matrix(c(rep(one.out.of.3, 5), c(rep(1, 10), rep(0,
5)), rep(two.out.of.3, 4), c(rep(1, 5), rep(2, 10)), rep(three.out.of.3, 15)),
nrow = 15)
```

```
N.vec <- apply(pops[["ind.pop.par"]], 2, function(x){sum(x! = 0)})
num.gens <- length(N.vec) - 1
pops[["ind.pop"]] <- sapply(1: num.gens, function(i){c(rep(1, 5), rep(2, 5),
rep(3, 5))})
```

> simulate.pop(N.vec = N.vec, const.RS = TRUE, mutation = FALSE, for.class = TRUE, initial.state ="all.diff", mult.pop = TRUE, pops = pops)
> lines(x = c(6.5, 100), y = c(5.5, 5.5), lwd = 4, col = "darkgrey")##show barrier to migration
> lines(x = c(11.5, 100), y = c(10.5, 10.5), lwd = 4, col = "darkgrey")

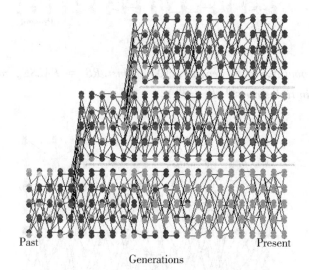

> *simulate. pop*(*N. vec* = *N. vec*, *const. RS* = *TRUE*, *mutation* = *FALSE*, *for. class* = *TRUE*, *initial. state* ="*single. mut*", *mult. pop* = *TRUE*, *pops* = *pops*)

> *lines*(*x* = *c*(6.5, 100), *y* = *c*(5.5, 5.5), *lwd* = 4, *col* = "*darkgrey*")##*show barrier to migration*

> *lines*(*x* = *c*(11.5, 100), *y* = *c*(10.5, 10.5), *lwd* = 4, *col* ="*darkgrey*")

```
one. out. of. 2<-c (rep (1, 5), rep (0, 5) )
two. out. of. 2<-c (rep (1, 5), rep (2, 5) )
ind. pop. par< - matrix ( c ( rep ( one. out. of. 2, 5 ), rep ( 1, 10 ), rep ( two. out. of. 2,
8 ) ), nrow = 10)
N. vec<-apply ( ind. pop. par, 2, function (x) {sum (x! =0) } )
ind. pop< - sapply ( 1: ncol ( ind. pop. par), function (i)      {c ( rep (1, 5), rep (2,
5) ) } )
```

> *simulate. pop*(*N. vec* = *N. vec*, *const. RS* = *TRUE*, *mutation* = *FALSE*, *for. class* = *TRUE*, *initial. state* ="*two. alleles*", *mult. pop* = *TRUE*, *pops* = *pops*, *plot. freqs* = *TRUE*)

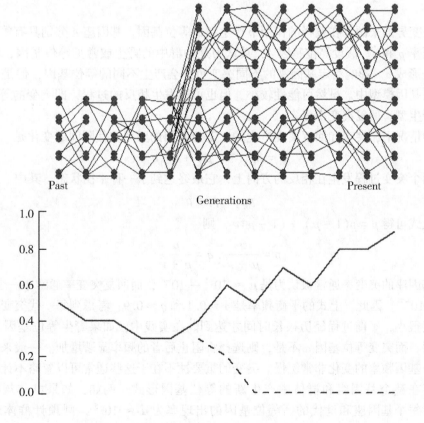

> *simulate. pop*(*N. vec* = *rep*(5, 20), *const. RS* = *TRUE*, *mutation* = *FALSE*, *for. class* =

TRUE，*initial. state* =" *single. mut*")

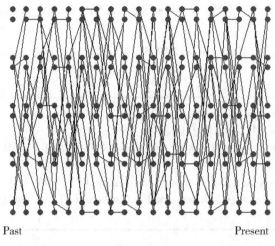

Past　　　　　　　　　　　　　　　　Present

Generations

第二节　突变

突变是变异的来源，在选择的作用下产生新的等位基因。基因座 A 分别具有等位基因 A 和 a 以及频率 p 和 q。假设等位基因 A，被认为是种群中的野生或常见等位基因，以每代的概率 u 突变形成 a。影响给定基因座的不同突变可能会产生不同的等位基因，但是可以包含在单个等位基因模型中。虽然可能性较小，但也可能发生相反的过程，即突变的等位基因 a 逆转为其野生型，回复突变率为 v。

在这种情况下，突变和回复突变产生的 A 等位基因的频率在代际间的变化是

$$p_t = p_{t-1}(1 - \mu) + q_{t-1}v$$

由于两个突变过程发生在相反的方向上，它最终达到了一种平衡状态，其中

$$p_{t-1} = p_t = \widehat{p}$$

替代上式可得 $\widehat{p} = \widehat{p}(1 - \mu) + (1 - \widehat{p})v$，则

$$\widehat{p} = \frac{v}{\mu + v}, \widehat{q} = \frac{\mu}{\mu + v}$$

每个基因座的突变率通常被认为是 $\mu \approx 10^{-5} - 10^{-6}$，而回复突变率通常小一个数量级，$v \approx 10^{-6} - 10^{-7}$。因此，上式的平衡频率是 $\widehat{p} \approx 0.1$ 和 $\widehat{q} \approx 0.9$，考虑到每一代突变产生的频率变化幅度很小，平衡过程经历很长时间才达到。在实践中，如果野生等位基因 A 是功能性等位基因，而突变等位基因 a 不是，则选择将阻止后者的频率显著增加。一般来说，突变产生的等位基因频率的变化非常缓慢。突变的重要性不在于这些通常可以忽略不计的频率变化，而在于在整个基因组和群体中产生新的等位基因形式。例如，如果群体规模为 $N =$ 1000，假设每个基因座和世代的新等位基因的出现率为 $\mu \approx 10^{-5}$，则预计群体中将出生 $2Nu = 0.02$ 个个体，即每 100 个体中出现两个个体，在相关基因座中有一个突变。如果考虑整个基因组并假设有 20000 个基因座具有相同的突变率，那么在整个种群出现的新突变

的数量将是每代 400 个。

> *simulate. pop*(*N. vec* = *rep*(5，30)，*const. RS* = *TRUE*，*mutation* = *TRUE*，*mut. rate* = 0. 1，*for. class* = *TRUE*，*initial. state* ="*all. black*")

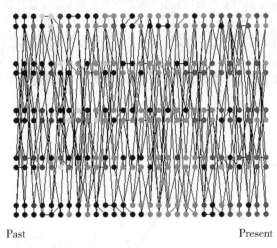

Past   Present

Generations

> *simulate. pop*(*N. vec* = *rep*(5，30)，*const. RS* = *TRUE*，*mutation* = *TRUE*，*mut. rate* = 0. 2，*for. class* = *TRUE*，*initial. state* ="*all. black*")

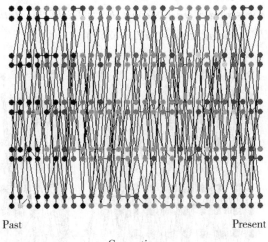

Past   Present

Generations

> *simulate. pop*(*N. vec* = *rep*(5，30)，*const. RS* = *TRUE*，*mutation* = *TRUE*，*for. class* = *TRUE*，*plot. freqs* = *TRUE*，*initial. state* ="*all. black*")

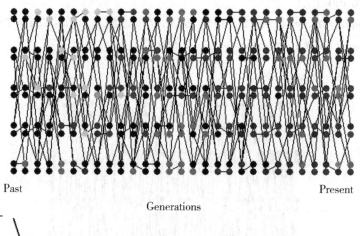

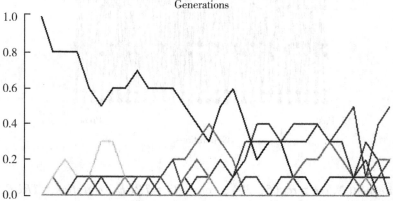

> $single.\,crash < - c(rep(10,\,10),\ rep(3,\,2),\ rep(10,\,5))$

> $simulate.\,pop(N.\,vec = single.\,crash,\ const.\,RS = TRUE,\ mutation = TRUE,\ mut.\,rate =$
$0.\,05,\ for.\,class = TRUE,\ initial.\,state = "all.\,black")$

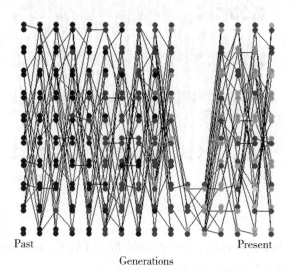

```
> pop. growth < - c(rep(2, 3), 2^c(1: 4, 4))
> simulate. pop( N. vec = pop. growth, const. RS = TRUE, mutation = TRUE, mut. rate =
0. 05, for. class = TRUE, initial. state ="all. black")
```

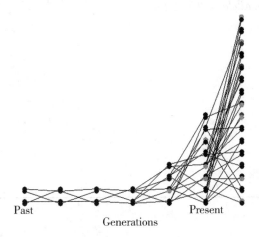

考虑基因型 *AA*、*AB*、*AC*、*BB*、*BC*、*CC*，这些基因型可以编码在一个 6 行（个体）和 3 列（等位基因）的矩阵中。

```
install. packages( c( "RgoogleMaps",
                      "geosphere",
                      "proto",
                      "sampling",
                      "seqinr",
                      "spacetime",
                      "spdep"),
                 dependencies = TRUE)
library( devtools)
install_github( "dyerlab/popgraph")
install_github( "dyerlab/gstudio")
```

```
> library(gstudio)
> loci < - c(locus(c( "A", "A")), locus(c( "A", "B")), locus(c( "A", "C")),
locus(c( "B", "B")), locus(c( "B", "C")), locus(c( "C", "C")))
> loci
[1] " A: A" " A: B" " A: C" " B: B" " B: C" " C: C"
> mv. genos <- to_mv (loci)
> mv. genos
       A   B   C
[1,] 1.0 0.0 0.0
[2,] 0.5 0.5 0.0
[3,] 0.5 0.0 0.5
```

```
[4,] 0.0 1.0 0.0
[5,] 0.0 0.5 0.5
[6,] 0.0 0.0 1.0
> to_mv(loci, drop.allele = TRUE)
        A   B
[1,] 1.0 0.0
[2,] 0.5 0.5
[3,] 0.5 0.0
[4,] 0.0 1.0
[5,] 0.0 0.5
[6,] 0.0 0.0
```

1. 固定等位基因模型

```
p <- 0.75
mu <- 0.75e-2
nu <- 1e-2
T <- seq(1, 3000000, by = 5000)
p <- rep(p, length(T))
for(i in 2:length(T)){
   pt <- p[i-1]
   p[i] <- (1-mu) * pt + (1-pt) * nu
}
mydrift <- data.frame(T, p)
# 使用 pivot_longer 让数据易于绘图
mydrift_long <- pivot_longer(mydrift, -T, names_to = "p", values_to = "pop")
# 画图
ggplot(mydrift_long, aes(T, pop, colour = p)) +
   geom_line() + xlab("Generation(t)") + ylab("p")
```

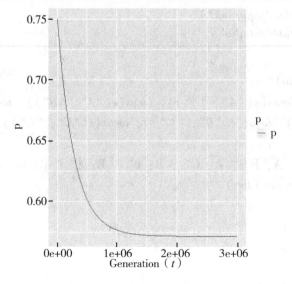

给定 μ 和 ν 的值，最终频率将随时间变化，趋向于某个平衡频率 $\hat{p}$。变化率 δp 取决于初始等位基因频率与 $\hat{p}$ 的距离以及突变率的差异 $|\mu - \nu|$。

突变的后果明显但非常缓慢。如上图，等位基因频率从 $p = 0.75$ 到 $p = 0.60$ 需要大约 50 万代。

$$p_t = \frac{\nu}{\mu + \nu} + \left(p_0 - \frac{\nu}{\mu + \nu} \right) (1 - \mu - \nu)^t$$

上式各项含义：

（1）等位基因在种群最终稳定频率 $\dfrac{\nu}{\mu + \nu}$；

（2）初始代频率离最终稳定频率的距离 $\left(p_0 - \dfrac{\nu}{\mu + \nu} \right)$；

（3）两个方向突变频率改变的速率 $(1 - \mu - \nu)$；

（4）时间长度 t（以世代为单位）。

2. 突变和近交

$$F_{t+1} = \frac{1}{2N_e} + \left(1 - \frac{1}{2N_e} \right) F_t$$

其中，$\dfrac{1}{2N_e}$ 是同一世代一个位点两个等位基因相同，且由近亲交配复制相同祖先基因的概率，即自系纯合（autozygous）。$\left(1 - \dfrac{1}{2N_e} \right) F_t$ 是上一世代纯合子个体中自系纯合的概率。

对于任何特定基因座，突变可能发生 0、1、2 次。如果个体是 AA，则突变会将此基因型改变为杂合子。AB 基因型不能突变为自系纯合状态，因为它们的等位基因不能来自同一祖先。因此，只有具有 0 个突变事件的基因型［以 $(1 - \mu)^2$ 率）使 F 增加。

$$F_{t+1} = \left[\frac{1}{2N_e} + \left(1 - \frac{1}{2N_e} \right) F_t \right] (1 - \mu)^2$$

```
T <- 1:100
F <- 1/16
mu <- 1/1000
Ne <- 10
F0 <- rep(0, 100)
Fmu <- rep(0, 100)
inc <- 1/(2*Ne)
for(t in 2:max(T)){
  F0[t] <- inc + (1 - inc) * F0[t - 1]
  Fmu[t] <- (inc + (1 - inc) * Fmu[t - 1]) * (1 - mu)^2
}
mydrift <- data.frame(T, F0, Fmu)
# 使用 pivot_longer 让数据易于绘图
mydrift_long <- pivot_longer(mydrift, -T, names_to = "F", values_to = "pop")
# 画图
ggplot(mydrift_long, aes(T, pop, colour = F)) +  geom_line() + xlab("Generation
(t)") + ylab("F")
```

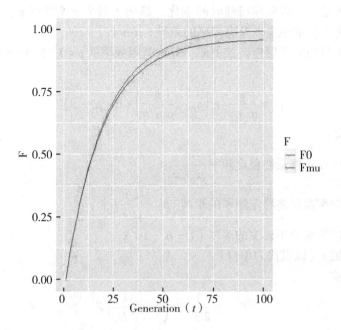

虽然突变可以在很大程度上影响近亲繁殖，但它的影响相对较小。在上图中经过 100 代之后，即使 $Ne=10$，等位基因频率也只有 $\delta p = 0.0372$ 的差异。

如果我们令 $F_{t+1}=F_t$，并求解，平衡时近交水平为

$$\widehat{F} = \frac{1 - 2\mu}{4 N_e \mu + 1 - 2\mu} \approx \frac{1}{4 N_e \mu + 1}$$

第三节　迁移

假设一个大群体每一代中由比例 m 的新移民组成，其余的 $1-m$ 是本地群体。令某个基因的频率在移民中为 q_m，在本地群体中为 q_0。那么基因在混合种群中的频率 q_1 将是

$$q_1 = m q_m + (1 - m) q_0$$
$$= m(q_m - q_0) + q_0$$

一世代迁徙带来的基因频率变化 Δq 是迁徙前的频率和迁徙后的频率之差。所以

$$\Delta q = q_1 - q_0$$
$$= m(q_m - q_0)$$

因此，受迁徙影响的群体中基因频率的变化率取决于迁徙率以及外来和本地群体之间基因频率的差异。

最简单的模型是岛屿-大陆模型（a），其中有大群体（大陆）和小群体（岛屿），由于两者之间的迁移而存在基因流动，速率每代 m。大陆相对于岛屿有较大规模，迁徙只会显著影响岛屿。如果大陆的等位基因 A 的频率是 P，假设保持不变；而在岛上，给定世代中是 p_{t-1}，那么下一代岛上的等位基因频率将是

$$p_t = p_{t-1}(1 - m) + Pm$$

上式两边减去 P，得

$$(p_t - P) = (p_{t-1} - P)(1 - m)$$

由此可见，等位基因频率在岛屿（p）和大陆（P）之间的差异每一代都减少（$1-m$），相对于初始差异，

$$(p_t - P) = (p_0 - P)(1 - m)^t$$

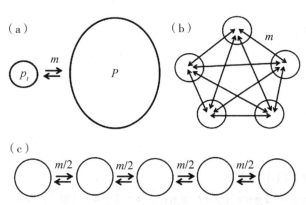

注：迁移的群体模型。（a）岛屿-大陆模型。（b）岛屿模型。（c）垫脚石模型。m 是每一世代岛屿迁移的基因比例。

另一个分析迁移的模型是岛屿模型（b），它假设许多种群大小相同且相互交配，其中迁移随机发生在岛屿中的任何两个之间，每一世代，m 比例基因离开任一种群并以相同的概率被进入任何其他种群。该模型中等位基因频率的代际变化也由上式表示，因此 p 是给定群体中的频率，P 是所有群体频率的平均值。

以上过程的结果是岛屿的等位基因频率将逐渐接近大陆上的频率（或岛屿的平均值），直到差异消失，即迁移产生等位基因频率的同质化。迁移对等位基因频率的影响远大于突变，因为迁移率（m）通常远高于突变率（u）。此外，垫脚石模型（c），即种群迁移发生在相邻种群之间，在相同迁移率的情况下，迁移的均质化效果小于岛屿模型。

R 代码如下。

```
N <- 100
p_0 <- 1
q_0 <- 0
# 创建第一代组1
agent1 <- data.frame(gene = sample(c("A", "a"), N, replace = TRUE,
                prob = c(p_0, 1 - p_0)),
                group = 1)
# 创建第一代组2
agent2 <- data.frame(gene = sample(c("A", "a"), N, replace = TRUE,
                prob = c(q_0, 1 - q_0)),
                group = 2)
# 组合两组数据
agent <- rbind(agent1, agent2)
```

> agent [1: 5,]
gene group

```
1    A    1
2    A    1
3    A    1
4    A    1
5    A    1
> agent [(N+1):(N+5),]
    gene group
101    a    2
102    a    2
103    a    2
104    a    2
105    a    2
```

计算 A 在 1 组和 2 组中的频率

```
> p <- sum(agent $gene[agent $group == 1] == "A")/N
> q <- sum(agent $gene[agent $group == 2] == "A")/N
> paste("p =", p)
[1] " p = 1"
> paste("q =", q)
[1] " q = 0"
```

```
# 设迁徙率为 0.1
m <- 0.1
probs <- runif(1:(2*N))
# 以概率 m，将基因添加到迁徙列表中
migrants <- agent $gene[probs < m]
# 记录随机迁徙个体
agent $gene[probs < m] <- sample(migrants, length(migrants))
p <- sum(agent $gene[agent $group == 1] == "A")/N
q <- sum(agent $gene[agent $group == 2] == "A")/N
```

```
> paste("p =", p)
[1] " p = 0.94"
> paste("q =", q)
[1] " q = 0.06"
```

```
Migration <- function(N, p_0, q_0, m, t_max){
  output <- data.frame(p = rep(NA, t_max), q = rep(NA, t_max))
  agent1 <- data.frame(gene = sample(c("A", "a"), N, replace = TRUE,
                       prob = c(p_0, 1 - p_0)),
                       group = 1)
  agent2 <- data.frame(gene = sample(c("A", "a"), N, replace = TRUE,
                       prob = c(q_0, 1 - q_0)),
```

```
                            group = 2)
agent <- rbind(agent1, agent2)
output $p[1] <- sum(agent $gene[agent $group == 1] == "A")/N
output $q[1] <- sum(agent $gene[agent $group == 2] == "A")/N
for(t in 2: t_max){
    probs <- runif(1: (2 * N))
    migrants <- agent $gene[probs < m]
    agent $gene[probs < m] <- sample(migrants, length(migrants))
    output $p[t] <- sum(agent $gene[agent $group == 1] == "A")/N
    output $q[t] <- sum(agent $gene[agent $group == 2] == "A")/N
}
plot(x = 1: nrow(output), y = output $p,
     type = 'l',
     col = "orange",
     ylab = "proportion of agents with gene A",
     xlab = "generation",
     ylim = c(0, 1),
     main = paste("N = ", N, ", m = ", m, sep = ""))
lines(x = 1: nrow(output), y = output $q, col = "royalblue")
legend("topright",
       legend = c("p(group 1)", "q(group 2)"),
       lty = 1,
       col = c("orange", "royalblue"),
       bty = "n")
output
}
```

> Migration (N = 10000, p_0 = 1, q_0 = 0, m = 0.1, t_max = 100)

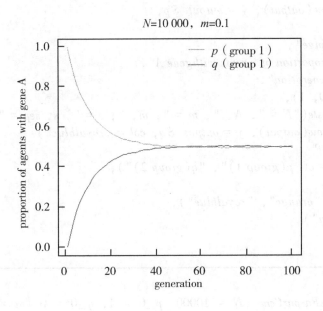

N=10 000, m=0.1

假设基因 A 在群体 1 中更有优势，基因 a 在群体 2 中更有优势。参数 s 决定了这种有偏差的强度，假设偏差在每个组的强度相等，但方向相反。

```
MigrationPlusFavourGene <- function(N, p_0, q_0, m, s, t_max){
  output <- data.frame(p = rep(NA, t_max), q = rep(NA, t_max))
  agent1 <- data.frame(gene = sample(c("A", "a"), N, replace = TRUE,
                    prob = c(p_0, 1 - p_0)),
                    group = 1)
  agent2 <- data.frame(gene = sample(c("A", "a"), N, replace = TRUE,
                    prob = c(q_0, 1 - q_0)),
                    group = 2)
  agent <- rbind(agent1, agent2)
  output $p[1] <- sum(agent $gene[agent $group == 1] == "A")/N
  output $q[1] <- sum(agent $gene[agent $group == 2] == "A")/N
  for(t in 2: t_max){
    probs <- runif(1: (2*N))
    migrants <- agent $gene[probs < m]
    agent $gene[probs < m] <- sample(migrants, length(migrants))
    copy <- runif(2*N)
    demonstrator_gene <- sample(agent $ gene[agent $ group == 1], N, replace
= TRUE)
    # 如果 demonstrator 是 A 并且概率为 s，则从 demonstrator 中复制 A
    agent $gene[agent $group == 1 & demonstrator_gene == "A" & copy < s] <- "A"
    demonstrator_gene <- sample(agent $ gene[agent $ group == 2], N, replace
= TRUE)
    agent $gene[agent $group == 2 & demonstrator_gene == "a" & copy < s] <- "a"
    output $p[t] <- sum(agent $gene[agent $group == 1] == "A")/N
    output $q[t] <- sum(agent $gene[agent $group == 2] == "A")/N
  }
  plot(x = 1: nrow(output), y = output $p,
      type = 'l',
      col = "orange",
      ylab = "proportion of agents withgene A",
      xlab = "generation",
      ylim = c(0, 1),
      main = paste("N = ", N, ", m = ", m, ", s = ", s, sep = ""))
  lines(x = 1: nrow(output), y = output $q, col = "royalblue")
  legend("topright",
        legend = c("p(group 1)", "q(group 2)"),
        lty = 1,
        col = c("orange", "royalblue"),
        bty = "n")
  output
}
```

> MigrationPlusFavourGene ($N = 10000$, $p\_0 = 1$, $q\_0 = 0$, $m = 0.1$, $s = 0.1$, t

_max = 100)

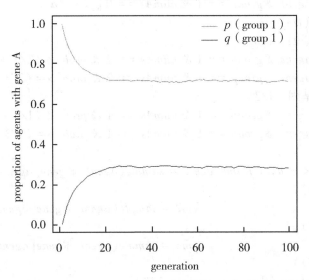

N=10 000，m=0.1，s=0.1

群体 1 大约 70% 为 A，30% 为 a；而群体 2 大约 30% 为 A，70% 为 a，维持两个群体的基因差异。

从众迁移

```
MigrationPlusConformity <- function(N, p_0, q_0, m, D, t_max){
  output <- data.frame(p = rep(NA, t_max), q = rep(NA, t_max))
  agent1 <- data.frame(gene = sample(c("A", "a"), N, replace = TRUE,
                       prob = c(p_0, 1 - p_0)),
                       group = 1)
  agent2 <- data.frame(gene = sample(c("A", "a"), N, replace = TRUE,
                       prob = c(q_0, 1 - q_0)),
                       group = 2)
  agent <- rbind(agent1, agent2)
  output $p[1] <- sum(agent $gene[agent $group == 1] == "A")/ N
  output $q[1] <- sum(agent $gene[agent $group == 2] == "A")/ N
  for(t in 2: t_max){
    probs <- runif(1: (2 * N))
    migrants <- agent $gene[probs < m]
    agent $gene[probs < m] <- sample(migrants, length(migrants))
    demonstrators <- data.frame(dem1 = sample(agent $gene[agent $group == 1],
N, replace = TRUE),
                                dem2 = sample(agent $gene[agent $group == 1],
N, replace = TRUE),
                                dem3 = sample(agent $gene[agent $group == 1],
N, replace = TRUE))
```

```
    numAs <- rowSums(demonstrators == "A")
    agent $gene[agent $group == 1 & numAs == 3] <- "A"
    agent $gene[agent $group == 1 & numAs == 0] <- "a"
    prob <- runif(N)
    # 当 A 为多数基因, 2/3
    agent $gene[agent $group == 1 & numAs == 2 & prob < (2/3 + D/3)] <- "A"
    agent $gene[agent $group == 1 & numAs == 2 & prob >= (2/3 + D/3)] <- "a"
    # 当 A 为少数基因, 1/3
    agent $gene[agent $group == 1 & numAs == 1 & prob < (1/3 - D/3)] <- "A"
    agent $gene[agent $group == 1 & numAs == 1 & prob >= (1/3 - D/3)] <- "a"
    # 群体 2
    demonstrators <- data.frame(dem1 = sample(agent $gene[agent $group == 2],
N, replace = TRUE),
                                dem2 = sample(agent $gene[agent $group == 2],
N, replace = TRUE),
                                dem3 = sample(agent $gene[agent $group == 2],
N, replace = TRUE))
    numAs <- rowSums(demonstrators == "A")
    agent $gene[agent $group == 2 & numAs == 3] <- "A"
    agent $gene[agent $group == 2 & numAs == 0] <- "a"
    prob <- runif(N)
    # 当 A 为多数基因, 2/3
    agent $gene[agent $group == 2 & numAs == 2 & prob < (2/3 + D/3)] <- "A"
    agent $gene[agent $group == 2 & numAs == 2 & prob >= (2/3 + D/3)] <- "a"
    # 当 A 为少数基因, 1/3
    agent $gene[agent $group == 2 & numAs == 1 & prob < (1/3 - D/3)] <- "A"
    agent $gene[agent $group == 2 & numAs == 1 & prob >= (1/3 - D/3)]
<- "a"
    output $p[t] <- sum(agent $gene[agent $group == 1] == "A")/ N
    output $q[t] <- sum(agent $gene[agent $group == 2] == "A")/ N
  }
plot(x = 1: nrow(output), y = output $p,
     type = 'l',
     col = "orange",
     ylab = "proportion of agents withgene A",
     xlab = "generation", ylim = c(0, 1),
     main = paste("N = ", N, ", m = ", m, ", D = ", D, sep = ""))
lines(x = 1: nrow(output), y = output $q, col = "royalblue")
legend("topright",
       legend = c("p(group 1)", "q(group 2)"),
       lty = 1,
       col = c("orange", "royalblue"),
```

```
            bty = "n")
    output
}
```

在适度从众模型中，$D = 0.2$，即采用多数基因的比例为 20%，维持两个群体的基因差异。

> $MigrationPlusConformity(N = 10000, p\_0 = 1, q\_0 = 0, m = 0.05, D = 0.2, t\_max = 1000)$

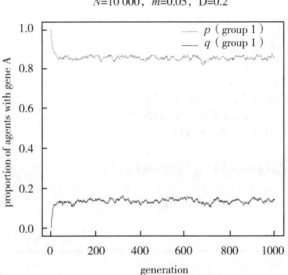

$$N=10\,000, \quad m=0.05, \quad D=0.2$$

推导迁移模型的平衡频率，以解释每群体中 A 的频率收敛于两群体 A 的初始平均频率。因为在这个模型中不考虑突变和漂变，所以在考虑整个种群时，不可能出现新 A，现有的 A 也永远不会消失。因此，从第一代到最后一代，A 在整个群体中的总频率将始终保持不变，即 A 在整个群体中的频率是 A 在两群体中的平均频率，$\bar{x}$ 是常数。

$$p_t = p_{t-1}(1 - m) + \bar{x}m$$

改写上式为

$$p_t - \bar{x} = (p_{t-1} - x)(1 - m)$$

递归上式得

$$p_t - \bar{x} = (p_0 - \bar{x})(1 - m)^t$$

经过许多世代后，当 t 变得非常大时，右边最后一项的 t 次幂近似于零，即平衡时

$$p^* = \bar{x}$$

```
MigrationRecursion <- function(m, t_max, p_0, q_0){
  p <- rep(0, t_max)
  p[1] <- p_0
  q <- rep(0, t_max)
  q[1] <- q_0
  for(i in 2: t_max){
    x_bar <- (p[i - 1] + q[i - 1])/2
    p[i] <- p[i - 1] * (1 - m) + x_bar * m
    q[i] <- q[i - 1] * (1 - m) + x_bar * m
  }
  plot(x = 1: t_max, y = p,
       type = "l",
       ylim = c(0, 1),
       ylab = "frequency of Agene",
       xlab = "generation",
       col = "orange",
       main = paste("m = ", m, sep = ""))
  lines(x = 1: t_max, y = q, col = "royalblue")
  abline(h = (p_0 + q_0)/2, lty = 3)
  legend("topright",
         legend = c("p(group 1)", "q(group 2)"),
         lty = 1,
         col = c("orange", "royalblue"),
         bty = "n")
  }
```

> MigrationRecursion(m = 0.1, t_max = 100, p_0 = 1, q_0 = 0)

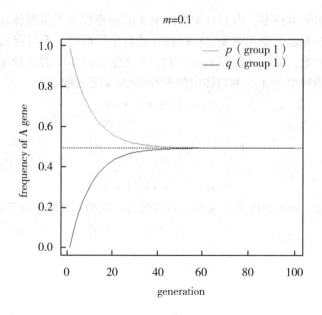

> *MigrationRecursion*(*m* = 0. 1 , *t*_max = 100 , *p*_0 = 0. 45 , *q*_0 = 0. 9)

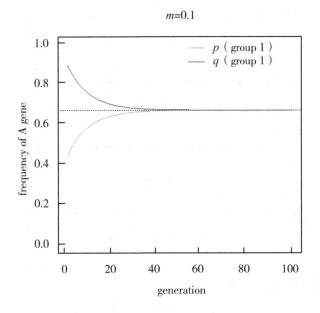

第四节　选择

亲本对后代的贡献称为个体的适应度，也称为适应值或选择值。选择强度用选择系数 s 表示，它是特定基因型的配子贡献与标准基因型相比减少的比例。

1. 选择下基因频率的变化

	基因型			
	$A_1 A_1$	$A_1 A_2$	$A_2 A_2$	合计
初始频率	p^2	$2pq$	q^2	1
选择系数	0	0	s	
适应度	1	1	$1-s$	
配子贡献	p^2	$2pq$	$q^2(1-s)$	$1-sq^2$

因此新一世代基因频率是

$$q_1 = \frac{q^2(1-s) + pq}{1 - sq^2}$$

由 $p = 1 - q$ 简化公式得

$$q_1 = \frac{q - sq^2}{1 - sq^2}$$

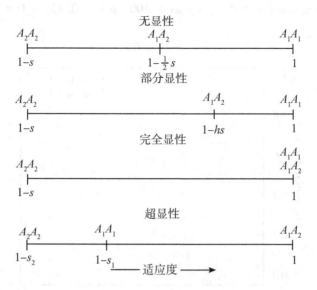

基因频率的变化 $\Delta q = q_1 - q$ 为

$$\Delta q = -\frac{s\,q^2(1-q)}{1-s\,q^2}$$

初始基因型频率和适应度			新的基因频率	基因频率变化
A_1A_1	A_1A_2	A_2A_2	q_1	$\Delta q = q_1 - q$
p^2	$2pq$	q^2		
(1) 1	$1-\dfrac{1}{2}s$	$1-s$	$\dfrac{q-\dfrac{1}{2}sq-\dfrac{1}{2}s\,q^2}{1-sq}$	$-\dfrac{\dfrac{1}{2}sq(1-q)}{1-sq}$
(2) 1	$1-hs$	$1-s$	$\dfrac{q-hspq-s\,q^2}{1-2hspq-s\,q^2}$	$-\dfrac{spq[\,q+h(p-q)\,]}{1-2hspq-s\,q^2}$
(3) 1	1	$1-s$	$\dfrac{q-s\,q^2}{1-s\,q^2}$	$-\dfrac{s\,q^2(1-q)}{1-s\,q^2}$
(4) $1-s$	$1-s$	1	$\dfrac{q-sq+s\,q^2}{1-s(1-q^2)}$	$+\dfrac{s\,q^2(1-q)}{1-s(1-q^2)}$
(5) $1-s_1$	1	$1-s_2$	$\dfrac{q-s_2\,q^2}{1-s_1p^2-s_2\,q^2}$	$+\dfrac{pq(s_1p-s_2q)}{1-s_1p^2-s_2\,q^2}$

（1）无显性，对 A_2 选择。

（2）A_1 对 A_2 部分显性，对 A_2 选择。

（3）A_1 完全显性，对 A_2 选择。

（4）A_1 完全显性，对 A_1 选择。

（5）超显性，对 A_1A_1 和 A_2A_2 选择（也适用于任何程度的显性，相对于 A_1A_2 的适应度）。

如果选择系数 s 或基因频率 q 很小，那么上表等式的分母变得非常接近 1，可以只使用分子作为 Δq 的表达式。那么对于任何方向的选择，无显性时：

$$\Delta q = \pm \frac{1}{2} sq(1 - q) \text{（近似）}$$

完全显性时：

$$\Delta q = \pm \frac{1}{2} sq^2(1 - q) \text{（近似）}$$

所需世代数

将 $s = 1$ 代入等式，q_0，q_1，q_2，$\cdots$，q_t 是 0，1，2，$\cdots$，t 代选择后的基因频率，得

$$q_1 = \frac{q_0}{1 + q_0}$$

$$q_2 = \frac{q_1}{1 + q_1}$$

$$= \frac{q_0}{1 + 2q_0}$$

则

$$q_t = \frac{q_0}{1 + t q_0}$$

可以推导出

$$t = \frac{q_0 - q_t}{q_0 q_t}$$

$$= \frac{1}{q_t} - \frac{1}{q_0}$$

2. 突变与选择之间的平衡

基因（A_2）的频率为 q，突变率为 μ 和 ν，选择系数 s，部分显性基因频率变化的表达式：

$$\mu p - \nu q = \frac{spq[q + h(p - q)]}{1 - 2hspq - s q^2}$$

如果 q 较小，νq 可以忽略，可以使用选择效果的近似表达式（即将分母设置为 1），则 $\mu p \approx spq[q + h(p - q)]$。对于 A_2 隐性基因（$h = 0$）、A_2 无显性（$h = 0.5$）和 A_2 显性（$h = 1$）的特殊情况，该表达式可以进一步简化。完全隐性基因的平衡条件：

$$\mu \approx s q^2$$

$$q \approx \sqrt{(\mu/s)}$$

对于无显性的基因，表达式简化为 $\mu \approx 0.5sq$，所以平衡条件：

$$q \approx 2\mu/s$$

对于完全显性基因的选择，表达式简化为 $\mu \approx spq$，并且

$$qp \approx \mu/s \text{ 或 } H \approx 2\mu/s$$

其中 H 是杂合子的频率，μ 是显性等位基因的突变率。如果突变基因很少，则 H 非常接近群体中突变表型的频率。

3. 有利于杂合子的选择

当选择有利于杂合子时，基因频率趋向于中间值的平衡，两个等位基因即使没有突变也会留在群体中。

$$\Delta q = \frac{pq(s_1 p - s_2 q)}{1 - s_1 p^2 - s_2 q^2}$$

平衡的条件是 $\Delta q = 0$，即 $s_1 p = s_2 q$。因此，平衡时的基因频率是

$$\frac{p}{q} = \frac{s_2}{s_1} \text{ 或 } q = \frac{s_1}{s_1 + s_2}$$

如果 q 大于它的平衡值（但不是 1），p 较小，$s_1 p$ 将小于 $s_2 q$，Δq 将为负，即 q 将减小。类似地，如果 q 小于其平衡值（但不是 0），它将增加。基因频率不取决于杂合子的优势程度，而且取决于一个杂合子与另一个杂合子的相对优劣程度。

4. 适应性

```
# 每个后代的基因型数
a <- c(A1A1 = 16, A1A2 = 16, A2A2 = 11)
# 最大适应性
max_fit <- max(a)
# 相对适应性
rel_fit <- a/max_fit
# 定义基因型频率
geno_freq <- c(A1A1 = 0.65, A1A2 = 0.15, A2A2 = 0.2)
# 计算群体平均适应性
w_bar <- sum(rel_fit * geno_freq)
# 计算基因频率
n <- 2 * sum(a)
p <- ((a["A1A1"] * 2) + a["A1A2"])/n
q <- 1 - p
# 边缘适应性
w1 <- (p * rel_fit["A1A1"]) + (q * rel_fit["A1A2"])
w2 <- (p * rel_fit["A1A2"]) + (q * rel_fit["A2A2"])
```

经过一世代选择 A_1 的频率

```
> p_t <- (p * w1) /w_bar
> delta_p <- p_t - p
> delta_p
      A1A1
```

0.0372093

5. 单位点模型下的模拟选择

```
selection_model_simple <- function (p, rel_fit) {
  #定义 q
  q <- 1 - p
  #计算基因型频率（HWE）
```

```
    gf <- c(p^2, 2 * (p * q), q^2)
  #计算群体平均适应性
w_bar <- sum(rel_fit * gf)
  #计算边缘等位基因频率
  w1 <- (p * rel_fit[1]) + (q * rel_fit[2])
  w2 <- (p * rel_fit[2]) + (q * rel_fit[3])
  #计算下一世代 p 频率
  p_t <- (p * w1)/w_bar
  #返回结果
  return(p_t)
}
#初始值
p_init <- 0.5
ngen <- 100
rel_fit <- c(1, 1, 0.75)
p <- rep(NA, ngen)
p[1] <- p_init
for(i in 2: ngen){
  p[i] <- selection_model_simple(p = p[i - 1], rel_fit = rel_fit)
}
plot(p, type = "l", xlab = "Generation")
```

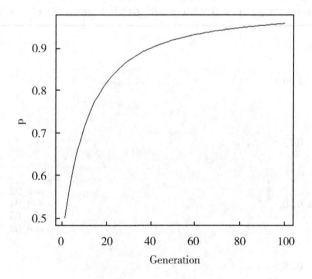

```
selection_sim_simple <- function (p_init, rel_fit, ngen) {
  p <- rep (NA, ngen)
  p [1] <- p_init
  for (i in 2: ngen) {
```

```
    p [i] <- selection_model_simple (p = p [i-1], rel_fit = rel_fit)
  }
  return (p)
}
```

200 世代中进行 4 次模拟, 将初始频率 p 保持在 0.5。A_2A_2 基因型的相对适应性从 0.2 到 0.8。

```
library(ggplot2)
library(tidyr)
sim_02 <- selection_sim_simple(p_init = 0.5, rel_fit = c(1, 1, 0.2), ngen = 200)
sim_04 <- selection_sim_simple(p_init = 0.5, rel_fit = c(1, 1, 0.4), ngen = 200)
sim_06 <- selection_sim_simple(p_init = 0.5, rel_fit = c(1, 1, 0.6), ngen = 200)
sim_08 <- selection_sim_simple(p_init = 0.5, rel_fit = c(1, 1, 0.8), ngen = 200)
sel_sims <- data.frame(
  g = 1: 200, #世代数
  sim_02,
  sim_04,
  sim_06,
  sim_08
)
sel_sims_l <- pivot_longer(sel_sims, -g, names_to = "rel_fit", values_to = "p")
ggplot(sel_sims_l, aes(x = g, y = p, col = rel_fit)) + geom_line() + ylim(c(0, 1))
```

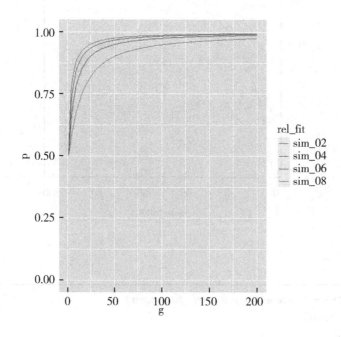

随着 A_1 的边际适应度和平均种群适应度 $\bar{w}$ 之间的差异减小, 每代等位基因频率的比例

增加会减慢。如 w_{22} 为 0.8 时，每代 p 的增加比 w_{22} 为 0.2 时慢。

```
selection_model <- function(p, rel_fit){
  q <- 1 - p
  gf <- c(p^2, 2*(p*q), q^2)
  w_bar <- sum(rel_fit * gf)
  w1 <- (p * rel_fit[1]) + (q * rel_fit[2])
  w2 <- (p * rel_fit[2]) + (q * rel_fit[3])
  p_t <- (p * w1)/w_bar
  output <- c(p = p, q = q, w_bar = w_bar,
              w1 = w1, w2 = w2, p_t = p_t)
  return(output)
}
selection_sim <- function(p_init, rel_fit, ngen){
  mod_pars <- t(selection_model(p = p_init, rel_fit = rel_fit))
  for(i in 2: ngen){
    mod_pars <- rbind(mod_pars, selection_model(p = mod_pars[i - 1, "p_t"], rel_
fit = rel_fit))
  }
  g <- 1: ngen
  return(as.data.frame(cbind(g, mod_pars)))
}
```

```
> selection_model (p = 0.5, rel_fit = c (0.8, 1, 0.7))
          p         q      w_bar        w1        w2       p_t
  0.5000000 0.5000000 0.8750000 0.9000000 0.8500000 0.5142857
> selection_sim (p_init = 0.5, rel_fit = c (0.8, 1, 0.7), ngen = 5)
   g        p         q       w_bar        w1        w2       p_t
1  1 0.5000000 0.5000000 0.8750000 0.9000000 0.8500000 0.5142857
2  2 0.5142857 0.4857143 0.8763265 0.8971429 0.8542857 0.5265021
3  3 0.5265021 0.4734979 0.8772990 0.8946996 0.8579506 0.5369449
4  4 0.5369449 0.4630551 0.8780120 0.8926110 0.8610835 0.5458728
5  5 0.5458728 0.4541272 0.8785351 0.8908254 0.8637618 0.5535093
```

6. 群体中的稀有突变

```
> selection_model (p = 0.99, rel_fit = c (0.7, 1, 0.8))
         p        q     w_bar       w1       w2      p_t
  0.990000 0.010000 0.705950 0.703000 0.998000 0.985863
> selection_model (p = 0.01, rel_fit = c (0.7, 1, 0.8))
           p          q       w_bar         w1         w2        p_t
  0.01000000 0.99000000 0.80395000 0.99700000 0.80200000 0.01240127
```

7. 超显性

```
library(purrr)
p_range <- seq(0, 1, 0.01)
overdom <- map_dfr(p_range, function(z)selection_model(p = z, rel_ fit = c(0.2, 1, 0.4)))
a <- ggplot(overdom, aes(p, w_bar)) + geom_line(colour = "blue", size = 1.5)
a <- a + xlim(0, 1) + ylim(0, 1)
a <- a + xlab("Frequency of A1 - p") + ylab("Mean population fitness")
a + theme_light()
```

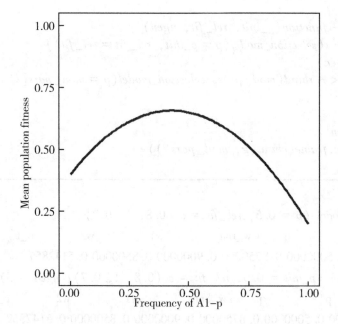

8. 显性不足

```
library(purrr)
p_range <- seq(0, 1, 0.01)
underdom <- map_dfr(p_range, function(z)selection_model(p = z, rel_ fit = c(0.9, 0.3, 1)))
a <- ggplot(underdom, aes(p, w_bar)) + geom_line(colour = "blue", size = 1.5)
a <- a + xlim(0, 1) + ylim(0, 1)
a <- a + xlab("Frequency of A1 - p") + ylab("Mean population fitness")
a + theme_light()
```

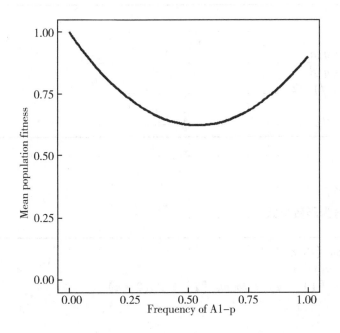

9. F_{st} 固定指数

固定指数测量两个或多个种群之间的遗传分化水平。它的范围从 0（即没有遗传分化）到 1（完全遗传分化）。

$$F_{st} = \frac{H_T - H_S}{H_T}$$

H_T 是期望杂合度，H_S 是群体的平均期望杂合度。

计算与人类乳糖酶耐受性相关的 SNP rs4988235 的 F_{st}。该 SNP 位于染色体 2 上 LCT 基因上游约 14 kb，为 C/T 二等位基因；这个位置的 T 与成年后消化牛奶的能力密切相关，分别抽取 80 个样本，欧洲血统的美国人和以色列的德鲁兹人。基因型计数如下表：

群体	TT	CT	CC
美国人	48	28	4
德鲁兹人	0	3	77

```
a <- c (48, 28, 4)
d <- c (0, 3, 77)
n <- sum (a)
p_a <- ( (a [1] *2) + a [2] ) / (2*n)
p_d <- ( (d [1] *2) + d [2] ) / (2*n)
q_a <- 1 - p_a
q_d <- 1 - p_d
p_t <- (p_a + p_d) /2
```

```
q_t <- 1 - p_t
#预期杂合度
hs_a <- 2 * p_a * q_a
hs_d <- 2 * p_d * q_d
hs <- (hs_a + hs_d) /2
ht <- 2 * p_t * q_t
fst <- (ht - hs) /ht
```

> fst
[1] 0.5973237

将以上过程写为函数形式

```
calc_af <- function (counts) {
  n <- sum (counts)
  p <- ( (counts [1] * 2) + counts [2] ) / (2 * n)
  return (p)
}
calc_fst <- function (p_1, p_2) {
  q_1 <- 1 - p_1
  q_2 <- 1 - p_2
  p_t <- (p_1 + p_2) /2
  q_t <- 1 - p_t
  hs_1 <- 2 * p_1 * q_1
  hs_2 <- 2 * p_2 * q_2
  hs <- (hs_1 + hs_2) /2
  ht <- 2 * p_t * q_t
  fst <- (ht - hs) /ht
  return (fst)
}
af_american <- calc_af (c (48, 28, 4) )
af_druze <- calc_af (c (0, 3, 77) )
calc_fst (af_american, af_druze)
```

10. 真实数据例子

```
library(tidyverse)
lct_counts <- read.table("lct_count.tsv", header = TRUE, sep = "\t")
calc_af(lct_counts[1, 2:4])
p <- apply(lct_counts[, 2:4], 1, calc_af)
lct_freq <- data.frame(pop = lct_counts $pop, p)
af_euram <- filter(lct_freq, pop == "European_American")
af_eastasian <- filter(lct_freq, pop == "East_Asian")
calc_fst(af_euram $p, af_eastasian $p)
af_bedouin <- filter(lct_freq, pop == "Bedouin_Negev_Israel")
calc_fst(af_eastasian $p, af_bedouin $p)
```

11. 沿染色体可视化 F_{ST}

```
lct_snps < - read.table("LCT_snps.tsv", header = TRUE, sep = "\t")
calc_fst(lct_snps[1, "european_americans"], lct_snps[1, "east_asians"])
calc_fst(lct_snps $european_americans, lct_snps $east_asians)
#增加 Fst 列
lct_snps $fst < - calc_fst(lct_snps $european_americans, lct_snps $east_asians)
a < - ggplot(lct_snps, aes(coord, fst)) + geom_point()
a < - a + xlab("Position(Mb)") + ylab(expression(italic(F)[ST]))
a < - a + theme_light()
a
#定义基因的开始和结束位点
lct_start < - 136261885
lct_stop < - 136311220
#计算中间点
lct_mid < - (lct_start + lct_stop)/2
a < - a + geom_vline(xintercept = lct_mid, lty = 2, col = "blue")
a
#id 是 rs4988235 则"Yes"
lct_snps $status < - if_else(lct_snps $snp_id == "rs4988235", "Yes", "No")
a < - ggplot(lct_snps, aes(coord, fst, col = status, size = status)) + geom_point()
a < - a + xlab("Position(Mb)") + ylab(expression(italic(F)[ST]))
a < - a + geom_vline(xintercept = lct_mid, lty = 2, col = "blue")
a < - a + theme_light() + theme(legend.position = "none")
a
#突出 rs4988235 显示
a + scale_colour_manual(values = c("black", "red"))
```

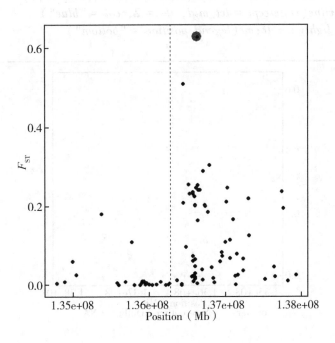

12. 识别 F_{ST} 分布中的异常值

```
ggplot(lct_snps, aes(fst)) + geom_histogram(binwidth = 0.05)
x < - 0: 200
quantile(x, 0.95)
threshold < - quantile(lct_snps $fst, 0.95, na.rm = T)
a < - ggplot(lct_snps, aes(fst)) + geom_histogram(binwidth = 0.05)
a + geom_vline(xintercept = threshold, colour = "red", lty = 2, size = 1)
```

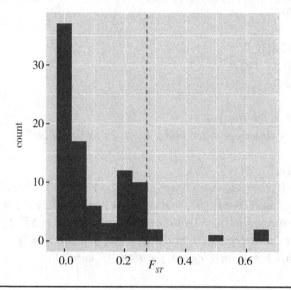

```
lct_snps $outlier < - ifelse(lct_snps $fst > threshold, "Outlier", "Non - outlier")
a < - ggplot(lct_snps, aes(coord, fst, colour = outlier)) + geom_point()
a < - a + xlab("Position(Mb)") + ylab(expression(italic(F)[ST]))
a < - a + geom_vline(xintercept = lct_mid, lty = 2, col = "blue")
a < - a + theme_light() + theme(legend.position = "bottom")
a
```

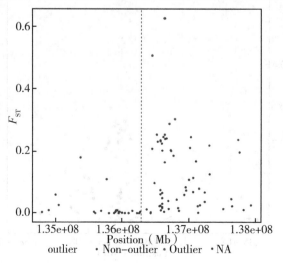

潜在异常 4 个 SNP 被标记在图中，它们都在 LCT 基因座的上游，不能肯定这些 SNP 由于选择而增加了 FST 值，其他过程如遗传漂变或群体历史（瓶颈）可能也是原因。

13. 多位点进化

```
#install.packages("qtl")
rm(list = ls())
library(tidyverse)
library(qtl)
# 使用 iris 数据集
iris
# 查看数据方法一
iris %>%
  group_by(Species) %>%
  tally()
# 查看数据方法二
iris %>%
  group_by(Species) %>%
  summarise(mean_petal_length = mean(Petal.Length))
# 查看数据方法三
iris %>%
  group_by(Species) %>%
  summarise(mean_petal_length = mean(Petal.Length),
            median_petal_length = median(Petal.Length),
            sd_petal_length = sd(Petal.Length))
ggplot(iris, aes(Species, Petal.Length)) + geom_boxplot()
```

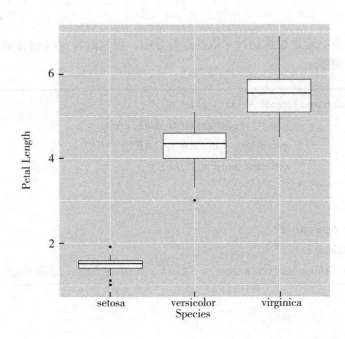

```
#分析方差
model <- aov（Petal. Length ~ Species，data = iris）
summary（model）
ggplot（iris，aes（Petal. Length））+ geom_histogram（）
summary. lm（model）
ggplot（iris，aes（Species，Petal. Length））+ geom_boxplot（）+ geom_jitter（）
```

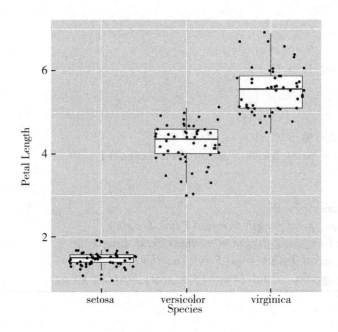

R^2 为 0.94，意味着通过按物种对数据进行分组，可以解释 94% 的花瓣长度差异。

14. QTL 分析例子

```
bedbugs < - read. cross(format = "csv"，dir = ""，
                        file = "bedbugs_cross_data. csv"，
                        genotypes = c("AA"，"AB"，"BB")，
                        estimate. map = FALSE)
# 查看表型数据
bedbugs $ pheno
res < - bedbugs $ pheno $ res
summaryMap(bedbugs)
plotMap(bedbugs，show. marker. names = FALSE，main = "Bedbug linkage map")
```

Bedbug linkage map

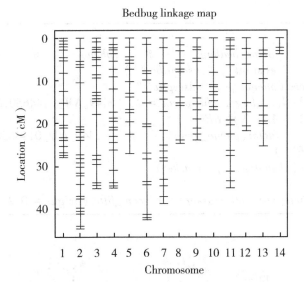

```
pheno < - data. frame( res)
ggplot( pheno , aes( res) ) + geom_bar( )
bedbugs  $pheno  $res  < - as. numeric( res)
bedbugs  $pheno  $res
bedbugs_scan  < - scanone( bedbugs , pheno. col = 2)
summary( bedbugs_scan , threshold = 3)
plot( bedbugs_scan , col = "red" )
```

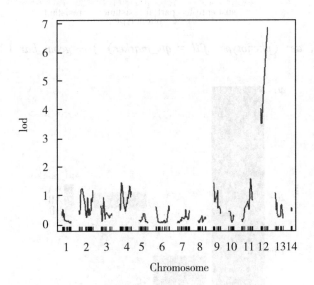

15. 表型基因型关联分析

```
#表型
phenotype        <-        factor(bedbugs      $      pheno      $      res, labels      =
c("partial resistance", "resistant", "susceptible"))
phenotype <- fct_relevel(phenotype, "susceptible")
pheno_geno <- plotPXG(bedbugs, pheno.col = 2, "r449_NW_014465016")
#基因型：1是AA, 2是AB, 3是BB
qtl_marker       <-       factor(pheno_geno       $       r449_NW_014465016, labels       =
c("AA", "AB", "BB"))
qtl_df <- data.frame(phenotype, qtl_marker)
table(qtl_df)
ggplot(qtl_df, aes(phenotype, qtl_marker)) + geom_jitter(height = 0.2, width = 0.2)
```

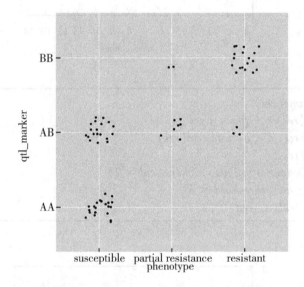

> ggplot (qtl_df, aes (phenotype, fill = qtl_marker)) + geom_bar ()

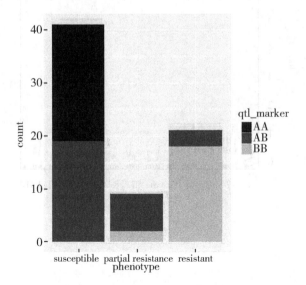

16. 不同显性率（h）条件下，基因频率的变化

```
traj  <-  function(p, w11, w12, w22, tgen = 200, plot.it = TRUE, add.it =
FALSE, col ="red"){
    p.array <- p
    for(i in 1: tgen){
        wbar <- w11 * p^2 + w12 * 2 * p * (1 - p) + w22 * (1 - p)^2
        margin <- (w11 * p + w12 * (1 - p)) - (w12 * p + w22 * (1 - p))
        d_p <- p * (1 - p) * (margin)/(wbar)
        p <- p + d_p
        p.array <- c(p.array, p)
    }
    if(! add.it)plot(p.array, xlab ="generations", ylab ="Frequency of allele 1",
type ="l", lwd = 3, col = col, ylim = c(0, 1), cex.lab = 1.5, cex.axis = 1.5)
    if(add.it)lines(p.array, lwd = 3, col = col)
    #if(plot.it == FALSE)return(p.array)
}
traj(p = 0.01, w11 = 1, w12 = 1, w22 = 1 - .02, tgen = 2000, col ="red")
traj(p = 0.01, w11 = 1, w12 = 1 - .01, w22 = 1 - .02, tgen = 2000, add.it =
TRUE, col ="black")
traj(p = 0.01, w11 = 1, w12 = 1 - 0.02, w22 = 1 - .02, tgen = 2000, add.it =
TRUE, col ="blue")
legend(x = 1300, y = 0.5, col = c("red", "black", "blue"), lty = 1, lwd = 2, legend =
paste("h = ", c(0, 0.5, 1)), cex = 1.5)
```

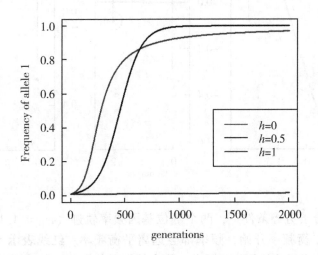

每个基因型的适应度与平均群体适应度（0）的偏差显示为黑点。每个圆圈的面积与每个基因型类别（p^2、$2pq$ 和 q^2）中的群体比例成正比。每个基因型的加性遗传适应性显示为红点。适应度和加性基因型之间的线性回归显示为红线。垂直箭头显示了每个基因型的平均中心表型和加性遗传值之间的差异。下左图显示 $p = 0.1$，右图显示 $p = 0.9$；在中间图中，频率设置为平衡频率。

```
layout(t(1：3))
par(mar = c(4, 4, 1, 1))
a <- c(0.5, 1, 0.75)
p.eq <- (1 - a[1])/sum(1 - a[c(1, 3)])
plot.lm.genos(a = a, p = 0.1, dom.arrows = TRUE)
legend(x ="topleft", paste("p =", 0.1), cex = 1.4)
mtext("Fitness", side = 2, line = 2.5, cex = 1.4)
plot.lm.genos(a = a, p = p.eq, dom.arrows = TRUE)
my.eq <- format(p.eq, dig = 2)
legend(x ="topleft", expression(paste("p =", p[eq])), cex = 1.4)
mtext("Genotype", side = 1, line = 2.5, cex = 1.4)
plot.lm.genos(a = a, p = 0.9, dom.arrows = TRUE)
legend(x ="topleft", paste("p =", 0.9), cex = 1.4)
```

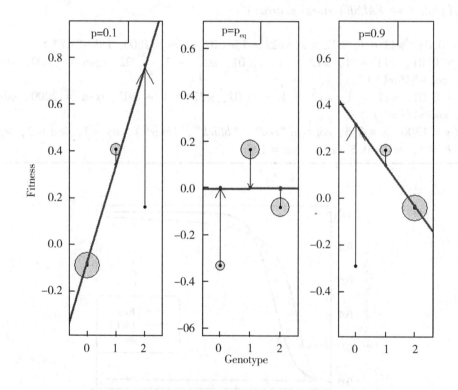

以下代码为杂合子劣势条件下，两个等位基因频率轨迹（w_{11} = 1.1、w_{12} = 1 和 w_{22} = 1.2）。等位基因从平衡频率开始，频率都会远离平衡频率。红线表示不稳定的平衡频率（p_e）。下中图：杂合子劣势的等位基因在一代内的频率变化（Δp）是等位基因频率的函数。适应度下左图所示。注意频率变化在平衡频率（p_e）以下是负的，而在平衡频率以上是正的。下右图：作为等位基因频率函数的平均适应度（$\bar{w}$）。

```
p <- seq(0, 1, length = 100)
mean.fit <- function(p){
    p^2 * w11 + w12 * 2 * p * (1 - p) + w22 * (1 - p)^2
}
delta_p <- function(p){
    w1 <- w11 * p + w12 * (1 - p)
    w2 <- w12 * p + w22 * (1 - p)
    wbar <- mean.fit(p)
    p * (1 - p) * (w1 - w2)/wbar
}
w11 <- 1.1; w12 <- 1; w22 <- 1.2
par(mar = c(4, 3.5, 0.5, 0.5))
 layout(t(1:3))
p <- (1 - w22)/((1 - w11) + (1 - w22)) - 0.01
my.p.traj <- p
for(i in 1:150){
    p <- p + delta_p(p)
    my.p.traj <- c(my.p.traj, p)
}
plot(my.p.traj, ylim = c(0, 1), type ="l", xlab ="", ylab ="", cex.axis = 1.2,
cex.lab = 1.4, lwd = 2)
mtext(side = 2, "p", cex = 1.8, line = 1.9)
mtext(side = 1, "generations", cex = 1.8, line = 2.5)
p <- (1 - w22)/((1 - w11) + (1 - w22)) + 0.01
my.p.traj <- p
for(i in 1:150){
    p <- p + delta_p(p)
    my.p.traj <- c(my.p.traj, p)
}
lines(my.p.traj, ylim = c(0, 1), lty = 2, lwd = 2)
abline(h = (1 - w22)/((1 - w11) + (1 - w22)), col ="red", lwd = 2)
p <- seq(0, 1, length = 100)
plot(p, delta_p(p), type ="l", xlab ="", ylab ="", lwd = 2, cex.axis = 1.2);
mtext(side = 1, "p", cex = 1.8, line = 2.2)
mtext(side = 2, expression(Delta * p), cex = 1.8, line = 1.9)
abline(h = 0, col ="grey")
abline(v = (1 - w22)/((1 - w11) + (1 - w22)), col ="red", lwd = 2)
plot(p, mean.fit(p), type ="l", xlab ="", ylab ="", cex.axis = 1.2, cex.lab = 1.4,
lwd = 2)
mtext(side = 2, expression(bar(w)), cex = 1.8, line = 1.9)
mtext(side = 1, "p", cex = 1.7, line = 2.2)
abline(v = (1 - w22)/((1 - w11) + (1 - w22)), col ="red", lwd = 2)
```

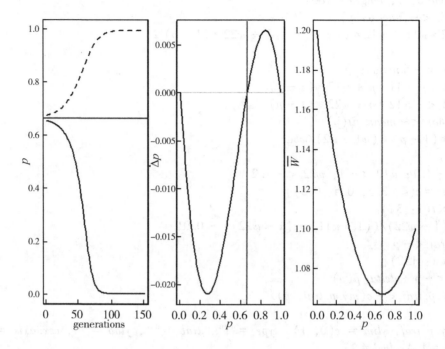

在有效群体大小 *Ne* 的二倍体群体中，选择系数为 *s*（*h* = 1/2）的新突变的固定概率。虚线给出了无限群体的解，点给出了 *s*→0 的解，即在中性突变情况，固定概率为 1/2*Ne*。

```
N <- 5e3
s <- seq(-0.5e-3, 1e-3, length = 1000)
prob.fix <- (1 - exp(-s))/(1 - exp(-2*N*s))
plot(s, prob.fix, type = "l", lwd = 3, xlab = "selection coefficient, s", ylab =
expression(paste("Prob.of fixation, ", p[F](1/2*N))))#pi(1/2*N[e]))))
points(0, 1/(2*N), pch = 19, cex = 1.5, cex.axis = 1.2, cex.lab = 1.4)
N <- 2e3
prob.fix <- (1 - exp(-s))/(1 - exp(-2*N*s))
lines(s, prob.fix, type ="l", lwd = 3, col ="red")
points(0, 1/(2*N), pch = 19, cex = 1.5, col ="red")
N <- 10e3
prob.fix <- (1 - exp(-s))/(1 - exp(-2*N*s))
lines(s, prob.fix, type ="l", lwd = 3, col ="blue")
points(0, 1/(2*N), pch = 19, cex = 1.5, col ="blue")
lines(s[s > 0], s[s > 0], lty = 3, lwd = 3)
legend(x ="topleft", legend = c(expression(N == 2000), expression(N == 5000),
expression(N == 10000), expression(N == infinity ~ p[F] == s)), col =
c("red", "black", "blue", "black"), lwd = 3, lty = c(rep(1, 3), 3))
```

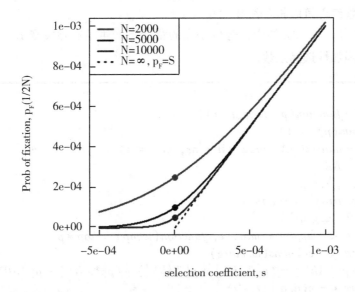

选择与位点附近多样性减少的关系。与中性选择相比，多样性的减少是与选择位点距离有关的函数。重组率为 $c_{BP} = 1 \times 10^{-8}$。

```
sel = c(0.01, 0.001)
tau = 2 * log(2 * 10000)/sel[1]
physical.pos <- seq(-150e3, 150e3, length = 2000)
rec.dist <- abs(physical.pos) * 1e - 8
plot(physical.pos, (1 - exp(- rec.dist * tau)), ylim = c(0, 1), typ ="l", lwd = 2,
xlab ="Physical Position", ylab = expression(pi/theta), cex.axis = 1.5, cex.lab = 1.3)
tau = 2 * log(2 * 10000)/sel[2]
rec.dist <- abs(physical.pos) * 1e - 8
lines(physical.pos, (1 - exp(- rec.dist * tau)), lty = 2, lwd = 2, col ="red")
legend("bottomright", legend = paste("s = ", sel), col = c("black", "red"), lty = c(1,
2), lwd = 1.5, cex = 1.5)
```

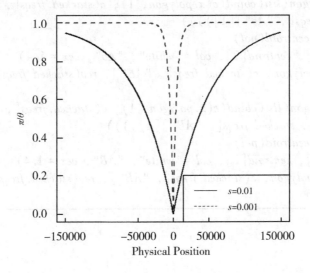

17. 选择和重组之间的相互作用

在初始频率为 $p_A = 10\%$ 的中性等位基因的背景下产生了有益突变 B。有益等位基因具有 $hs = 0.05$ 的强加性选择系数。

```r
library("sf")
two.loc.sims <- function(p, w.mat, r){
    stopifnot(sum(p) == 1)
    p.array <- matrix(NA, nrow = n.gens, ncol = 4)
    d.array <- NA
    p.array[1, ] <- p
    colnames(p.array) <- names(p)
    for(gen in 2: n.gens){
        w.marg <- apply(w.mat, 1, function(whap){whap * p})
        w.marg <- colSums(w.marg)
        D <- p["AB"] - (p["AB"] + p["Ab"]) * (p["AB"] + p["aB"])
        d.array <- c(d.array, D)
        D.vec <- c(-D, +D, +D, -D)
        wbar <- sum(p * w.marg)
        p.new <- (p * w.marg + r * D.vec * w.mat["AB", "ab"])/wbar
        p.array[gen, ] <- p.new
        p <- p.new
    }
    return(cbind(p.array, d.array))
}
stack.freqs.plot <- function(p.out, my.title =""){
    stacked.freqs <- t(apply(p.out[, c("Ab", "AB", "ab", "aB")], 1, cumsum))
    plot(stacked.freqs[, "Ab"], ylim = c(0, 1), type ="l", xlab ="Generations",
ylab ="Frequencies", cex.lab = 1.4, cex.axis = 1.2, main = my.title, cex.main = 1.4)
    my.x <- 1: n.gens
    x.polygon <- c(my.x, rev(my.x))
    polygon(x = x.polygon, c(stacked.freqs[, "Ab"], rep(0, n.gens)), col ="blue")
    pol <- st_polygon(list(cbind(c(x.polygon, 1), c(stacked.freqs[, "Ab"], rep(0,
n.gens), stacked.freqs[, "Ab"][1])))))
    centroid <- st_centroid(pol)
    text(centroid[1], centroid[2], col ="white", "Ab", cex = 1.4)
    polygon(x = x.polygon, c(stacked.freqs[, "AB"], rev(stacked.freqs[, "Ab"])), col
="purple")
    pol <- st_polygon(list(cbind(c(x.polygon, 1), c(stacked.freqs[, "AB"], rev(stac-
ked.freqs[, "Ab"]), stacked.freqs[, "AB"][1])))))
    centroid <- st_centroid(pol)
    text(centroid[1], centroid[2], col ="white", "AB", cex = 1.4)
    polygon(x = x.polygon, c(stacked.freqs[, "AB"], rev(stacked.freqs[, "aB"])),
col ="white")
```

```
    pol < - st_polygon(list(cbind(c(x.polygon, 1), c(stacked.freqs[, "AB"], rev(sta-
cked.freqs[, "aB"]), stacked.freqs[, "AB"][1])))))
    centroid < - st_centroid(pol)
    text(centroid[1]/3, centroid[2], col = "black", "ab", cex = 1.4)
    polygon(x = x.polygon, c(stacked.freqs[, "aB"], rev(stacked.freqs[, "ab"])), col
= "red")
    pol < - st_polygon(list(cbind(c(x.polygon, 1), c(stacked.freqs[, "aB"], rev(stac-
ked.freqs[, "ab"]), stacked.freqs[, "aB"][1])))))
    centroid < - st_centroid(pol)
    if(any(stacked.freqs[, "aB"] < 0.98))text(centroid[1], centroid[2], col = "black",
"aB", cex = 1.4)
}
n.gens < - 500
p < -  c(0.001, 0.099, 0, 0.9); names(p) < - c("AB", "Ab", "aB", "ab")
w.add < - c(1, 0.95, 1, 0.95); names(w.add) < - names(p)
w.mat < - outer(w.add, w.add, FUN = " + ")
layout(t(1: 3))
par(mar = c(4, 4, 3, 1))
p.out  < -  two.loc.sims(p, w.mat, r  =  0.0005); stack.freqs.plot(p.out, my.title
= "r = 0.0005")
p.out  < -  two.loc.sims(p, w.mat, r  =  0.005); stack.freqs.plot(p.out, my.title  = "r
= 0.005")
p.out  < -  two.loc.sims(p, w.mat, r  =  0.05); stack.freqs.plot(p.out, my.title  = "r =
0.05")
```

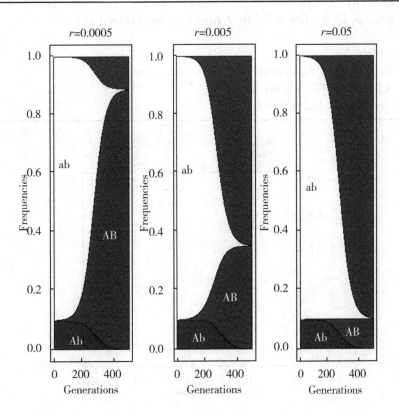

18. 隐性、显性和半显性基因型等位基因频率轨迹

```
init_p <- 0.05
gen <- 400
rec <- c(1.1, 1)
dom <- c(1.1, 1.1)
sem <- c(1.1, 1.05)
p <- matrix(c(init_p, init_p, init_p))
w <- list(rec, dom, sem)
FitFreq <- function(X, p){
  w_total <- X[1] * p^2 + X[2] * 2 * p * (1 - p) + (1 - p)^2
  p_t <- (X[1] * p^2 + X[2] * p * (1 - p))/ w_total
  return(p_t)
}
FitFreq(w[[1]], p[[1]])
for(i in 1: (gen - 1)){
  p <- cbind(p, lapply(seq_along(w),
  function(j, y, n){FitFreq(y[[j]], n[[j]])},
  y = w, n = p[, ncol(p)]))
}
plot(x = NULL, xlab = "Generations", ylab = "Allele frequency", xlim = c(1, gen),
ylim = c(0, 1))
colors <- c("orange", "darkgreen", "cyan")
line <- c(1, 2, 4)
for(i in 1: nrow(p)){
  lines(1: gen, p[i, ], lwd = 2, lty = line[i], col = colors[i])
}
legend("bottomleft",
legend = c("Recessive", "Dominant", "Semi - dominant"),
inset = c(0, 1), xpd = TRUE, bty ="n",
col = colors, lty = line, lwd = 2)
```

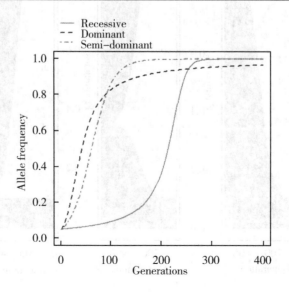

19. 从不同起点开始，随着时间的推移稀有等位基因的频率

无论起始等位基因频率如何（在没有漂变的情况下），杂合子优势迅速使等位基因频率接近平衡。（$w_{AA}=1$，$w_{AS}=1.27$，$w_{SS}=0.2$）。杂合子优势在第 50 代消除（$w_{AS}=1$），使得等位基因频率迅速下降。

```
p <- 0.1980122
w_ss <- 0.2
w_aa <- 1
(w_sa <- (p * (w_ss + w_aa) - w_aa)/(2 * p - 1))
gen <- 50
w <- list(c(w_ss, w_sa))
p <- matrix(c(0.01, 0.1, 0.2, 0.5, 0.9))
iter <- seq_along(p)
for(i in 1:(gen - 1)){
  p <- cbind(p, lapply(iter,
  function(i, y, n){FitFreq(y[[1]], n[[i]])},
  y = w, n = p[, ncol(p)]))
}
plot(x = NULL, xlab ="Generations", ylab ="Allele frequency", xlim = c(1, 2 * gen),
ylim = c(0, 1))
for(i in 1:nrow(p)){
  lines(1:gen, p[i, ], lwd = 2, col ="blue")
}
w <- list(c(w_ss, 1))
p <- matrix(init_p)
iter <- seq_along(p)
for(i in 1:gen){
  p <- cbind(p, lapply(iter,
  function(i, y, n){FitFreq(y[[1]], n[[i]])},
  y = w, n = p[, ncol(p)]))
}
for(i in 1:nrow(p)){
  lines(gen:(2 * gen), p[i, ], lwd = 2, col ="red")
}
```

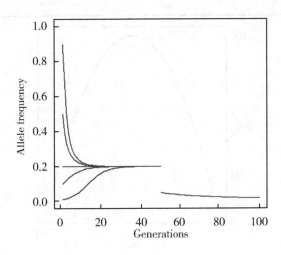

第五节 有效群体含量

有许多不同的因素（性比：群体中雄性个体和雌性个体数目的比例、生活史、年龄分层、行为）可能会影响种群对下一代等位基因贡献。

1. 自交

在个体无须与其他个体交配而产生后代的群体中，有效群体含量为

$$N = N + \frac{1}{2}$$

2. 雌雄同体

物种可能具有同时作为雄性和雌性的生殖结构，选择配子的概率是 $\frac{1}{N}$。假设群体中有 N 个个体，两个个体具有来自同一亲本的相同等位基因（IBD）的概率为

$$P(IBD) = N\left(\frac{1}{N_e}\right)^2 = \frac{1}{N}$$

3. 雌雄异体

物种有两种性别，比如雄性和雌性，数量分别为 Nm 和 Nf。如果个体之间存在随机交配，并且等位基因分离是随机的，则每个等位基因传给下一代的概率为 1/2。对于随机选择的雌性，她会给她的两个后代（IBD）提供相同的等位基因的概率是：$1/2 \times 1/2 = 1/4$。N_f 个雌性个体群体中，$P(IBD \mid N_f) = 1/4N_f$。对于雄性，如果 IBD 为 $P(IBD \mid N_m) = 1/4N_m$，综合起来得

$$\frac{1}{N_e} = \frac{1}{4N_m} + \frac{1}{4N_f} \text{ 得 } N_e = \frac{4N_m N_f}{N_m + N_f}$$

```
library（ggplot2）
N <- 100
Nm <- 1：99
Nf <- N - Nm
Ne <- （4 * Nm * Nf）／（Nm + Nf）
df <- data.frame（Nm，Ne）
ggplot（df，aes（x = Nm，y = Ne））+ geom_line（）+ geom_point（）+ theme_bw（base_size = 16）
```

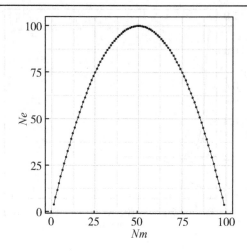

当性别比相等时（例如 $N_m = N_f$），群体可能会出现最大规模，并且当出现偏离平等时它会急剧减少。在极端情况下，可能只有一个（或越来越少的）雄性或雌性个体参与交配事件。

一些基因位于性染色体上，群体中等位基因的分布不均，此处的有效群体大小为

$$N_e = \frac{9\,N_m\,N_f}{4\,N_m + 2\,N_f}$$

如果 $N_m = N_f$，则 $N_e = \frac{3}{4}N$，因为雌性个体向下一代提供个拷贝，但雄性最多只能贡献一个拷贝。因此，最大种群规模总是小于二倍体物种。

在只有一只雌性的极端情况下，如蜜蜂，等式简化为

$$N_e = \frac{9\,N_m}{4\,N_m + 2}$$

当 N 趋近于无穷时，$lim_{Nm \to \infty} = 2.25N$。

两个个体具有来自同一亲本的相同等位基因（IBD）的概率为

$$P(IBD) = \frac{1}{2\,N_e^i}$$

而且

$$N_e^i = -\frac{t}{2\ln\left(\dfrac{H_t}{H_0}\right)}$$

方差有效群体规模

$$\sigma_{\delta p}^2 = \frac{p_{t-1}\,q_{t-1}}{N_e^v}$$

$$N_e^v = \frac{p_{t-1}\,q_{t-1}}{2\sigma_{\delta p}^2}$$

群体规模波动

$$\frac{1}{N_e} = \frac{1}{t}\left(\frac{1}{N_0} + \frac{1}{N_1} + \cdots + \frac{1}{N_{t-1}}\right)$$

```
N <- c (100, 100, 10, rep (100, 50))
Ne <- 100
for (i in 2: length (N)) {
  Ne [i] <- 1 / (1/i * sum (1/N [1: i]))
}
df <- data. frame (Time = 1: length (Ne), Ne)
ggplot (df, aes (x = Time, y = Ne)) + geom_line () + geom_ point () + theme_bw (base
_size = 16)
```

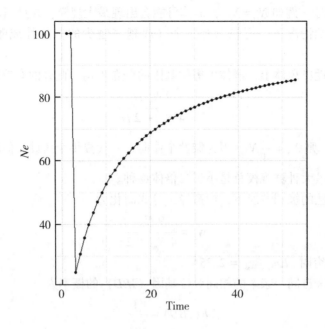

上图显示群体瓶颈对持续多代的群体规模的影响。

第六节　小群体

一、基因频率变化的原因

1. 随机漂变

基因频率的随机变化称为随机漂变。如果跟踪任何一个小种群中的基因频率，可能会看到它在世代之间以一种不稳定的方式变化，没有恢复到其原始值的趋势。

2. 亚群之间的分化

不同亚群体独立发生的随机漂变导致亚群体之间的遗传分化。自然界中的物种很少构成一个大种群，因为交配发生在同一地区的个体之间的频率更高。因此，自然种群或多或少地细分为亚群体，如果群体中的个体数量较少，它们的基因频率就会不同。人工驯化或实验室动物经常被细分，例如分成畜群或品系，在这些群体中细分和遗传分化通常更加明显。

3. 亚群内的一致性

每个亚群内的遗传变异逐渐减少，个体的基因型越来越相似。这种遗传一致性是在许多生物学研究领域广泛使用实验动物近交系的原因（近交系是经过多代近交的小种群）。

4. 增加纯合子的频率

杂合子的数量减少，有害等位基因往往是隐性的，即由近亲繁殖导致的生育力和生存能力减少。

有两种不同的方式来看待分散过程及其后果。一是把它看成一个抽样过程，用抽样方差来描述。二是把它看成一个近亲繁殖的过程，有亲缘关系个体交配引起的基因型变化来描述。

二、理想群体

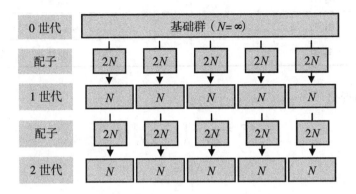

理想群体的简化条件：

（1）交配仅限于同一品系，不考虑迁移；

（2）世代分明，不重叠；

（3）各品系的可繁殖个体在所有系和世代都是相同的，即育种个体是将基因传递给下一代的个体；

（4）品系内交配是随机的，包括自交；

（5）任何阶段都没有选择；

（6）突变被忽略。

三、基因频率的变化

一世代基因频率的方差为

$$\sigma_{\Delta q}^2 = \frac{p_0\, q_0}{2N}$$

任一世代的基因频率方差为

$$\sigma_q^2 = p_0\, q_0 \left[1 - \left(1 - \frac{1}{2N} \right)^t \right]$$

初始基因频率为 q_0，基因固定、丢失、不断分离的概率分别为

固定	$q_0 - 3p_0\, q_0 P$	
丢失	$p_0 - 3p_0\, q_0 P$	此处 $P = \left(1 - \dfrac{1}{2N} \right)^t$
不断分离	$6p_0\, q_0 P$	

$$\sigma_q^2 = \left(\overline{q^2} \right) - \bar{q}^2 \ \text{则}$$
$$\left(\overline{q^2} \right) = \bar{q}^2 + \sigma_q^2$$

σ_q^2 是品系间的方差，且 $\bar{q} = q_0$，$\sigma_p^2 = \sigma_q^2$。

基因型	频率（整个群体）
$A_1 A_1$	$p_0^2 + \sigma_q^2$
$A_1 A_2$	$2 p_0 q_0 - 2 \sigma_q^2$
$A_2 A_2$	$q_0^2 + \sigma_q^2$

理想群体的近交

$$F_t = \frac{1}{2N} + \left(1 - \frac{1}{2N} \right) F_{t-1}$$

$$\Delta F = \frac{1}{2N}$$

$$F_t = \Delta F + (1 - \Delta F)\, F_{t-1}$$

$$\Delta F = \frac{F_t - F_{t-1}}{1 - F_{t-1}}$$

$$P_t = (1 - \Delta F)^t P_0$$

$$F_t = 1 - (1 - \Delta F)^t$$

$$\sigma_{\Delta q}^2 = \frac{p_0 q_0}{2N} = p_0 q_0 \Delta F \rightarrow \sigma_q^2 = p_0 q_0 F_t$$

$$\overline{q^2} = q_0^2 + \sigma_q^2 = q_0^2 + p_0 q_0 F$$

$$P_t = 1 - F_t = \frac{H_t}{H_0}, \ 此处\ H_0 = 2 p_0 q_0, \ H_t = 2 p_0 q_0 (1 - F) = H_0 (1 - F)。$$

	初始频率	近交引起的变化	来源	
			独立	相同
$A_1 A_1$	p_0^2	$+ p_0 q_0 F$	$= p_0^2 (1 - F)$	$+ p_0 F$
$A_1 A_2$	$2 p_0 q_0$	$- 2 p_0 q_0 F$	$= 2 p_0 q_0 (1 - F)$	
$A_2 A_2$	q_0^2	$+ p_0 q_0 F$	$= q_0^2 (1 - F)$	$+ q_0 F$

品系内杂合子的预期频率为

$$H = 2pq + pq/N$$

$$= 2pq \left(1 + \frac{1}{2N} \right)$$

则

$$1 - F = \frac{H}{2pq (1 + 1/2N)}$$

第七章　表型值和变异的剖分

基因型	一般模型			数值例子		
	$A_1 A_1$	$A_1 A_2$	$A_2 A_2$	$A_1 A_1$	$A_1 A_2$	$A_2 A_2$
基因频率	p^2	$2pq$	q^2	0.36	0.48	0.16
基因型值（G）	0	ah	a	0	8	10
$G-M$	$0-M$	$ah-M$	$a-M$	-5.44	2.56	4.56
加性值（A）	$2\alpha_1 = -2q\alpha$	$\alpha_1 + \alpha_2 = (p-q)\alpha$	$2\alpha_2 = 2p\alpha$	-4.48	1.12	6.72
显性偏差（D）	$-2dq^2$	$2dpq$	$-2dp^2$	-0.96	1.44	-2.16
显性效应	$d = a(h - 1/2)$			3		
基因型平均值	$M = aq + 2dpq$			5.44		
等位基因替代平均效应	$\alpha = ah - 2dq$			5.60		
A_1 平均效应	$\alpha_1 = -q\alpha$			-2.24		
A_2 平均效应	$\alpha_2 = p\alpha$			3.36		

　　显性也可以表示为杂合子的基因型值与两个纯合子的平均值之差 d（显性效应），即

$$d = ah - (a/2) = a(h - 1/2)$$

　　$h=0.5$ 意味着杂合子的值介于纯合子的值之间，即基因作用是加性的（$d=0$）。$0 \leqslant h \leqslant 0.5$ 或 $0.5 < h < 1$ 的值对应于显性基因作用（$d \neq 0$），A_1 是显性等位基因，A_2 是隐性等位基因，反之亦然。$h < -1$ 表示显性不足（杂合子比纯合子具有更低的值），$h > 1$ 为超显性（杂合子比纯合子具有更大的值）。通过基因型值和频率的乘积之和，基因座对总体平均值的贡献为

$$M = 2ahpq + aq^2 = 2ahq - 2dq^2 = aq + 2dpq$$

　　等位基因的平均效应为

$$\alpha_1 = ahq - M = -q(ah - 2dq) = -q\alpha$$
$$\alpha_2 = ahp + aq - M = p(ah - 2dq) = p\alpha$$

　　其中

$$\alpha = ah - 2dq$$

　　也称为等位基因的替代平均效应，可以简单地表示为 $\alpha_2 - \alpha_1$，基因型 $A_1 A_1$、$A_1 A_2$ 和 $A_2 A_2$ 分别为 $2\alpha_1$、$\alpha_1 + \alpha_2$ 和 $2\alpha_2$。显性偏差（D）可以简单地看作偏离总体平均值的基因型值与加性值之间的差异，如基因型 $A_1 A_1$ 的显性偏差为

$$(0 - M) + 2q\alpha = -(aq + 2dpq) + 2q\alpha = -2dq^2$$

由于加性值和显性偏差被定义为与总体平均值 M 的偏差，因此它们的平均都为零。在没有显性（$d = 0$）的情况下，即只具有加性基因作用，基因型值 $G = A$。如果存在显性效应，则加性值取决于 a 和 d。

最初，Fisher（1918，1930）根据基因型值的线性回归定义等位基因剂量的平均效应及各自频率的加权，例如，A_1A_1、A_1A_2 和 A_2A_2 基因型分别有 0、1 和 2 个 A_2 等位基因。得到的回归系数为 α，即 α 是直线斜率。显性偏差为基因型值与其线性预测之间的差异，即 G 和 A 之间的平均二次差的最小值。因此，从统计学的角度来看，显性偏差可以被认为是与线性预测不匹配的因素。

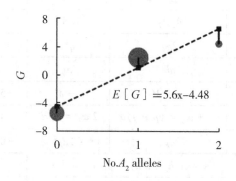

对于上表的例子，基因型值（G，偏离总体平均值）对基因剂量（基因型中 A_2 等位基因的数量）的回归。圆形区域与每种基因型的频率成正比。回归线的斜率是等位基因替代的平均效应（$\alpha = 5.6$）。线上的方块代表加性值（A），圆形区域的中心垂线表示显性偏差（D）。

个体的加性值可以很容易地估计为，当另一个亲本被随机抽取时，其后代的平均性状值与群体平均值偏差的两倍。假设基因型 A_1A_1 的个体，例如雄性，与从种群中抽取的多个雌性进行杂交，雄性 A_1A_1 会给所有后代提供 A_1 等位基因，雌性等位基因 A_1 概率 p，A_2 概率 q，其后代的平均值为 $ahq-M=-q\alpha=\alpha1$，即 A_1 等位基因平均值的效应。由于雄性只为每个后代贡献一个配子，因此雄性的加性值是 $2\alpha_1$。如果个体是杂合子，其后代的一半携带 A_1 等位基因，另一半携带 A_2 等位基因，其累加值为 $\alpha_1+\alpha_2$。因此，个体的加性值可以通过其后代的性状来估计，可以应用于植物和动物育种。

$$E[G_{offspring}] = \frac{A_{father} + A_{mother}}{2}$$

一、基因座基因型变异的分解

	方差	上表数值实例结果
加性方差（V_A）	$2\alpha^2 pq$	15.05
显性方差（V_D）	$(2dpq)^2$	2.07
基因型方差（V_G）	$2\alpha^2 pq + (2dpq)^2$	17.12

由于加性值和显性值可以由群体均值推导出，因此其方差可以简单地通过对值进行平方并通过基因型频率对其进行加权来获得，即

$$V_A = 4\,\alpha^2 p^2\,q^2 + 2pq\,\alpha^2\,(p-q)^2 + 4\,\alpha^2 p^2\,q^2 = 2\,\alpha^2 pq$$

$$V_D = 4\,d^2 p^2\,q^4 + 8\,d^2 p^3\,q^3 + 4\,d^2 p^4\,q^2 = (2dpq)^2$$

以上两个表达式中的共同项 $2pq$ 是 Hardy-Weinberg 平衡时的杂合子或杂合性期望频率。基因型值分解中加性值和显性值因正交是独立的，因此其协方差为零。证明如下：

$$cov(A,\ D) = 4p^2\,q^3\alpha d - 4p^2\,q^2(p-q)\alpha d + 4p^3\,q^2\alpha d = 0$$

两个位点的协方差为

$$V(G_{loc.\,A} + G_{loc.\,B}) = V_{G(loc.\,A)} + V_{G(loc.\,B)} + 2cov(G_{loc.\,A},\ G_{loc.\,B})$$

根据连锁不平衡，最后一项可以是正数或负数。

二、上位方差

	一般模型				数值例子		
	$A_1 A_1$	$A_1 A_2$	$A_2 A_2$		$A_1 A_1$	$A_1 A_2$	$A_2 A_2$
	(p^2)	$(2pq)$	(q^2)		(0.36)	(0.48)	(0.16)
$B_1 B_1$	0	ah	a	$B_1 B_1$	0	8	10
(r^2)	$(p^2 r^2)$	$(2pqr^2)$	$q^2 r^2$		(0.25)	(0.09)	(0.12)	(0.04)
$B_1 B_2$	$a'h'$	$ah + a'h'$	$a + a'h'$	$B_1 B_2$	6	14	16
$(2rs)$	$(2p^2 rs)$	$(4pqrs)$	$(2q^2 rs)$	(0.5)	(0.18)	(0.24)	(0.08)
$B_2 B_2$	a'	$ah + a'$	$k(a + a')$	$B_2 B_2$	12	20	44
(s^2)	$(p^2 s^2)$	$(2pq s^2)$	$(q^2 s^2)$	(0.25)	(0.09)	(0.12)	(0.04)
上位因子：k			2				
$A_2 A_2 B_2 B_2$：$c = (k-1)(a+a')$			22				
位点 A		位点 B		位点 A		位点 B	
a；h		a'；h'		10；0.8		12；0.5	
$d = a(h-1/2)$		$d' = a'(h'-1/2)$		3		0	
$d_e = d - (c/2)s^2$		$d_e' = d' - (c/2)q^2$		0.25		-1.76	
$\alpha_e = a' - 2d_e q$		$\alpha_e' = a'h' - 2d_e's$		7.8		7.76	
上位效应							
$i(a_e \times a_e') = cqs$			4.4				
$i(a_e \times d_e') = (c/2)q$			4.4				
$i(d_e \times a_e') = (c/2)s$			5.5				

（续表）

	一般模型				数值例子		
	A_1A_1	A_1A_2	A_2A_2		A_1A_1	A_1A_2	A_2A_2
$i(d_e \times d_e') = (c/4)$		5.5					
参数							
$M = (aq + 2dpq) + (a's + 2d'rs) + cq^2s^2$				12.32			
$V_A = 2\alpha_e^2 pq + 2\alpha_e'^2 rs$				59.31			
$V_D = (2d_e pq)^2 + (2d_e' rs)^2$				0.79			
$V_{AA} = 4i(\alpha_e \times \alpha_e')^2 pqrs = 4c^2q^2s^2 pqrs$				4.65			
$V_{AD} = 8i(\alpha_e \times d_e')^2 pqr^2s^2 + 8i(d_e \times \alpha_e')^2 p^2q^2rs$ $= 2c^2q^2s^2(pqr^2 + p^2rs) = 2c^2pqrs^2(qr + ps)$				5.81			
$V_{DD} = 16i(d_e \times d_e')^2 p^2q^2r^2s^2 = c^2p^2q^2r^2s^2$				1.74			
$V_I = V_{AA} + V_{AD} + V_{DD} = c^2q^2(1-q^2)s^2(1-s^2)$				12.20			
$V_G = V_A + V_D + V_I$				72.30			

上表上位因子为 $k = 2$，即双纯合子值与其预期加性值的关系为 $c = (k-1)(a+a') = a+a'$。每个基因座的边际显性效应（d_e 和 d_e'）可以从平均值对等位基因频率的偏导数获得，并且是每个基因座显性程度和 c 大小的函数。

虽然两个位点没有显性效应（$h = h' = 0.5, d = d' = 0$），上位效应可能会产生边缘显性效应，即 d_e 和 d_e' 可能不为 0。等位基因取代的平均效应（α_e 和 α_e'）是基因型平均值对等位基因频率的导数，即将 $\alpha = ah - 2dq$ 应用于显性效应 d_e 和 d_e'。加性×加性上位效应 [$i(\alpha_e \times \alpha_e')$]，加性×显性上位效应 [$i(\alpha_e \times d_e')$] 和 [$i(d_e \times \alpha_e')$]，显性×显性上位效应 [$i(d_e \times d_e')$] 可以从基因型平均值对等位基因频率的二阶、三阶和四阶导数获得，只是等位基因频率和 c 的函数。仅当存在上位性（$k \neq 1$）时才存在上位效应，并且在此模型中不依赖于基因座内基因作用的类型，也就是说，它们不依赖于显性程度（h 和 h'）。上位效应方差组分可以从相应的平均值、显性和上位效应中获得。上表示例中，总加性方差（59.31）大于没有上位性的每个基因座的方差之和（$2\alpha^2 pq + 2\alpha'^2 rs = 15.05 + 18 = 33.05$）。因此，上位性会增加加性方差，也会改变显性方差。

上位方差通常很小，通常很难与非加性方差中的显性方差区分，且小于显性方差。功能上位性（指特定基因型之间的分子相互作用）与统计上位性（即与多位点加性模型的统计偏差）之间有区别。上位方差的低值并不一定意味着功能上位是罕见的。除了高上位效应和等位基因频率的特定组合外，上位变异的相对组分通常很小。除了中间频率，上位方差小于显性方差，并且两者都远小于加性方差。

三、遗传力

狭义遗传力公式为

$$h^2 = \frac{V_A}{V_P}$$

如基因型值与环境偏差无关，即 $cov(G, E) = 0$，那么加性值与表型值（P）的其余部分（R）无关：

$$cov(A, P) = cov(A, A + R) = V_A$$

加性值对表型值的回归为

$$b_{AP} = \frac{cov(A, P)}{V_P} = \frac{V_A}{V_P} = h^2$$

这样，加性值的最佳线性预测就是表型值乘 h^2：

$$E[A] = h^2 P$$

预测的准确性由 A 和 P 之间的相关性给出，$r_{AP} = \dfrac{cov(A, P)}{\sqrt{V_A V_P}} = \dfrac{V_A}{\sqrt{V_A V_P}} = \sqrt{\dfrac{V_A}{V_P}} = h$

后代性状的期望值是其父母的相加值（A），后代的表型值与其父母的表型值的回归是估计遗传力的简单方法。假设群体中人类身高的平均值是 160cm，并且群体中性状的遗传力是 $h^2 = 0.6$。假设男性和女性的身高分别为 170cm 和 158cm，即分别高于群体平均值 10cm 和低于平均值 2cm。男性的期望加性值（偏离总体平均值）为 10×0.6＝6cm，女性的期望加性值为 $-2×0.6 = -1.2$cm。如果这对夫妇有孩子，预期身高将比群体平均值高 $(6 - 1.2)/2 =$ 2.4cm，即 162.4cm，注意这种预测会有较大的误差。M 为性状平均值，加性遗传变异系数：

$$CV_A = \sqrt{V_A}/M$$

四、加性和显性关系的系数

亲属之间的协方差代表了加性方差和显性方差的一部分。在加性方差的情况下，该分数是加性关系或理论相关系数（r）的函数，在显性方差的情况下是显性关系系数（u）的函数。一般来说，两个体 X 和 Y 之间加性值的相关性为

$$r = f_{XY}/\sqrt{f_{XX}f_{YY}}$$

f_{XY} 是 X 和 Y 之间的共祖系数，将分母的 X 和 Y 的自同源系数替换为表达式为

$$r = 2f_{XY}/\sqrt{(1 + F_X)(1 + F_Y)}$$

加权加性方差分量的加性关系系数是该表达式的分子，即假设个体不是近交系下的理论相关性（$r = 2f_{XY}$），这是共祖系数的两倍，或者如果他们不是近交，则是个体共享的基因的预期比例。如果 X 的父母是 A 和 B，Y 的父母是 C 和 D，则显性关系系数为

$$u = f_{AC}f_{BD} + f_{AD}f_{BC}$$

也就是说，X 的一个等位基因与 Y 中的一个基因同源相同，并且 X 的另一个等位基因也与 Y 的另一个等位基因同源相同的概率。如果忽略基因座之间的连锁，亲属间的协方差为

$$cov = rV_A + uV_D + r^2 V_{AA} + ru V_{AD} + u^2 V_{DD} + r^3 V_{AAA} + r^2 u V_{AAD}$$
$$+ r u^2 V_{ADD} + u^3 V_{DDD} +$$

因为上位性方差通常小于加性或显性方差，上位性对亲属之间协方差的贡献通常很小。

不同类型亲属的加性（r）和显性（u）关系系数

	r	u
同卵双胞胎	1	1
全同胞	1/2	1/4
半同胞	1/4	0
亲子	1/2	0

考虑上位性时，估计的遗传力将增加。由上表可得：亲子回归估计和半同胞估计只会受到加性×加性方差分量的影响。

五、遗传相关估计

对于两个性状 X 和 Y，表型（r_P）、加性遗传（r_A）和环境（r_E）相关，环境相关包括所有环境和非加性遗传成分，是

$$r_P = \frac{cov_P(X, Y)}{\sigma_{PX}\sigma_{PY}}, r_A = \frac{cov_A(X, Y)}{\sigma_{AX}\sigma_{AY}}, r_E = \frac{cov_E(X, Y)}{\sigma_{EX}\sigma_{EY}}$$

其中，$\sigma_{PX}^2 = \sigma_{AX}^2 + \sigma_{EX}^2$，$Y$ 性状也有类似表达式。因为，$cov_P(X, Y) = cov_A(X, Y) + cov_E(X, Y)$，得 $r_P = [cov_A(X, Y) + cov_E(X, Y)]/(\sigma_{PX}\sigma_{PY})$，而 $h_X = \sigma_{AX}/\sigma_{PX}$，$\sqrt{1 - h_X} = \sigma_{EX}/\sigma_{PX}$（$Y$ 性状也有类似表达式），从而

$$r_P = r_A h_X h_Y + r_E \sqrt{(1 - h_X^2)(1 - h_Y^2)}$$

相关性估计的准确性往往很差，因为取决于两个性状的抽样误差和相应的遗传力估计。标准误差可以近似为

$$SE(r_A) \approx (1 - r_A^2) \sqrt{\frac{SE(h_X^2)SE(h_Y^2)}{2h_X^2 h_Y^2}}$$

由于遗传力的标准误差出现在分子中，最小化遗传力抽样方差的设计也将最小化相关估计的误差。

六、复杂数据结构方差组分的估计和加性值的预测

似然是在给定假设的情况下观察数据的概率。假设我们要估计每个单倍体基因组和世代的突变率，并且通过实验观察到在 1000 个出生个体中总共出现 1000 个突变，因此在该世代中每个个体观察到的平均突变数为 1。为了获得最大似然估计，必须假设数据的模型或分布。在发生突变的情况下，最合适的分布是泊松分布，因此如果 n 是出现的突变数，λ 是平均突变数，则该参数的概率或似然度（L）：

$$L(\lambda) = (\lambda^n/n!)e^{-\lambda}$$

其对数似然形式为

$$\ln L(\lambda) = n\ln(\lambda) - \lambda$$

两边求导数

$$d[\ln L(\lambda)]/d\lambda = (n/\lambda) - 1 = 0$$

得

$$\lambda = n$$

估计值的95%置信区间约为 $2\ln L$ ，如观察值 $n=1$ 个突变，最大似然估计（$\lambda = 1$）将是 $\lambda = 3$ 的估计值 $\dfrac{L(\lambda = 1)}{L(\lambda = 3)} = \dfrac{e^{-1}}{(3e^{-3})} = 2.46$ 倍。

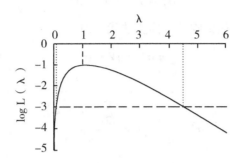

在数量性状服从正态分布的一般假设下，如果 n 个具有正态分布的独立个体的数据（y_i），均值为 μ ，方差为 σ^2 。以均值和方差为条件的向量（y）的概率是数据正态密度的乘积：

$$P(y \mid \mu,\ \sigma^2) = \prod_{i=1}^{n} P(y_i \mid \mu,\ \sigma^2) = \prod_{i=1}^{n} \frac{1}{\sqrt{2\pi\sigma^2}} exp\left(-\frac{(y_i - \mu)^2}{2\sigma^2}\right)$$

$$= (2\pi\sigma^2)^{-n/2} exp\left(-\sum_{i=1}^{n} \frac{(y_i - \mu)^2}{2\sigma^2}\right)$$

其对数形式为

$$\ln P(y \mid \mu,\ \sigma^2) = -\frac{n}{2}\left[\ln(2\pi) + ln(\sigma^2) + \frac{1}{n\sigma^2}\sum_{i=1}^{n}(y_i - \mu)^2\right]$$

数据的均值和方差为 $\bar{y} = (1/n)\sum y_i$ 和 $V = (1/n)\sum(y_i - \bar{y})^2$ ，则 $\sum(y_i - \mu)^2 = \sum(y_i - \bar{y} + \bar{y} - \mu)^2 = \sum(y_i - \bar{y})^2 + \sum(\bar{y} - \mu)^2 + 2(\bar{y} - \mu)\sum(y_i - \bar{y}) = nV + n(\bar{y} - \mu)^2 = n[V + (\bar{y} - \mu)^2]$ ，上式也是给定数据集的均值和方差估计的似然对数为

$$\ln L(\mu,\ \sigma^2 \mid y) = -\frac{n}{2}\left[\ln(2\pi) + \ln(\sigma^2) + \frac{V + (\bar{y} - \mu)^2}{\sigma^2}\right]$$

上式对 μ 和 σ^2 求导数，并令导数为0

$$\frac{d\ln(\mu,\ \sigma^2 \mid y)}{d\mu} = \frac{n(\bar{y} - \mu)}{\sigma^2} = 0$$

$$\frac{d\ln(\mu,\ \sigma^2 \mid y)}{d\sigma^2} = -\frac{n}{2\sigma^2}\left[1 - \frac{V + (\bar{y} - \mu)^2}{\sigma^2}\right] = 0$$

μ 和 σ^2 的最大似然估计为

$$\widehat{\mu} = \bar{y}$$

$$\widehat{\sigma^2} = V + (\bar{y} - \mu)^2$$

如果观察值的均值与实际总体均值不同，则对方差 V 存在高估。通过最大似然法估计方差的缺点是可能出现有偏估计，因为没有考虑估计固定效应时损失的自由度。使用约束最

大似然（REML）可以避免上述缺点。将 $(\bar{y} - \mu)^2$ 替换为样本均值方差的期望 σ^2/n。

$$\hat{\sigma^2} = V + (\hat{\sigma^2}/n)$$

由于 σ^2 未知，可以使用迭代法：

$$\hat{\sigma^2_t} = V + (\hat{\sigma^2_{t-1}}/n)$$

当 $\hat{\sigma^2_{t-1}} \approx \hat{\sigma^2_t} = \hat{\sigma^2}$ 时，达到收敛，停止迭代，即

$$n\hat{\sigma^2} = nV + \hat{\sigma^2}$$

得

$$\hat{\sigma^2} = \frac{n}{n-1}V = \frac{\sum_{i=1}^{n}(y_i - \mu)^2}{n-1}$$

这是方差的无偏估计。

七、动物模型进行 REML 估计

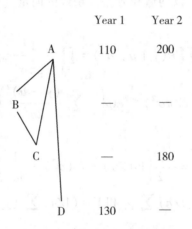

	Year 1	Year 2
A	110	200
B	—	—
C	—	180
D	130	—

使用混合模型表示上例为

$$y = Xb + Za + e$$

其中 y 是表型值向量，X 是固定效应（b）向量的指示矩阵（0 和 1），是平均值（μ）和其他固定效应；Z 是个体加性效应（向量 a）的指示矩阵，e 是残差向量。加性效应和残差服从正态分布 $N(0, \sigma_A^2)$ 和 $N(0, \sigma_R^2)$。

$$\begin{pmatrix} 110 \\ 200 \\ 180 \\ 130 \end{pmatrix} = \begin{pmatrix} 1 & 1 & 0 \\ 1 & 0 & 1 \\ 1 & 0 & 1 \\ 1 & 1 & 0 \end{pmatrix} \begin{pmatrix} \mu \\ b_1 \\ b_2 \end{pmatrix} + \begin{pmatrix} 1 & 0 & 0 & 0 \\ 1 & 0 & 0 & 0 \\ 0 & 0 & 1 & 0 \\ 0 & 0 & 0 & 1 \end{pmatrix} \begin{pmatrix} a_A \\ a_B \\ a_C \\ a_D \end{pmatrix} + \begin{pmatrix} e_A \\ e_B \\ e_C \\ e_D \end{pmatrix}$$

任何两个个体之间的加性遗传协方差由 $r\sigma_A^2$ 给出，其中 r 是个体之间加性关系系数的分子部分，即他们亲缘关系的两倍，例如全同胞为 $1/2$。因此，个体之间所有加性协方差的矩阵是方差-协方差矩阵 $G = A\sigma_A^2$，其中 A 是个体之间加性关系系数分子的矩阵。

$$A = \begin{pmatrix} 1 & 0.5 & 0.75 & 0.5 \\ 0.5 & 1 & 0.75 & 0.25 \\ 0.75 & 0.75 & 1.25 & 0.375 \\ 0.5 & 0.25 & 0.375 & 1 \end{pmatrix}$$

残差方差–协方差矩阵为 R，如果个体的残差误差之间没有交互作用，则该矩阵将简化为 $I\sigma_R^2$（其中 I 是单位矩阵，对角线值为 1，其余值为 0），$E[y] = Xb$，表型方差–协方差矩阵为

$$P = ZGZ' + I\sigma_R^2$$

$$P = \begin{pmatrix} 1 & 0 & 0 & 0 \\ 1 & 0 & 0 & 0 \\ 0 & 0 & 1 & 0 \\ 0 & 0 & 0 & 1 \end{pmatrix} \begin{pmatrix} 1 & 0.5 & 0.75 & 0.5 \\ 0.5 & 1 & 0.75 & 0.25 \\ 0.75 & 0.75 & 1.25 & 0.375 \\ 0.5 & 0.25 & 0.375 & 1 \end{pmatrix} \sigma_A^2 \begin{pmatrix} 1 & 1 & 0 & 0 \\ 0 & 0 & 0 & 0 \\ 0 & 0 & 1 & 0 \\ 0 & 0 & 0 & 1 \end{pmatrix}$$

$$+ \begin{pmatrix} 1 & 0 & 0 & 0 \\ 0 & 1 & 0 & 0 \\ 0 & 0 & 1 & 0 \\ 0 & 0 & 0 & 1 \end{pmatrix} \sigma_R^2$$

然后，表型观察向量（y）包含均值向量 Xb 和表型方差–协方差矩阵 P。数据的似然函数为

$$L(y \mid Xb,\ P) = (2\pi)^{-n/2} \mid P \mid^{-1/2} exp\left[-\frac{1}{2}(y - Xb)'P^{-1}(y - Xb)\right]$$

给定动物模型数据，参数估计似然函数的对数为

$$\ln L(b,\ P \mid y,\ Xb) = c - \frac{1}{2}\log \mid P \mid - \frac{1}{2}(y - Xb)'P^{-1}(y - Xb)$$

其中 c 是常数，$\mid P \mid$ 是矩阵 P 的行列式。b 和 P 的估计值是通过对上式的参数求导并令其等于零得到。动物模型提供的方差组分估计值适用于考虑家谱的基础群，不受有限群体规模、后代交配、选择或近亲繁殖而导致偏差的影响，因为加性关系矩阵（A）和显性关系矩阵（D）考虑这些因素。一般来说，用动物模型获得的遗传力估计值通常小于用上述更简单的方法（如亲代或同胞分析）获得的估计值，可能是因为后一种方法不能像前一种方法那样有效地消除估计的偏差。此外，用动物模型获得的估计值的标准误通常小于用简单方法获得的估计值。

八、通过 BLUP 预测加性值

$$\widehat{a} = h^2 P = cov(y,\ a)\sigma_P^{-2}(y - \mu)$$

加性值的 BLUP 预测是

$$\widehat{a} = cov(y',\ a)P^{-1}(y - Xb) = AZ'\sigma_A^2\left[ZGZ' + R\right]^{-1}(y - Xb)$$

$$\widehat{b} = (X'P^{-1}X)^{-1}X'P^{-1}y$$

在实践中用于 BLUP 预测和 BLUE 估计的 Henderson 混合模型方程为

$$\begin{pmatrix} X'R^{-1}X & X'R^{-1}Z \\ Z'R^{-1}X & Z'R^{-1}Z + A^{-1}\sigma_A^{-2} \end{pmatrix} \begin{pmatrix} \widehat{b} \\ \widehat{a} \end{pmatrix} = \begin{pmatrix} X'R^{-1}y \\ Z'R^{-1}y \end{pmatrix}$$

如果没有相关误差，则残差方差–协方差矩阵简化为 $R = I\sigma_R^2$ ，则

$$\begin{pmatrix} X'X & X'Z \\ Z'X & Z'Z + A^{-1}(\sigma_R^2/\sigma_A^2) \end{pmatrix} \begin{pmatrix} \hat{b} \\ \hat{a} \end{pmatrix} = \begin{pmatrix} X'y \\ Z'y \end{pmatrix}$$

加性值的预测需要预先知道加性和残差方差，如可以通过 REML 进行估计。如上所述，这些方差是基础群的方差。在整个谱系中，加性方差可能会因选择、群体规模缩小等发生变化。但是，只要系谱中的所有个体都可以与第 0 代的个体相关联（即没有未知父母的后代），并且基础群的个体是计算加性方差的总体的随机样本。

如上图，个体 C 的加性值是其父母加性值的一半加上孟德尔抽样离差。

$$A_C = \frac{1}{2}A_A + \frac{1}{2}A_B + m_C$$

$$= \frac{1}{2}A_A + \frac{1}{2}\left(\frac{1}{2}A_A + \frac{1}{2}A_B + m_B\right) + m_C$$

$$= \frac{3}{4}A_A + \frac{1}{4}A_B + \frac{1}{2}m_B + m_C$$

$$V(A_C) = \frac{9}{16}V(A_A) + \frac{1}{16}V(A_B) + \frac{1}{4}V(m_B) + V(m_C)$$

个体的孟德尔抽样离差取决于其父母的平均近交系数（ $\frac{1}{2}(1 - \bar{F})$ ）乘基础群的加性方差 σ_A^2 。

$$V(A_C) = \frac{9}{16}\sigma_A^2 + \frac{1}{16}\sigma_A^2 + \frac{1}{4}\sigma_A^2\left[\frac{1}{2}\left(1 - \frac{F_A}{2}\right)\right] + \sigma_A^2\left[\frac{1}{2}\left(1 - \frac{F_A + F_B}{2}\right)\right]$$

$$= \frac{20}{16}\sigma_A^2 = 1.25\sigma_A^2 = (1 + F_C)\sigma_A^2$$

在上例中 $F_A = F_B = 0$ 。个体 C 的加性值方差等于个体 C 的近交系数和基种群加性方差的函数（见 A 阵）。

即使分析的种群受到不同的过程（例如选择、非随机交配或群体规模的变化）的影响，BLUP 也可以获得无偏的预测。

九、BLUP 预测和 BLUE 估计示例

如果 $\sigma_A^2 = \sigma_E^2 = 0.5$ ，上例计算过程如下：

$$X'X = \begin{pmatrix} 1 & 1 & 1 & 1 \\ 1 & 0 & 0 & 1 \\ 0 & 1 & 1 & 0 \end{pmatrix} \begin{pmatrix} 1 & 1 & 0 \\ 1 & 0 & 1 \\ 1 & 0 & 1 \\ 1 & 1 & 0 \end{pmatrix} = \begin{pmatrix} 4 & 2 & 2 \\ 2 & 2 & 0 \\ 2 & 0 & 2 \end{pmatrix}$$

$$X'Z = \begin{pmatrix} 1 & 1 & 1 & 1 \\ 1 & 0 & 0 & 1 \\ 0 & 1 & 1 & 0 \end{pmatrix} \begin{pmatrix} 1 & 0 & 0 & 0 \\ 1 & 0 & 0 & 0 \\ 0 & 0 & 1 & 0 \\ 0 & 0 & 0 & 1 \end{pmatrix} = \begin{pmatrix} 2 & 0 & 1 & 1 \\ 1 & 0 & 0 & 1 \\ 1 & 0 & 1 & 0 \end{pmatrix}$$

$$Z'X = \begin{pmatrix} 1 & 1 & 0 & 0 \\ 0 & 0 & 0 & 0 \\ 0 & 0 & 1 & 0 \\ 0 & 0 & 0 & 1 \end{pmatrix} \begin{pmatrix} 1 & 1 & 0 \\ 1 & 0 & 1 \\ 1 & 0 & 1 \\ 1 & 1 & 0 \end{pmatrix} = \begin{pmatrix} 2 & 1 & 1 \\ 0 & 0 & 0 \\ 1 & 0 & 1 \\ 1 & 1 & 0 \end{pmatrix}$$

$$Z'Z = \begin{pmatrix} 1 & 1 & 0 & 0 \\ 0 & 0 & 0 & 0 \\ 0 & 0 & 1 & 0 \\ 0 & 0 & 0 & 1 \end{pmatrix} \begin{pmatrix} 1 & 0 & 0 & 0 \\ 1 & 0 & 0 & 0 \\ 0 & 0 & 1 & 0 \\ 0 & 0 & 0 & 1 \end{pmatrix} = \begin{pmatrix} 2 & 0 & 0 & 0 \\ 0 & 0 & 0 & 0 \\ 0 & 0 & 1 & 0 \\ 0 & 0 & 0 & 1 \end{pmatrix}$$

$$X'y = \begin{pmatrix} 1 & 1 & 1 & 1 \\ 1 & 0 & 0 & 1 \\ 0 & 1 & 1 & 0 \end{pmatrix} \begin{pmatrix} 110 \\ 200 \\ 180 \\ 130 \end{pmatrix} = \begin{pmatrix} 620 \\ 240 \\ 380 \end{pmatrix}$$

$$Z'y = \begin{pmatrix} 1 & 1 & 0 & 0 \\ 0 & 0 & 0 & 0 \\ 0 & 0 & 1 & 0 \\ 0 & 0 & 0 & 1 \end{pmatrix} \begin{pmatrix} 110 \\ 200 \\ 180 \\ 130 \end{pmatrix} = \begin{pmatrix} 310 \\ 0 \\ 180 \\ 130 \end{pmatrix}$$

分子加性关系矩阵（A）的逆矩阵为

$$A^{-1} = \begin{pmatrix} 2.167 & -0.167 & -1 & -0.667 \\ -0.167 & 1.833 & -1 & 0 \\ -1 & -1 & 2 & 0 \\ -0.667 & 0 & 0 & 1.333 \end{pmatrix}$$

则

$$\begin{pmatrix} 4 & 2 & 2 & 2 & 0 & 1 & 1 \\ 2 & 2 & 0 & 1 & 0 & 0 & 1 \\ 2 & 0 & 2 & 1 & 0 & 1 & 0 \\ 2 & 1 & 1 & 2+2.167 & -0.167 & -1 & -0.667 \\ 0 & 0 & 0 & -0.167 & 1.833 & -1 & 0 \\ 1 & 0 & 1 & -1 & -1 & 1+2 & 0 \\ 1 & 1 & 0 & -0.667 & 0 & 0 & 1+1.333 \end{pmatrix} \begin{pmatrix} \mu \\ b_1 \\ b_2 \\ a_A \\ a_B \\ a_C \\ a_D \end{pmatrix} = \begin{pmatrix} 620 \\ 240 \\ 380 \\ 310 \\ 0 \\ 180 \\ 130 \end{pmatrix}$$

由于第一行是第二行和第三行之和，因此有 6 个独立方程，7 个未知数，可以给第一年的固定效应赋值为零（$b_1 = 0$），所以得到的 6 个方程和 6 个未知数的方程组

$$\begin{pmatrix} \mu \\ b_2 \\ a_A \\ a_B \\ a_C \\ a_D \end{pmatrix} = \begin{pmatrix} 2 & 0 & 1 & 0 & 0 & 1 \\ 2 & 2 & 1 & 0 & 1 & 0 \\ 2 & 1 & 4.167 & -0.167 & -1 & -0.667 \\ 0 & 0 & -0.167 & 1.833 & -1 & 0 \\ 1 & 1 & -1 & -1 & 3 & 0 \\ 1 & 0 & -0.667 & 0 & 0 & 2.333 \end{pmatrix}^{-1} \begin{pmatrix} 240 \\ 380 \\ 310 \\ 0 \\ 180 \\ 130 \end{pmatrix}$$

结果如下

$\mu = 118.58$，$b_1 = 0$，$b_2 = 75.43$，$a_A = -1.59$，$a_B = -3.64$，$a_C = -6.41$，$a_D = 4.44$

十、使用具有遗传标记的分子共同祖先

个体 i 和 j 之间给定性状的表型值（P）之间的相似性可以定义为

$$Z_{ij} = [(P_i - \bar{P})(P_j - \bar{P})]/\sigma_P^2$$

其中 P 和 σ_P^2 是总体性状的均值和方差。如果表型之间的相似性是由于个体共享的基因和环境，可以表示为

$$Z_{ij} = 2f_{ij}h^2 + r_e + e_{ij}$$

其中 f_{ij} 是个体之间的共同血缘关系，可以用标记（f_M）估计，h^2 是性状遗传力，r_e 是由于个体共同的环境可能导致的相关性，e_{ij} 是残差。因此，遗传力可以用表型相似性对共同祖先的回归得到

$$\widehat{h^2} = \frac{cov(Z, f_M)}{2var(f_M)}$$

其中 $var(f_M)$ 是分子亲缘关系的方差。

通过标记估计加性关系的全同胞对设计，遗传力估计的方差约为 $2/(n \times V(r_M))$，其中 n 是全同胞对数，$V(r_M)$ 是加性关系的方差。这个方差在理论上可以近似为

$$V(r_M) \approx 1/(16L) - 1/(3L^2)$$

其中 L 是 Morgans（M）为单位的遗传图谱的总长度。在人类中，22 个常染色体是 $L = 35M$，因此 $V(r_M) \approx 0.04^2$。也就是说，全同胞共享基因的预期比例（0.5）的标准偏差约为 4%。因此，这种设计的遗传力估计值的近似标准误差为 $SE[h^2] = \sqrt{2/(n \times V(r_M))} \approx 35/\sqrt{n}$，因此，需要大量同胞对来使用这种方法获得遗传力的准确估计。

十一、常见方差组分估计方法

方差组分估计是动物育种中的重要部分，它有助于从总的方差中剖析出关于遗传变异的部分，估计数量性状的群体遗传参数，从而估计育种值、预测选择效果及解释数量性状的遗传机制等。动物育种中一些数量性状的重复力、遗传力等都是方差组分的函数，这些遗传参数估计相当于方差组分估计。方差组分估计的难度源于动物生产记录资料的复杂性，因此，方差组分估计依然是许多学术会议的重要议题之一。方差组分估计是动物遗传评估和选种的重要基础。方差组分估计分为四个部分，分别是方差分析（ANOVA）、最小范数二次估无偏估计（MINQUE）、最大似然估计（ML）以及约束最大似然法（REML），其中方差分析（Analysis of Variance，简称 ANOVA），又称"变异数分析"，是 R. A. Fisher 发明的，用于两个及两个以上样本均数差别的显著性检验。由于各种因素的影响，研究所得的数据呈现波动状。造成波动的原因可分成两类，一类是不可控的随机因素，另一类是研究中施加的对结果形成影响的可控因素。在动物遗传育种中可以进行遗传力和重复力的计算。

（一）AI 算法

在 Newton-Raphson 迭代公式中：

$$\theta^{(t+1)} = \theta^{(t)} - (H^{(t)})^{-1} \frac{\partial L(\theta^{(t)})}{\partial \theta^{(t)}}$$

Fisher Scoring 迭代公式：

$$\theta^{(t+1)} = \theta^{(t)} - (F^{(t)})^{-1} \frac{\partial L(\theta^{(t)})}{\partial \theta^{(t)}}$$

其中，θ 表示参数向量；t 表示第 t 次迭代；$\frac{\partial L(\theta^{(t)})}{\partial \theta^{(t)}}$ 表示一阶偏导向量；H 为二阶偏导矩阵，称为 Hessian 矩阵；F 为期望信息矩阵（二阶偏导的期望）。

一阶偏导：

$$\frac{\partial L(\theta;\ y)}{\partial \theta_i} = \frac{1}{2} \left\{ - tr \left[P \frac{\partial V}{\partial \theta_i} \right] + y'P \frac{\partial V}{\partial \theta_i} Py \right\}$$

二阶偏导公式：

$$\frac{\partial L(\theta;\ y)}{\partial \theta_i \partial \theta_j} = \frac{1}{2} \left\{ tr \left[P \frac{\partial V}{\partial \theta_i} P \frac{\partial V}{\partial \theta_j} \right] - 2y'P \frac{\partial V}{\partial \theta_i} P \frac{\partial V}{\partial \theta_j} Py \right\}$$

二阶偏导期望：

$$\frac{\partial L(\theta;\ y)}{\partial \theta_i \partial \theta_j} = -\frac{1}{2} tr \left[P \frac{\partial V}{\partial \theta_i} P \frac{\partial V}{\partial \theta_j} \right]$$

所谓的平均信息法，就是取 H 矩阵和 F 矩阵的平均值，即

$$\frac{H+F}{2} = -\frac{1}{2} y'P \frac{\partial V}{\partial \theta_i} P \frac{\partial V}{\partial \theta_j} Py$$

公式有负号，做一下修改

$$AI = -\frac{H+F}{2} = -\frac{1}{2} y'P \frac{\partial V}{\partial \theta_i} P \frac{\partial V}{\partial \theta_j} Py$$

即 AI 算法的公式为

$$\theta^{(t+1)} = \theta^{(t)} + (AI^{(t)})^{-1} \frac{\partial L(\theta^{(t)})}{\partial \theta^{(t)}}$$

这样做的优势为可以提高计算的效率。Newton-Raphson 和 Fisher Scoring 都包含 $tr \left[P \frac{\partial V}{\partial \theta_i} P \frac{\partial V}{\partial \theta_j} \right]$ 项，这一项是四个矩阵相乘的结果再求迹，算法复杂度高。关于算法复杂度，直观上可以得出矩阵×矩阵×矩阵>向量×向量×向量。AI 矩阵通过将 F 和 H 平均后，剔除了这一项，只包含矩阵×向量项，提高了运算效率。

可以看出，AI 算法算是一种经验技巧，这种方法只适用于线性混合模型求方差组分问题，不像 Newton-Raphson 那样具有求极值的通用性。

（二）Fisher Scoring 迭代

$$\theta^{(t+1)} = \theta^{(t)} - (F^{(t)})^{-1} \frac{\partial L(\theta^{(t)})}{\partial \theta^{(t)}}$$

其中，θ 表示参数向量；t 表示第 t 次迭代；$\frac{\partial L(\theta^{(t)})}{\partial \theta^{(t)}}$ 表示一阶偏导向量；与牛顿迭代不同，F 为期望信息矩阵（二阶偏导的期望）。

一阶偏导：

$$\frac{\partial L(\theta;\ y)}{\partial \theta_i} = \frac{1}{2}\left\{ -tr\left[P\frac{\partial V}{\partial \theta_i}\right] + y'P\frac{\partial V}{\partial \theta_i}Py \right\}$$

二阶偏导的期望：

$$\frac{\partial L(\theta;\ y)}{\partial \theta_i \partial \theta_j} = -\frac{1}{2}tr\left[P\frac{\partial V}{\partial \theta_i}P\frac{\partial V}{\partial \theta_j}\right]$$

GBLUP 模型的 Fisher Scoring 迭代：

$$y = Xb + Zu + e$$

其中，y 是表型值向量；b 是固定效应向量；u 是随机加性遗传效应向量；e 是随机残差；x 和 z 相应的设计矩阵。假设 u 和 e 服从多元正态分布，即

$$u \sim N(0,\ G) = N(0,\ K\sigma_a^2),\ e \sim N(0,\ R) = N(0,\ I\sigma_e^2)$$

G 表示随机效应的方差协方差矩阵，K 表示基因组关系矩阵，I 为单位阵，和分别为加性遗传方差和残差方差，在这里，令 $\theta = [\sigma_a^2,\ \sigma_e^2]$，我们的目的是估计参数向量 θ。

对于这里的 GBLUP 模型有

$$V = ZKZ'\sigma_a^2 + I\sigma_e^2$$

$$\frac{\partial V}{\sigma_a^2}ZKZ'$$

$$\frac{\partial V}{\sigma_e^2} = I$$

因此对于一阶偏导向量有

$$\frac{\partial L(\theta^{(t)})}{\partial \theta^{(t)}} = \begin{bmatrix} \dfrac{1}{2}\{ -tr[PZKZ'] + y'PZKZ'Py\} \\[2mm] \dfrac{1}{2}\{ -tr[P] + y'PPy\} \end{bmatrix}$$

期望信息矩阵

$$F = \begin{bmatrix} -\dfrac{1}{2}tr[PZKZ'PZKZ'] & -\dfrac{1}{2}tr[PZKZ'P] \\[2mm] -\dfrac{1}{2}tr[PPZKZ'] & -\dfrac{1}{2}tr[PP] \end{bmatrix}$$

得知重要性质如下：

$$\frac{\partial \log |V|}{\partial \theta_i} = tr\left(V^{-1}\frac{\partial V}{\partial \theta_i}\right) \tag{1}$$

$$\frac{\partial V^{-1}}{\partial \theta_i} = -V^{-1}\frac{\partial V}{\partial \theta_i}V^{-1} \tag{2}$$

$$\frac{\partial P}{\partial \theta_i} = \frac{\partial P}{\partial \theta_i} = -P\frac{\partial V}{\partial \theta_i}P \tag{3}$$

对于随机向量 y，如果有 $E(y) = \mu$ 及 $Var(y) = \sum$，那么对于任意的对称矩阵 D，有

$$E(y'Dy) = tr(\sum D) + \mu'D\mu \tag{4}$$

对数似然函数公式

$$L(\sigma_a^2,\ \sigma_e^2;\ y) = -\frac{1}{2}(\log|V| + \log|X'V^{-1}X| + y'Py)$$

其中，$P = V^{-1} - V^{-1}X(X'V^{-1}X)^{-1}X'V^{-1}$

对数似然函数公式的一阶偏导

$$\frac{\partial L(\theta;\ y)}{\partial \theta_i} = -\frac{1}{2}\left[\frac{\partial \log|V|}{\partial \theta_i} + \frac{\partial \log|X'V^{-1}X|}{\partial \theta_i} + \frac{\partial y'Py}{\partial \theta_i}\right]$$

由公式（1）、（2）得

$$\frac{\partial \log|X'V^{-1}X|}{\partial \theta_i} = tr\left[(X'V^{-1}X)^{-1}\frac{\partial(X'V^{-1}X)}{\partial \theta_i}\right]$$

$$= tr\left[(X'V^{-1}X)^{-1}X'\frac{\partial(V^{-1})}{\partial \theta_i}X\right]$$

$$= -tr\left[(X'V^{-1}X)^{-1}X'V^{-1}\frac{\partial V}{\partial \theta_i}V^{-1}X\right]$$

$$= -tr\left[V^{-1}X(X'V^{-1}X)^{-1}X'V^{-1}\frac{\partial V}{\partial \theta_i}\right]（交换律）$$

所以对于一阶偏导有

$$\frac{\partial L(\theta;\ y)}{\partial \theta_i} = -\frac{1}{2}\left[\frac{\partial \log|V|}{\partial \theta_i} + \frac{\partial \log|X'V^{-1}X|}{\partial \theta_i} + \frac{\partial y'Py}{\partial \theta_i}\right]$$

$$= -\frac{1}{2}\left[tr\left(V^{-1}\frac{\partial V}{\partial \theta_i}\right) - tr\left[V^{-1}X(X'V^{-1}X)^{-1}X'V^{-1}\frac{\partial V}{\partial \theta_i}\right] - y'P\frac{\partial V}{\partial \theta_i}Py\right]$$

$$= -\frac{1}{2}\left\{tr\left[(V^{-1} - V^{-1}X(X'V^{-1}X)^{-1}X'V^{-1})\frac{\partial V}{\partial \theta_i}\right] - y'P\frac{\partial V}{\partial \theta_i}Py\right\}$$

$$= -\frac{1}{2}\left\{tr\left[P\frac{\partial V}{\partial \theta_i}\right] - y'P\frac{\partial V}{\partial \theta_i}Py\right\}$$

对数似然函数公式的二阶偏导有

$$\frac{\partial L(\theta;\ y)}{\partial \theta_i \partial \theta_j} = -\frac{1}{2}\left\{\frac{\partial tr\left[P\frac{\partial V}{\partial \theta_i}\right]}{\partial \theta_j} - \frac{\partial y'P\frac{\partial V}{\partial \theta_i}Py}{\partial \theta_j}\right\}$$

由公式（3）得到

$$\frac{\partial tr\left[P\frac{\partial V}{\partial \theta_i}\right]}{\partial \theta_j} = tr\left[\frac{\partial P}{\partial \theta_j}\frac{\partial V}{\partial \theta_i} + P\frac{\partial V}{\partial \theta_i \partial \theta_j}\right]$$

$$= tr\left[-P\frac{\partial V}{\partial \theta_j}P\frac{\partial V}{\partial \theta_i}\right] + tr\left[P\frac{\partial V}{\partial \theta_i \partial \theta_j}\right]$$

$$= tr\left[P\frac{\partial V}{\partial \theta_i \partial \theta_j}\right] - tr\left[P\frac{\partial V}{\partial \theta_i}P\frac{\partial V}{\partial \theta_j}\right]$$

$$\frac{\partial y'P\frac{\partial V}{\partial \theta_i}Py}{\partial \theta_j} = y'\left\{\frac{\partial P}{\partial \theta_j}\frac{\partial V}{\partial \theta_i}P + P\frac{\partial V}{\partial \theta_i \partial \theta_j}P + \frac{\partial V}{\partial \theta_i}\frac{\partial P}{\partial \theta_j}\right\}y$$

$$= y'\left\{-P\frac{\partial V}{\partial \theta_j}P\frac{\partial V}{\partial \theta_i}P + P\frac{\partial V}{\partial \theta_i \partial \theta_j}P - P\frac{\partial V}{\partial \theta_i}P\frac{\partial V}{\partial \theta_j}P\right\}y$$

$$= y' \left\{ P \frac{\partial V}{\partial \theta_i \partial \theta_j} P - 2P \frac{\partial V}{\partial \theta_i} P \frac{\partial V}{\partial \theta_j} P \right\} y$$

$$= y' P \frac{\partial V}{\partial \theta_i \partial \theta_j} P y - 2y' P \frac{\partial V}{\partial \theta_i} P \frac{\partial V}{\partial \theta_j} P y$$

所以对于二阶偏导有

$$\frac{\partial L(\theta; y)}{\partial \theta_i \partial \theta_j} = -\frac{1}{2} \left\{ tr \left[p \frac{\partial V}{\partial \theta_i \partial \theta_j} \right] - tr \left[p \frac{\partial V}{\partial \theta_i} p \frac{\partial V}{\partial \theta_j} \right] - y' P \frac{\partial V}{\partial \theta_i \partial \theta_j} P y + 2y' P \frac{\partial V}{\partial \theta_i} P \frac{\partial V}{\partial \theta_j} P y \right\}$$

和牛顿迭代公式不一样，主要是因为牛顿迭代用 $y' P \dfrac{\partial V}{\partial \theta_i \partial \theta_j} P y$ 的期望近期替代本身。

由公式（4）得

$$E \left(y' P \frac{\partial V}{\partial \theta_i \partial \theta_j} P y \right) = tr \left(VP \frac{\partial V}{\partial \theta_i \partial \theta_j} P \right) + b' X' P \frac{\partial V}{\partial \theta_i} P X b$$

而对于如下公式

$$PVP = \left[V^{-1} - V^{-1} X (X' V^{-1} X)^{-1} X' V^{-1} \right] V \left[V^{-1} - V^{-1} X (X' V^{-1} X)^{-1} X' V^{-1} \right]$$

$$= \left[I - V^{-1} X (X' V^{-1} X)^{-1} X' \right] \left[V^{-1} - V^{-1} X (X' V^{-1} X)^{-1} X' V^{-1} \right]$$

$$= V^{-1} - V^{-1} X (X' V^{-1} X)^{-1} X' V^{-1} - V^{-1} X (X' V^{-1} X)^{-1} X' V^{-1} + V^{-1} X (X' V^{-1} X)^{-1} X' V^{-1}$$

$$X (X' V^{-1} X)^{-1} x' V^{-1}$$

$$= V^{-1} - 2V^{-1} X (X' V^{-1} X)^{-1} X' V^{-1} + V' X (X' V^{-1} X)^{-1} X' V^{-1}$$

$$= V^{-1} - V^{-1} X (X' V^{-1} X)^{-1} X' V^{-1} = P \tag{5}$$

$$PXb = (V^{-1} - V^{-1} X (X' V^{-1} X)^{-1} X' V^{-1}) Xb$$

$$= V^{-1} Xb - V^{-1} X (X' V^{-1} X)^{-1} X' V^{-1} Xb$$

$$= V^{-1} Xb - V^{-1} Xb$$

$$= 0 \tag{6}$$

因而

$$E \left(y' P \frac{\partial V}{\partial \theta_i \partial \theta_j} P y \right) = tr \left(VP \frac{\partial V}{\partial \theta_i \partial \theta_j} P \right) + b' X' P \frac{\partial V}{\partial \theta_i} P X b$$

$$= tr \left(PVP \frac{\partial V}{\partial \theta_i \partial \theta_j} \right)$$

$$= tr \left(P \frac{\partial V}{\partial \theta_i \partial \theta_j} \right)$$

用期望近似替代本身，得到

$$\frac{\partial L(\theta; y)}{\partial \theta_i \partial \theta_j} = \frac{1}{2} \left\{ tr \left[p \frac{\partial V}{\partial \theta_i} p \frac{\partial V}{\partial \theta_j} \right] - 2y' P \frac{\partial V}{\partial \theta_i} P \frac{\partial V}{\partial \theta_j} P y \right\}$$

二阶偏导的期望

$$E \left(\frac{\partial L(\theta; y)}{\partial \theta_i \partial \theta_j} \right) = E \left(-\frac{1}{2} \left\{ tr \left[P \frac{\partial V}{\partial \theta_i \partial \theta_j} \right] - tr \left[P \frac{\partial V}{\partial \theta_i} P \frac{\partial V}{\partial \theta_j} \right] - y' P \frac{\partial V}{\partial \theta_i \partial \theta_j} P y + 2y' P \frac{\partial V}{\partial \theta_i} P \frac{\partial V}{\partial \theta_j} P y \right\} \right)$$

$$= -\frac{1}{2} \left\{ tr \left[P \frac{\partial V}{\partial \theta_i \partial \theta_j} \right] - tr \left[P \frac{\partial V}{\partial \theta_i} P \frac{\partial V}{\partial \theta_j} \right] - E \left(y' P \frac{\partial V}{\partial \theta_i \partial \theta_j} P y \right) + 2E \left(y' P \frac{\partial V}{\partial \theta_i} P \frac{\partial V}{\partial \theta_j} P y \right) \right\}$$

$$= \frac{1}{2} \left\{ tr \left[P \frac{\partial V}{\partial \theta_i} P \frac{\partial V}{\partial \theta_j} \right] - 2E \left(y' P \frac{\partial V}{\partial \theta_i} P \frac{\partial V}{\partial \theta_j} P y \right) \right\}$$

利用公式（4）、（5）和（6）得到

$$E\left(y'P\frac{\partial V}{\partial \theta_i}P\frac{\partial V}{\partial \theta_j}\right) = tr\left(VP\frac{\partial V}{\partial \theta_i}P\frac{\partial V}{\partial \theta_j}P\right) + (Xb)'P\frac{\partial V}{\partial \theta_i}P\frac{\partial V}{\partial \theta_j}P(Xb)$$

$$= tr\left(PVP\frac{\partial V}{\partial \theta_i}P\frac{\partial V}{\partial \theta_j}\right)$$

$$= tr\left(P\frac{\partial V}{\partial \theta_i}P\frac{\partial V}{\partial \theta_j}\right)$$

因而对于二阶偏导的期望有

$$E\left(\frac{\partial L(\theta;y)}{\partial \theta_i \partial \theta_j}\right) = E\left(-\frac{1}{2}\left\{tr\left[P\frac{\partial V}{\partial \theta_i \partial \theta_j}\right] - tr\left[P\frac{\partial V}{\partial \theta_i}P\frac{\partial V}{\partial \theta_j}\right] - y'P\frac{\partial V}{\partial \theta_i \partial \theta_j}Py + 2y'P\frac{\partial V}{\partial \theta_i}P\frac{\partial V}{\partial \theta_j}Py\right\}\right)$$

$$= -\frac{1}{2}\left\{tr\left[P\frac{\partial V}{\partial \theta_i \partial \theta_j}\right] - tr\left[P\frac{\partial V}{\partial \theta_i}P\frac{\partial V}{\partial \theta_j}\right] - E\left(y'P\frac{\partial V}{\partial \theta_i \partial \theta_j}Py\right) + 2E\left(y'P\frac{\partial V}{\partial \theta_i}P\frac{\partial V}{\partial \theta_j}Py\right)\right\}$$

$$= \frac{1}{2}\left\{tr\left[P\frac{\partial V}{\partial \theta_i}P\frac{\partial V}{\partial \theta_j}\right] - 2E\left[y'P\frac{\partial V}{\partial \theta_i}P\frac{\partial V}{\partial \theta_j}Py\right]\right\}$$

$$= -\frac{1}{2}tr\left[P\frac{\partial V}{\partial \theta_i}P\frac{\partial V}{\partial \theta_j}\right]$$

（三）约束最大似然

约束最大似然（Restricted Maximum Likelihood，REML），实质还是最大似然，约束的是固定效应部分，避免了由于模型拟合固定效应而造成的自由度损失。约束最大似然是方差组分估计的标准方法。

模型：

$$y = Xb + Zu + e$$

其中，y 是表型向量，b 是固定效应向量，u 是随机效应向量，e 是随机残差。X 和 Z 是设计矩阵。假设 u 和 e 服从多元正态分布，即

$$u \sim N(0,\ G) = N(0,\ K\sigma_a^2),\quad e \sim N(0,\ R) = (0,\ I\sigma_e^2)$$

$$y \sim N(Xb,\ V) = N(Xb,\ G + R) = N(Xb,\ K\sigma_a^2 + I\sigma_e^2)$$

需要注意的是，在这里我们用 G 表示随机效应的方差协方差矩阵，K 表示基因组关系矩阵（kinship），I 是单位阵，σ_a^2 和 σ_e^2 分别是加性方差和随机残差。

约束最大似然：

定义 L 矩阵（$nx(n-p)$ 维），满足 $L'X = 0$，这样

$$E(L'y) = L'Xb = 0$$

其中，n 是个体数，p 为矩阵 X 的秩。

原模型转化为

$$L'y = L'Zu + L'e$$

$L'y$ 的分布如下

$$L'y \sim N(0,\ L'VL)$$

$L'y$ 的密度函数

$$f(L'y) = \frac{1}{(2\Pi)^{\frac{n-v}{2}}|L'VL|^{\frac{1}{2}}}e^{-0.5(L'y)'(L'VL)^{-1}(L'y)}$$

对数似然函数

$$L(\sigma_a^2, \sigma_e^2; y) = -\frac{1}{2}\left[(n-p)\log(2\Pi) + L'VL + 0.5(y'L(K'V^{-1}K)^{-1}L'y)\right]$$

$$-2L(\sigma_a^2, \sigma_e^2; y) = (|n-p)\log(2\Pi) + L'VL + 0.5(y'L(K'V^{-1}K)^{-1}L'y)$$

经过一系列的推导:

公式 1 $-2L(\sigma_a^2, \sigma_e^2; y) = \log|V| + \log|X'V^{-1}X| + y'Py$

公式 2 $-2L(\sigma_a^2, \sigma_e^2; y) = \log|C| + \log|R| + \log|G| + y'Py$

其中,$P = V^{-1} - V^{-1}X(X'V^{-1}X)^{-1}X'V^{-1}$

$$C = \begin{bmatrix} X'R^{-1}X & X'R^{-1}Z \\ Z'R^{-1}X & Z'R^{-1}Z + G^{-1} \end{bmatrix}$$

结合约束最大似然,相对于最大似然多了一项 $\log|X'V^{-1}X|$。

需要注意的是,这两个公式是线性混合模型约束最大似然函数的通用公式,也就是说,动物模型、重复力模型、多性状模型、随机回归模型等等,公式都如此,只是方差结构的形式不同而已。

通过最小化公式(1)或公式(2)(也就是最大化约束似然函数),我们即可求出方差组分。

最直接的公式,应该是公式(1),但是最早应用的公式,却是公式(2)。两公式区别:

(1)公式(1)含 V,公式(2)含 C;

(2)公式(1)利用的是 K,不需要对 K 求逆,而公式(2)利用的是 K 逆;

(3)传统线性混合模型软件,例如 DMU、ASreml、blupf90 等等都是利用的公式(2),而目前流行的 GWAS 软件,GCTA、GEMMA、FaST-LMM、EMMAX、TASSEL 等等,都是用的公式(1)。具体使用哪个公式,主要是考虑矩阵的稀疏性和维数。传统遗传评估、目前流行的一步法基因组选择,利用到系谱关系,A 逆和 H 逆比较稀疏,构建的 C 有很好的稀疏性,所以利用公式(2)速度快。而 GWAS 一般只利用 SNP 信息构建基因组关系矩阵(K),K 是密集矩阵,构建出 C 后也是密集矩阵,并且 C 矩阵的维数要比 V 大,反而会降低速度。导致流行的 GWAS 软件普遍利用公式(1)。

(四)最大似然法

方差组分估计是线性混合模型的计算瓶颈,也是难度最高、方法又最丰富的一块。

基本思想:假设变量 X 的概率密度函数为 $f(x, \theta)$,在这里 θ 是相关的参数,如果我们已知 θ,就可以知道随机变量 X 观测值发生的概率。相反,如果我们知道 X 的一组观测值,固定 x,可以将 $f(x, \theta)$ 看成是关于 θ 的函数,称这个函数为似然函数。概率函数和似然函数可以说是同一函数,只是不同的角度来理解。最大似然估计是寻找使 $X = x$ 发生时概率最大时,θ 的取值。

最大似然估计的一般步骤:

① 写出似然函数

② 对似然函数取对数,并整理

③ 求导

④ 解似然函数

方差组分的最大似然估计模型

$$y = Xb + Zu + e$$

其中，y 是表型值向量；b 是固定效应向量；u 是随机加性遗传效应向量；e 是随机残差；x 和 Z 相应的设计矩阵，假设 u 和 e 服从多元正太分布，即

$$u \sim N(0,\ G\sigma_a^2),\ e \sim N(0,\ R) = N(0,\ I\sigma_e^2)$$

在这里，G 为基因组关系矩阵，I 为单位阵，σ_a^2 和 σ_e^2 分别为加性遗传方差和残差方差。在这里，我们的目的是估计 σ_a^2 和 σ_e^2。

步骤如下。

① 写出似然函数，也是变量 y 的密度函数

$$y \sim N(Xb,\ V) = N(Xb,\ G\sigma_a^2 + I\sigma_e^2)$$

$$f(y) = \frac{1}{(2\pi)^{\frac{1}{2}} |V|^{\frac{1}{2}}} e^{-0.5(y-Xb)V^{-1}(y-Xb)}$$

② 取对数，并整理

$$L(b,\ \sigma_a^2,\ \sigma_e^2;\ y) = -\frac{1}{2}\big[\log(2\pi) + \log|V| + (y-Xb)'V^{-1}(y-Xb)\big]$$

前面更新提到了混合模型方程组，利用它消去固定效应 b，得

$$\begin{bmatrix} X'R^{-1}X & X'R^{-1}Z \\ Z'R^{-1}X & Z'R^{-1}Z + G^{-1}/\sigma_a^2 \end{bmatrix} \begin{bmatrix} \hat{b} \\ \hat{u} \end{bmatrix} = \begin{bmatrix} X'R^{-1}y \\ Z'R^{-1}y \end{bmatrix}$$

$$X'R^{-1}X\hat{b} = X'R^{-1}Z\hat{u} = XR^{-1}y \tag{1}$$

$$Z'R^{-1}X\hat{b} + (Z'R^{-1}Z + G^{-1}/\sigma_a^2)\hat{u} = Z'R^{-1}y \tag{2}$$

整理公式（2）

$$\hat{u} = (Z'R^{-1}Z + G^{-1}/\sigma_a^2)^{-1}Z'R^{-1}(y - X\hat{b})$$

代入公式（1）得到

$$X'R^{-1}X\hat{b} + X'R^{-1}Z(Z'R^{-1}Z + G^{-1}/\sigma_a^2)^{-1}Z'R^{-1}(y - X\hat{b}) = X'R^{-1}y$$

$$[X'R^{-1}X - X'R^{-1}Z(Z'R^{-1}Z + G^{-1}/\sigma_a^2)^{-1}Z'R^{-1}X]\hat{b}$$
$$= [X'R^{-1} - X'R^{-1}Z(Z'R^{-1}Z + G^{-1}/\sigma_a^2)^{-1}Z'R^{-1}]y \tag{3}$$

这里

$$[X'R^{-1}X - X'R^{-1}Z(Z'R^{-1}Z + G^{-1}/\sigma_a^2)^{-1}Z'R^{-1}X]$$
$$= X'[R^{-1} - R^{-1}Z(Z'R^{-1}Z + G^{-1}/\sigma_a^2)^{-1}Z'R^{-1}]X$$

假设 M 和 S 可逆，如有以下性质

$$(M + BSC^{-1}) = M^{-1}B(S^{-1} + C'M^{-1}B)^{-1}CM^{-1}$$

我们反过来套用一下，可得到

$$[R^{-1} - R^{-1}Z(Z'R^{-1}Z + G^{-1}/\sigma_a^2)^{-1}Z'R^{-1}] = [R + ZGZ'\sigma_a^2]^{-1} = V^{-1}$$

对于公式（3）的右边

$$[X'R^{-1} - X'R^{-1}Z(Z'R^{-1}Z + G^{-1}/\sigma_a^2)^{-1}Z'R^{-1}]y$$
$$= X'[R^{-1} - R^{-1}Z(Z'R^{-1}Z + G^{-1}/\sigma_a^2)^{-1}Z'R^{-1}]y = X'V^{-1}y$$

整理公式（3），可得到

$$\hat{b} = [X'V^{-1}X]^{-1}X'V^{-1}y \tag{4}$$

将公式（4）代入似然函数

$$L(b,\ \sigma_a^2,\ \sigma_e^2,\ y) = -\frac{1}{2}\big[\log(2\pi) + \log|V| + (y - X(X'V^{-1}X)^{-1}X'V^{-1}y)'V^{-1}$$

$$(y - X(X'V^{-1}X)^{-1}X'V^{-1}y)]$$

$$= -\frac{1}{2}\big[\log(2\pi) + \log|V| + (y - X(X'V^{-1}X)^{-1}X'V^{-1}y)^{-1}V^{-1}(y - X(X'V^{-1}X)^{-1}X'V^{-1}y)\big]$$

$$= -\frac{1}{2}\big[\log(2\pi) + \log|V| + y'(1 - X(X'V^{-1}X)^{-1}X'V^{-1})'V^{-1}(1 - X(X'V^{-1}X)^{-1}X'V^{-1})y\big]$$

整理如下公式

$$(1 - X(X'V^{-1}X)^{-1}X'V^{-1})'V^{-1}(1 - X(X'V^{-1}X)^{-1}X'V^{-1})$$

$$= (1 - V^{-1}X(X'V^{-1}X)^{-1}X')V^{-1}(1 - X(X'V^{-1}X)^{-1}X'V^{-1})$$

$$= V^{-1} - V^{-1}X(X'V^{-1}X)^{-1}X'V^{-1} - V^{-1}X(X'V^{-1}X)^{-1}X'V^{-1} + V^{-1}X(X'V^{-1}X)^{-1}X'V^{-1}X(X'V^{-1}X)^{-1}X'V^{-1} = V^{-1} - V^{-1}X(X'V^{-1}X)^{-1}X'V^{-1} - V^{-1}X(X'V^{-1}X)^{-1}X'V^{-1} + V^{-1}X(X'V^{-1}X)^{-1}X'V^{-1}$$

$$= V^{-1} - V^{-1}X(X'V^{-1}X)^{-1}X'V^{-1}$$

我们令

$$P = V^{-1} - V^{-1}X(X'V^{-1}X)^{-1}X'V$$

最终对数似然函数的形式为

$$L(b, \sigma_a^2, \sigma_e^2, y) = -\frac{1}{2}\big[\log(2\pi) + \log|V| + y'Py\big]$$

由于常数项对于参数求参数没有影响，可简化为

$$L(b, \sigma_a^2, \sigma_e^2, y) = -\frac{1}{2}\big[\log|V| + y'Py\big]$$

③ 求偏导也不能显示的分离出参数，所以只能通过迭代的方法求参数，估计方差组分最常用的方法有 AI 和 AM 算法等。

（五）Newton-Raphson 迭代

$$\theta^{(t+1)} = \theta^{(t)} - (H^{(t)})^{-1}\frac{\partial L(\theta^{(t)})}{\partial\theta^{(t)}}$$

其中，θ 表示参数向量，t 表示第 t 次迭代；$\dfrac{\partial L(\theta^{(t)})}{\partial\theta^{(t)}}$ 表示一阶偏导向量；H 为二阶偏导矩阵，称为 Hessian 矩阵。

Newton-Raphson 步骤如下。

① 给定参数初值，在现行混合模型方差组分估计中，一般方差初值为 1，协方差设初值为 0。

② 求一阶偏导向量和二阶偏导矩阵在第 t 次迭代的值。

③ 计算参数变化向量。

$$\Delta\theta = (H^{(t)})^{-1}\frac{\partial L(\theta^{(t)})}{\partial\theta^{(t)}}$$

④ 更新参数向量。

$$\theta^{(t-1)} = \theta^{(t)} - \Delta\theta$$

⑤ 重复② -④ 直到参数收敛。

可以看出，Newton-Raphson 的关键是推导出一阶偏导向量和二阶偏导矩阵的公式。以

GBLUP 模型为例，进行推导。

GBLUP 模型的 Newton-Rapson 迭代

其中，y 是表型值向量；b 是固定效应向量；u 是随机加性效应向量；e 是随机残差；X 和 Z 相应地设计矩阵。假设 u 和 e 服从多元正态分布，即

$$u \sim N(0,\ G) - N(0,\ K\sigma_a^2), \quad e \sim N(0,\ R) - N(0,\ I\sigma_e^2)$$

G 表示随机效应的方差协方差矩阵，K 表示基因组关系矩阵，I 为单位矩阵，σ_a^2 和 σ_e^2 分别为加性遗传方差和残差方差。在这里，令 $\theta = [\sigma_a^2,\ \sigma_e^2]$，我们的目的是估计参数向量 θ。

约束似然函数为

$$L(\theta;\ y) = -\frac{1}{2}\big[\log|V| + \log|X'V^{-1}X| + y'Py\big]$$

其中，$P = V^{-1} - V^{-1}X(X'V^{-1}X)^{-1}X'V^{-1}$

一阶偏导公式为

$$\frac{\partial L(\theta;\ y)}{\partial \theta_i} = \frac{1}{2}\left\{-tr\left[P\frac{\partial V}{\partial \theta_i}\right] + y'P\frac{\partial V}{\partial \theta_i}Py\right\}$$

二阶偏导公式为

$$\frac{\partial L(\theta;\ y)}{\partial \theta_i \partial \theta_j} = \frac{1}{2}\left\{tr\left[P\frac{\partial V}{\partial \theta_i}P\frac{\partial V}{\partial \theta_j}\right] - 2y'P\frac{\partial V}{\partial \theta_i}P\frac{\partial V}{\partial \theta_j}Py\right\}$$

公式的推导下次更新介绍。值得注意的是，这两个公式是线性混合模型的一阶偏导和二阶偏导的通用公式。而对于这里的 GBLUP 模型有

$$V = ZKZ'\sigma_a^2 I\sigma_e^2$$

$$\frac{\partial V}{\sigma_a^2} = ZKZ'$$

$$\frac{\partial V}{\sigma_a^2} = I$$

因此对 GBLUP 模型，一阶偏导向量为

$$\frac{\partial L(\theta^{(t)})}{\partial \theta^{(\theta)}} = \begin{bmatrix} \dfrac{1}{2}\{-tr[PZKZ'] + y'PZKZ'Py\} \\[2ex] \dfrac{1}{2}\{-tr[P] + y'PPYy\} \end{bmatrix}$$

二阶偏导矩阵（Hessian 矩阵）为

$$H = \begin{bmatrix} \dfrac{1}{2}\{tr[PZKZ'PZKZ'] - 2y'PZKZ'PZKZ'Py\} & \dfrac{1}{2}\{tr[PZKZ'] - 2y'PZKZ'PPy\} \\[2ex] \dfrac{1}{2}\{tr[PPZKZ'] - 2PPZKZ'Py\} & \dfrac{1}{2}\{tr[PP] - 2y'PPPy\} \end{bmatrix}$$

参考文献

ARMANDO CABALLERO, 2020. Quantitative Genetics [M]. New York: Cambridge University Press.

BABAK SHAHBABA, 2012. Biostatistics with R. An Introduction to Statistics Through Biological Data [M]. New York: Springer Science+Business Media. LLC.

BERTRAM K. C. Chan, 2016. Biostatistics for Epidemiology and Public Health Using R [M]. New York: Springer Publishing Company. LLC.

BILL SHIPLEY, 2000. Cause and Correlation in Biology [M]. New York: Cambridge University Press.

CALVIN DYTHAM, 2003. Choosing and Using Statistics: A Biologist's Guide [M]. New Jersey: Blackwell Science.

CLAUS WEIHS, 2014. Foundations of Statistical Algorithms: With References to R Packages [M]. Florida: CRC Press.

FOLKMAR BORNEMANN, 2018. Numerical Linear Algebra. A Concise Introduction with MATLAB and Julia [M]. New York: Springer International Publishing AG.

G. ALEFELD AND R. D. GRIGORIEFF, 1980. Fundamentals of Numerical Computation [M]. Wien New York: Springer-Verlag.

GANG ZHENG. YANING YANG. XIAOFENG ZHU. ROBERT C. ELSTON, 2012. Analysis of Genetic Association Studies [M]. New York: Springer Science+Business Media. LLC.

GARETH JAMES. DANIELA WITTEN. TREVOR HASTIE. ROBERT TIBSHIRANI, 2013. An Introduction to Statistical Learning with Applications in R [M]. New York: Springer Science+Business Media .

GERHARD DIKTA. MARSEL SCHEER, 2021. Bootstrap Methods With Applications in R [M]. New York: Springer Nature Switzerland AG.

GRAHAM COOP, 2020. Population and Quantitative Genetics [M]. Davis: University of California.

GÜNTHER SAWITZKI, 2009. Computational Statistics An Introduction to R [M]. Florida: Taylor & Francis Group. LLC.

IAN C. MARSCHNER, 2015. Inference Principles for Biostatisticians [M]. Florida: CRC Press.

JEAN-MICHEL MARIN. CHRISTIAN P. ROBERT, 2014. Bayesian Essentials with R [M]. New York: Springer Science+Business Media .

JOHANNES LEDERER, 2022. Fundamentals of High-Dimensional Statistics With Exercises and R Labs [M]. New York: Springer Nature Switzerland AG.

JUSTIN C.TOUCHON, 2021. Applied Statisticswith R: A Practical Guide for the Life Sciences [M]. New York: Oxford University Press.

KARL W. BROMAN. SAUNAK SEN, 2009. A Guide to QTL Mapping with R/qtl [M]. New York: Springer Science+Business Media. LLC.

KEN A. AHO, 2014. Foundational and Applied Statistics for Biologists using R [M]. Florida: CRC Press. Taylor & Francis Group. LLC.

KENNETH J. BERRY. JANIS E. JOHNSTON. PAUL W. MIELKE. JR, 2019. A Primer of Permutation Statistical Methods [M]. New York: Springer Nature Switzerland AG.

LIOR PACHTER AND BERND STURMFELS, 2005. Algebraic Statistics for Computational Biology [M]. New York: Cambridge University Press.

MARC S. PAOLELLA, 2018. Fundamental Statistical Inference [M]. New Jersey: John Wiley & Sons Ltd.

MEVINB.HOOTEN. TREVOR J.HEFLEY, 2019. Bringing Bayesian Models to Life [M]. Florida: Taylor & Francis Group. LLC.

MICHAEL J. CRAWLEY, 2015. Statistics An Introduction Using R [M]. New Jersey: John Wiley & Sons. Ltd.

MOMIAO XIONG, 2018. Big Data in Omics and Imaging: Association Analysis [M]. Florida: CRC Press.

MYKEL J. KOCHENDERFER. TIM A. WHEELER, 2019. Algorithms for Optimization [M]. Massachusetts London. England: The MIT Press Cambridge.

NAN M. LAIRD. CHRISTOPH LANGE, 2011. The Fundamentals of Modern Statistical Genetics [M]. New York: Springer Science+Business Media. LLC.

NICK FIELLER, 2016. Basics of Matrix Algebra for Statistics with R [M]. Florida: Taylor & Francis Group. LLC.

PAULO CORTEZ, 2014. MODERN OPTIMIZATION WITH R [M]. Springer international publishing switzerland.

PETER D. HOFF, 2009. A First Course in Bayesian Statistical Methods [M]. New York: Springer Dordrecht Heidelberg London New York.

PETER DALGAARD, 2008. Introductory Statistics with R [M]. New York: Springer Science+Business Media. LLC.

RONALD CHRISTENSEN, 2019. Advanced Linear Modeling Statistical Learning and Dependent Data [M]. New York: Springer Nature Switzerland AG.

SHASHI KANT MISHRA. BHAGWAT RAM, 2019. Introduction to Unconstrained Optimization with R [M]. New York: Springer Nature Singapore Pte Ltd.

SHEN LIU. JAMES MCGREE. ZONGYUAN GE. YANG XIE, 2016. Computational and Statistical Methods for Analysing Big Data with Applications [M]. Amsterdam: Elsevier Ltd.

SILVELYN ZWANZIG. BEHRANG MAHJANI, 2020. Computer Intensive Methods in Statistics [M]. Florida: Taylor & Francis Group. LLC.

XIAOFENG WANG. YU RYAN YUE. AND JULIAN J. FARAWAY, 2018. Bayesian Regression Modeling With INLA [M]. Florida: Taylor & Francis Group. LLC.

YUDI PAWITAN, 2001. In All Likelihood Statistical Modelling and Inference Using Likelihood [M]. New York: Oxford Univliilsity press.